AF462449

BIBLIOTHÈQUE ROSE ILLUSTRÉE

GEORGE SCHWEINFURTH

AU CŒUR DE L'AFRIQUE

1868-1871

VOYAGE

ABRÉGÉ D'APRÈS LA TRADUCTION DE Mme H. LOREAU

PAR

J. BELIN-DE LAUNAY

Illustré de 16 gravures et accompagné d'une carte

PARIS

LIBRAIRIE HACHETTE ET Cie

79, BOULEVARD SAINT-GERMAIN, 79

—

PRIX : 2 FRANCS 25

AU CŒUR DE L'AFRIQUE

AUTRES VOYAGES

PUBLIÉS

DANS LA BIBLIOTHÈQUE ROSE

Prix de chaque volume broché : 2 fr. 25. — Cartonné en percaline gaufrée rouge, tranches jaspées : 3 fr. 25. — Tranches dorées : 3 fr. 50.

Agassiz (M. et Mme) : *Voyage au Brésil*. 1 vol. avec 16 gravures et 1 carte *.

Aunet (Mme L. d') : *Voyage d'une femme au Spitzberg*. 4e édition. 1 vol. avec 34 grav.

Baines (Thomas) : *Voyages dans le sud-ouest de l'Afrique*. 2e édition. 1 vol. avec 1 carte et 22 gravures *.

Baker (sir Samuel White) : *Le lac Albert N'yanza*. Nouveau voyage aux sources du Nil. 2e édition. 1 vol. avec 20 gravures et 2 cartes *.

Baldwin : *Du Natal au Zambèse*, 1851-1866. Récits de chasses. 2e édition. 1 vol. avec 24 gravures et 1 carte *.

Burton (le capitaine) : *Voyage à La Mecque, aux grands lacs d'Afrique et chez les Mormons*. 1 vol. avec 12 gravures et 3 cartes *.

Catlin : *La vie chez les Indiens*. 4e édition. 1 vol. avec 25 grav.

Hayes (Dr J.-J.) : *La Mer libre du pôle*. 1 vol. avec 14 gravures et une carte *.

Hervé et de Lanoye : *Voyages dans les glaces du pôle arctique*. 4e édition. 1 vol. avec 40 gravures.

Lanoye (de) : *Le Nil et ses sources*. 3e édition. 1 vol. avec 32 gravures et cartes.

— *La Sibérie*. 2e édition. 1 vol. avec 48 gravures.

— *La Mer polaire*, voyage de *l'Erèbe* et de *la Terreur*, et expédition à la recherche de Franklin. 3e édition. 1 vol. avec 20 gravures et des cartes.

Livingstone (David et Charles) : *Voyages dans l'Afrique australe*. 1 vol. avec 20 gravures et 1 carte *.

Mage (L.) : *Voyage dans le Soudan occidental*. 2e édition. 1 v. avec 16 gravures et 1 carte.

Milton et Chealde : *Voyage de l'Atlantique au Pacifique*. 1 v. avec 16 gravures et 2 cartes.

Mouhot (Charles) : *Voyage dans le royaume de Siam, le Cambodge et le Laos*. 1 vol. avec 28 gravures et 1 carte.

Palgrave (W.-G.) : *Une année dans l'Arabie centrale*. 1 vol. avec 12 gravures et 1 carte *.

Perron d'Arc : *Aventures en Australie, neuf mois chez les Nagarnooks*. 4e édition. 1 v. avec 24 gravures.

Pfeiffer (Mme Ida) : *Voyages autour du monde*. 2e édition. 1 v. avec 16 gravures et 1 carte *.

Piotrowski : *Souvenirs d'un Sibérien*. 2e édition. 1 vol. avec 10 gravures.

Speke et Grant : *Les Sources du Nil*. 2e édition. 1 vol. avec 24 gravures et 3 cartes *.

Stanley : *Comment j'ai retrouvé Livingstone*. 1 vol. avec 16 gravures et 1 carte.

Vambéry (Arminius) : *Voyage d'un faux derviche dans l'Asie centrale*. 2e édition. 1 vol. avec 18 gravures et 1 carte *.

Tous les voyages ci-dessus marqués d'un astérisque (*) ont été abrégés par M. J. Belin-De Launay.

Coulommiers. — Typ. Paul BRODARD.

GEORGE SCHWEINFURTH

AU CŒUR DE L'AFRIQUE

(1868-1871)

VOYAGE

ABRÉGÉ D'APRÈS LA TRADUCTION DE Mme H. LOREAU

PAR

J. BELIN-DE LAUNAY

Illustré de 16 gravures et accompagné d'une carte

DEUXIÈME ÉDITION

PARIS

LIBRAIRIE HACHETTE ET Cie

79, BOULEVARD SAINT-GERMAIN, 79

1880

INTRODUCTION

L'auteur du livre dont nous présentons la réduction au public est né à Riga, capitale des trois gouvernements russes de Livonie, de Courlande et d'Esthonie. Conquise par Pierre-le-Grand moins de deux siècles après que l'évêque Albert de Brême l'eut fondée, Riga conserva des priviléges dont plusieurs sont restés en vigueur jusqu'à nos jours. Aussi M. d'Henriet, auteur d'un intéressant *Voyage dans les provinces russes de la Baltique*, publié par le *Tour du Monde* (t. II, 1865), nous assure-t-il que les Allemands, il y a peu d'années, non-seulement avaient conservé à Riga leur langue, mais y formaient encore l'élément essentiel de la population urbaine, et que les Russes, n'y pouvant pas exercer de certaines professions et industries réservées aux Allemands, exclus même du droit de siéger dans le *rathhaus*, c'est-à-dire dans le conseil municipal, ne se sentaient pas réellement « chez eux » dans cette ville. Voilà qui explique pourquoi nous avons pu désigner comme Russe un voyageur qui généralement passe pour un Allemand.

Le fait est que M. G. Schweinfurth est né à Riga ; mais son nom est allemand. Il a complété ses études dans les universités allemandes, il a voyagé avec des fonds allemands, il enrichit les musées allemands, c'est à l'empereur d'Allemagne qu'il a demandé une décoration pour son ami Abd-es-Sâmate, enfin sa façon de penser et d'écrire est allemande.

Son livre n'est pas sans défaut, surtout pour des lecteurs français. Plusieurs passages entachés d'une sentimentalité déguisant un esprit réellement pratique ont fait sourire. En voici un exemple pris dans l'édition complète, t. I, p. 344 :

« Chaque morceau que j'avalais dans ce malheureux pays révoltait ma conscience. Le pain que nous mangions avait été pris, au jour de la récolte, à ceux qui l'avaient fait venir, et qui, alors tout joyeux de leur moisson, fouillaient maintenant la terre pour avoir des racines ; grâce à eux, nous étions dans l'abondance, et leurs enfants mouraient de faim. La viande qu'on nous donnait à profusion avait été volée à des gens qui aiment leur bétail jusqu'à l'idolâtrie, et qui payent de leur sang leur opiniâtreté à le défendre. Mais le cri de l'estomac couvrait la voix du remords et faisait taire l'émotion. »

On en pourrait citer d'autres, mais la place et le temps dont nous disposons peuvent être mieux employés. On a brièvement combattu, dans des notes, quelques sophismes comme celui de l'avantage que présente l'usage de se faire justice soi-même (p. 28) ; et quelques assertions hasardées, comme celle où M. Schweinfurth prétend qu'avec cinq cents hommes, dont deux cents soldats, on peut encore traverser les plus puissants Etats de l'Afrique (p. 33).

D'ailleurs, pour le goût français, le défaut principal de ce livre est d'offrir un récit peu suivi et coupé par des dissertations ou par des descriptions d'histoire naturelle, auxquelles il fallait s'attendre de la part d'un botaniste.

Les critiques que nous venons d'indiquer n'empêchent pas que nous ne reconnaissions les mérites de cet ouvrage ; il en a de réels et de nombreux. Je veux les indiquer de suite.

L'œuvre est celle d'un homme qui sait voir et dépeindre. Le *Voyage au cœur de l'Afrique* abonde en descriptions et en narrations instructives ou attrayantes. Les beautés de la Mer Rouge tant le jour que la nuit (p. 5), les entrevues avec la vieille Chol (p. 29 et suiv.), les sentiments humains et dévoués des Dincas (p. 42), l'exploration de la caverne hantée à Coulongo (p. 56), le discours d'Abd-es-Sâmate à ses vassaux et la démonstration pratique qu'il leur donne de la facilité avec laquelle peut être compris le système décimal (p. 89), les profondeurs et la végétation des galeries sylvestres (p. 117), le portrait et la danse du saltimbanque Mounza, le cruel roi des Mombouttons (p. 142, 151), l'incendie de la zériba de Ghattas et l'aspect des environs à la fin de la nuit qui a suivi cet événement (p. 207), enfin la réception au dem Békir (p. 236) sont des pages qui dénotent un peintre et un humoriste, qui tantôt émeuvent et tantôt instruisent, et dont quelques-unes semblent extraites des *Mille et une Nuits*.

Mais, outre qu'il est un observateur naturaliste et humoriste à la fois, M. Schweinfurth diffère des autres voyageurs par un point important : c'est que les populations dont il parle, il les a vues et étudiées moins superficiellement. D'ordinaire les voyageurs se hâtent d'arriver à un but fixé et ne disent que ce qu'ils ont pu apercevoir chemin faisant ; lui, demeure. On dirait qu'il a examiné l'intérieur de ce dont les autres n'ont découvert que la surface. De plus, outre la rapidité de leur passage, les autres ont une infériorité à son égard : pour une raison quelconque, rivalité d'affaires ou de religion, ou hostilité à l'esclavage, ils excitent la méfiance; on se met en garde contre eux. Ce botaniste, ce « mangeur d'herbe, » ce réservé, ce prudent n'en excite pas. Se tenant à l'écart de tout et ne blâmant rien, hôte des *Turcs*, des vékils de zéribas et des chefs indigènes, il n'a de difficultés nulle part et tout lui est ouvert. Telles apparaissent, quand on cherche à s'en rendre compte, les causes principales de la très-grande différence qu'on sent exister entre les récits de Schweinfurth et ceux de la plupart de ses contemporains.

Ajoutez à cela que ce livre soulève très-sérieusement quelques-unes des questions les plus graves de l'époque actuelle ou d'un prochain futur, avec d'autant plus d'effet qu'il ne traite pas de pays lointains, comme Khiva ou comme Riad ; mais, de l'Égypte et de ses annexes, c'est-à-dire de contrées où tout ce qui se remue agite l'Europe et a son contre-coup dans Constantinople. Nous y reviendrons.

En appréciant M. Schweinfurth et son ouvrage, M. Winwood Reade s'exprime ainsi :

« Comme explorateur africain, il s'est placé au premier rang parmi les Mungo Park, les Denham, les Clapperton, les Livingstone, les Burton, les Barth et les Rohlf. Il possède en outre deux qualités éminentes : celles de botaniste consommé et de dessinateur habile. Les illustrations des autres voyages ont été faites, pour la plupart, d'après les croquis naïfs de mains inexpérimentées ; les esquisses de Schweinfurth sont des notes artistement prises, souvent des dessins complets, toujours des documents d'une grande valeur.

« Sous le rapport géographique, l'ouvrage est d'une haute importance, en raison de la lumière qu'il jette sur une partie considérable du bassin du Nil, et par la découverte de l'Ouellé, grande rivière appartenant à un autre système fluvial, et qui se dirige vers l'intérieur.

« Pour l'ethnologie, il résout la question si longtemps débattue d'une race de nains au centre de l'Afrique. Ces pygmées, dont l'antiquité nous a légué le souvenir, ces petits peuples auxquels les anciens voyageurs au Congo ont fait allusion, et qu'on avait relégués parmi les êtres fabuleux, existent réellement. L'un de ces nains avait été vu par le révérend Krapf sur la côte orientale, et Du Chaillu les avait rencontrés dans l'Ashango ; mais c'était encore l'un des vagues problèmes du centre mystérieux. Il était réservé à Schweinfurth de faire cesser toute incertitude à l'égard de cette petite race, qui paraît habiter différents points de l'intérieur, et dont les tribus actuelles ne sont probablement que les épaves de la population primitive. »

Nous nous associons bien volontiers à la plupart de ces éloges, d'importance fort peu égale ; mais nous y faisons nos réserves encore, ne serait-ce qu'à l'égard de cette hypothèse que les Accas peuvent être les épaves de la population primitive de l'Afrique. Nous nous contenterons de rappeler à leur sujet les opinions émises par Mariette-Bey dans la séance que tenait le 24 avril 1876, au Caire, sous la présidence du général Stone, la Société khédiviale de géographie. Ce savant, après avoir rappelé qu'en égyptien un enfant à la mamelle se dit *acca*, observe que, dans l'ancienne langue d'Egypte, un *nain* se dit *nam*, ou, par une réduplication d'un usage fréquent, *nam-nam*. Suivant lui, un des trois derniers chapitres ajoutés à une époque postérieure dans le Rituel représente le mort en relation avec les *pygmées*, qui l'aident à combattre les monstres essayant de l'empêcher de parvenir au séjour de la lumière; or ces pygmées sont désignés par le mot *nemma* ou *nem-nem*. Et, comme les Accas d'aujourd'hui habitent les pays qu'occupent les Zandès, connus sous le nom de Niams-Niams, fort voisin des mots nam-nam et nem-nem, Mariette-Bey se demande si ce nom n'est pas tiré de celui des Accas, qui auraient peuplé la région avant l'arrivée de leurs alliés actuels.

Nous serons plus d'accord avec M. Winwood Reade lorsqu'il dit : « Sous le rapport géographique, « l'ouvrage du Dr Schweinfurth est d'une haute importance, en raison de la lumière qu'il jette sur une « partie considérable du bassin du Nil. » Il suffit en effet de jeter les yeux sur notre réduction de la carte des pays parcourus par le docteur pour être de cet avis. Lui-même a dit (notre page 47 et suiv.) que « les seuls traits durables d'une contrée sont les ri« vières, qui, tout en remplissant leur fonction dans « l'économie de la nature, laissent passer les siècles « sans subir de grands changements. » L'hydrographie est donc, surtout dans cette partie de l'Afrique, la portion la plus importante de la géographie.

M. Schweinfurth, sa carte en fait foi, a beaucoup augmenté nos connaissances à cet égard; néanmoins l'exactitude de cette carte ne donne-t-elle lieu à aucun doute? On peut en admettre, il est vrai, les traits généraux. En est-il de même pour tous les renseignements qu'elle contient? Cela est douteux. Qu'on réfléchisse que M. Schweinfurth n'a suivi aucun des cours d'eau, excepté le fleuve des Gazelles jusqu'au Méchra ou port Rek; des autres, il n'a vu que la place où il les a passés, en en examinant, à cet endroit, la direction, la largeur, la profondeur et le débit, à l'époque où il les traversait. Cependant il a tracé d'une main sûre toute la longueur des rivières avec leurs détours et le point précis où elles se jettent les unes dans les autres. Est-ce par divination ou par déduction scientifiquement tirée des observations personnelles et des renseignements obtenus des Nubiens ou des naturels? Il reste donc vraisemblable que, pour la vérification de cette carte, on doit compter sur les études de voyageurs futurs.

Quant à l'Ouellé, cette grande rivière n'appartenant pas au bassin du Nil et en marquant la fin vers le S.-O., on vient d'élever un doute bien inattendu et fertile en conséquences curieuses, s'il se vérifiait que la branche vue par M. Gessi, à 160 kil. au S. de Dufli, s'écartant du Nil Blanc ou rivière des Montagnes vers le N.-O. et coulant dans un lit de plus de 200 mètres de large, n'est autre que l'Ouellé, découvert plus bas par M. Schweinfurth.

Si, pour le dessin hydrographique, cette carte est déjà sujette à contestation, elle l'est bien plus encore par les noms qui y sont inscrits. M. Schweinfurth prétend, il est vrai, quelque part (t. II, p. 133, *éd. c.*), que les noms des cours d'eau se transmettent de génération en génération et « ne disparaissent qu'avec le langage et la nationalité d'un peuple. » En admettant cette assertion comme une vérité pour la région qu'il a parcourue, on doit pourtant se rappeler qu'ailleurs M. Schweinfurth a écrit : « Les rivières ont « autant de noms qu'elles passent dans des tribus « dont elles arrosent le territoire (t. I, p. 252, *éd. c.*), » et qu'il lui a été impossible de retrouver la rivière que J. Poncet a nommée Boura ou Baboura (t. II, p. 138, *éd. c.*). En conséquence, si durables qu'on les croie, les noms donnés aux cours d'eau peuvent disparaître ; de plus, ils peuvent être assez nombreux pour qu'on ait entre eux l'embarras du choix.

C'est une chose vraiment difficile que ce choix à faire en Afrique. Par exemple, M. Baines explique fort bien que, pour les pays à troupeaux de bœufs, dans l'Afrique méridionale : « l'eau où boit un « homme en prend bientôt le nom, que lui conserve « par motif de convenance l'homme qui lui succède « dans ce poste. Ainsi une série de stations, le long « des mares formant abreuvoir dans une même ri- « vière, portera des noms différents. Un Européen, « ignorant cette coutume, arrive à un des abreuvoirs « et donne à tout le fleuve le nom qu'il avait à l'en- « droit où il l'a rencontré; un autre, de la même « façon, désignera le cours entier par le nom qu'il « entendra au poste le plus voisin ; et c'est ainsi que « les renseignements les plus contradictoires et les

« plus trompeurs, indiqués sur les cartes, auront, « entre autres résultats, celui de faire conduire par « les naturels un nouvel arrivant à un endroit opposé « à celui qu'il cherche, mais qui porte en réalité le « nom indiqué. » (*Voyage dans le sud-ouest de l'Afrique*, p. 100 et suiv.) Les exemples de cette multiplicité de noms sont si nombreux dans le *Dernier Journal* de Livingstone qu'ils y jettent une confusion dont nous aurons bien de la peine à nous tirer. Il arrive aussi que les eaux d'Afrique portent des appellations différentes mais qui toutes ont le même sens. Barth (vol. III, p. 266) établit par douze exemples que, dans le Soudan central, les divers noms donnés aux rivières signifient seulement eau ou fleuve. D'après Livingstone, Liambaïe, Louambézi, Ambési, Ojimbési, Zambési, désignations données au même cours d'eau, sont des mots qui tous signifient « la grande rivière ». Il est vraisemblable aussi que, pour la plupart, les noms analogues portés par des eaux différentes, « répétés constamment sous une forme ou sous une autre et qui donnent lieu à des méprises sans nombre », comme s'en plaint M. Hor. Waller, l'éditeur du *Dernier Journal* de Livingstone (t. II, p. 73, note), ont à l'ordinaire un seul et même sens. Cette vraisemblance est une certitude au moins pour plusieurs. Nyassa et Nyanza; Tchiroa, Kiroa et Chiroua; Chambèse et Zambèse; Loangoua, Loungoua, Louongo; les Louapoula, les Loualaba; les Lomo, Lobou, Lofou, Lovou, Loboubou, Lofoubou et Lofouto, et tant d'autres en sont des exemples. Dans la carte de Schweinfurth, les mêmes rivières portent successivement les noms de Monj, Ouorri et Kourou; de Dchî, Ponngo et Dembo; de Soué, Gheddy et Diour; d'Ibba, Bah et Dondj. Évidemment cela ne dépend plus de l'impossibilité qu'ont les Nubiens de prononcer les sons africains, ni des altérations que font subir aux mots les Arabes de Zanzibar et les métis du Sahouahil, par leur prononciation ou par leurs préfixes; ni même de la différence des orthographes européennes pour rendre les sons entendus en Afrique, sujet que, dans notre introduction au *Voyage de Stanley*, nous avons traité trop au long pour y revenir ici.

Voilà pourquoi l'hydrographie, telle que nous la présente M. Schweinfurth pour la région qu'il a parcourue, doit nous inspirer peu de certitude.

En est-il autrement des noms topographiques? Le docteur nous affirme bien quelque part (t. II, *éd. c.*, p. 133 et note) que, du moins chez les Mombouttous et les Niams-Niams, ces noms hydrographiques, qui ne disparaissent qu'avec les populations qui les ont donnés, servent invariablement à désigner les localités arrosées par les rivières; mais, comme ailleurs (t. I, p. 192), dans un passage reproduit ici (p. 47 et s.), il explique que l'épuisement du sol, les immondices entassées, les ravages des vermines, l'incendie allumé par accident ou par rapine, sont autant de causes qui font déplacer chaque bourgade au bout de dix années au plus, et que ces bourgades changent de noms autant de fois qu'elles ont un nouveau chef, usage général, sauf de rares exceptions, à tout ce que nous connaissons de l'Afrique orientale, depuis la colonie du Cap jusqu'à Gondocoro (aujourd'hui Ismaïliâ), nous nous demandons où sont les localités qui portent les noms des rivières et quelle est la durée des noms topographiques inscrits sur les cartes. Nous nous rappelons aussi ce qui est arrivé pour Cazê-Tabora (*Stanley*, n. p. 59 et s.); nous savons que chaque Cazembé met sa résidence ailleurs qu'où était celle de son prédécesseur; et, quand nous voyons le même village être appelé Matahouatahoua et Nyamatalobé (*Dernier Journal de Livingstone*, I, p. 44); une seule montagne porter trois noms, Kaloba, Tchinèghédi et Kihomba (*Ibid.*, II, 23), les indications topographiques qu'on nous transmet n'ont plus guère pour nous que la valeur de renseignements, très-précieux sans doute, mais qui, en somme, n'ont rien, je ne dirai pas de définitif, mais même de durable.

M. Schweinfurth nous a encore fait connaître une cause d'erreur. En voici trois exemples : les Louôs sont appelés, par les Nubiens et les Egyptiens, Dyerahouih; par leurs voisins, Diouirs et Diours; les Bongos, pour les Nubiens, sont des Derâhn et, pour leurs voisins, des Dôrs; enfin les Zandès, que les Nubiens nomment Niamâniam, sont, pour tous les Soudaniens, des Niams-Niams, et, pour leurs voisins, des Moundos, Manianias, O-Madiâcas, Mackéraccâs ou Cackéracâs, Coundas et Baboungbéras.

Voilà pour la géographie de l'Afrique des causes de confusion qui ne pourront se démêler que peu à peu, à mesure que, ces régions et leurs habitants étant mieux connus, les établissements des hommes qu'on peut relativement considérer comme civilisés devenant plus durables, la science et l'usage des Européens imposeront peu à peu à chacun des accidents topographiques une figure plus certaine, un nom moins variable. En somme, on ne doit pas méconnaître que la géographie de l'Afrique, pour la plus grande partie de cet immense continent, est encore à l'état enfantin de la formation.

Quant aux sources du Nil, on les cherche depuis plus de mille ans, sans les avoir encore trouvées. Presque chaque voyageur qui revient d'Afrique a la joie triomphale d'en avoir fait ou deviné la découverte; et, comme la nouvelle ne coïncide pas avec les précédentes, le monde change son impatience en scepticisme, et l'enthousiasme des chercheurs et des savants le fait sourire.

M. Schweinfurth a la même prétention que ses devanciers. Pourquoi ne l'aurait-il pas? Il a sans doute aperçu et fait connaître les traits caractéristiques d'une région importante dans les parties S.-O. du bassin du Nil, et il y a vu l'Ouellé, grande rivière qui, suivant toutes les apparences, se dirige vers l'intérieur, par le N.-O., dans le bassin du lac Tchad. Auparavant, M. Schweinfurth avait rencontré le Mbrouolé, qui coule aussi vers l'O. et qu'il croit être un affluent de l'Ouellé. Il en résulte que pour lui, le dernier cours d'eau appartenant de ce côté au bassin du Nil serait le Lindoucou, arrière-affluent du Soué ou Diour, qu'on peut regarder comme le formateur principal du Bâr el Ghazal ou rivière des Gazelles. Donc, selon lui, le bassin du Nil, de ce côté, aurait sa fin méridionale à 4° 30′ environ au N. de l'équateur. C'est, en prenant la rive méridionale du lac Victoria, sept degrés plus au N. que Speke et Grant n'ont placé la source du Bâr-el-Djebel, qui, pour eux comme pour Baker, est le vrai Nil; mais, si l'Ouellé n'est plus qu'une branche détachée de la rivière des Montagnes, comme quelques-uns viennent de le supposer, qu'adviendrait-il de l'hypothèse de M. Schweinfurth? D'ailleurs, en se reportant à la rive méridionale du lac Banguéolo (c'est-à-dire au 12e degré lat. sud) où est mort D. Livingstone et d'où sort la Louapoula, que l'illustre voyageur considère tantôt comme appartenant au Congo et tantôt au Nil, et si l'on accepte, malgré Cameron, la dernière supposition, on aurait seize degrés de plus vers le sud pour le bassin du Nil. Au contraire, si la Louapoula et les rivières qui la continuent, au lieu d'aller rejoindre le lac Albert, appartiennent au Congo, les récentes découvertes de Stanley font encore porter la source des eaux du bassin nilotique au parallèle de Djidji, c'est-à-dire à 5° de latitude méridionale, ou environ à une dizaine de degrés plus au sud que ne l'est le Mbrouolé de M. Schweinfurth. « C'est au centre du pays de Rimi, écrit Stan-« ley, que le Nil lève ses premiers tributs sur l'Afri-« que équatoriale, et, si vous tirez sur la carte, à l'est « de la latitude de Djidji, une ligne qui rejoigne le « 35° de longitude orientale, vous rencontrerez les « sources du Lîoumbou, qui est le générateur le plus « méridional des eaux du gnanza Victoria..... Cette « rivière, après un cours d'environ 170 kil., est con-« nue dans le pays de Sioukeuma sous le nom de

« Monangâ, qui, 160 kil. plus loin, se change en « celui de Chaïmîllou, sous lequel elle tombe dans le « lac à l'est de ce port de Kédgeilli. Approximative- « ment l'ensemble du cours du Chaïmîllou peut être « estimé à plus de 560 kilomètres. » (Lettre insérée dans le *Daly Telegraph* du 15 oct. 1875.)

Les découvertes de ses prédécesseurs n'empêchent pas M. Schweinfurth de fonder aussi son système ou plutôt deux systèmes sur les sources du Nil. Après avoir établi que le Nil Blanc est formé par la rivière des Gazelles et par celle des Montagnes (*éd. c.*, p. 40, t. I), il se demande laquelle de ces deux branches peut être considérée commc l'artère principale du fleuve. La rivière des Montagnes n'est, pour lui, au Nil Blanc, que ce que le Nil Bleu est au Nil Egyptien. La rivière des Gazelles serait l'artère principale, « parce qu'il a eu la preuve que, d'une manière ou « d'une autre, ses affluents arrosent une région qui « n'a pas moins de 240 000 kil. carrés » (*éd. c.*, p. 107, t. I). Mais, ailleurs, il prétend que la rivière des Arabes (Bâr-el-Arab), l'affluent principal du fleuve des Gazelles, peut être celle qui dispute à la rivière des Montagnes l'honneur d'être la source du Nil. (*Éd. c.*, p. 326, t. II.)

Nous ne pensons pas qu'il ait raison; mais cette question est à l'instruction et ne doit pas être jugée avant l'arrivée de nouveaux témoignages.

Quant au Mbrouolé et à l'Ouellé, les seuls faits acquis sont que M. Schweinfurth les a vus couler de l'est à l'ouest (nos pages 112 et 136); que le Mbrouolé n'avait pas un mètre de profondeur sur vingt-sept de large (notre p. 113), tandis que l'Ouellé était profond de quatre à cinq mètres et large de deux cent soixante-cinq mètres (n. p. 135), aux endroits où ils ont été vus. Rien de plus n'est certain en amont ni en aval de la place où M. Schweinfurth les a traversés. Après tout, ces faits acquis par le voyageur n'en sont pas moins considérables.

Si nous quittons ces problèmes géographiques pour aborder ceux qui concernent l'ethnographie, nous trouverons d'abord dans le livre de M. Schweinfurth la confirmation d'observations déjà faites.

L'abstinence de la chair des bêtes bovines, qu'il indique si souvent en parlant des indigènes de la vallée du Ghazal, avait déjà été souvent signalée par ses devanciers, chez les tribus riveraines du Nil Blanc et de la rivière des Montagnes. Les Noërs donnent au bœuf, dit-on, le titre de très-haut ou de très-grand ; les Kêtchs, les Aliabs, les Cheurs (Baker, notre abrégé du *Lac Albert*, ch. 1) se nourrissent du lait et du sang des bêtes bovines, qu'ils ne tuent pas pour manger leur viande ; les Létoukiens laissent enlever leurs femmes par les brigands turcs ou nubiens, mais combattent et accablent les ennemis dès qu'il s'agit de défendre leurs vaches (*ibid.*, p. 106 et s.). Bien plus loin au S. O., le Dr Livingstone, en sortant des possessions portugaises de l'Angola pour revenir à la vallée du Zambèse, a rencontré à Bango une tribu qui ne mangeait pas de boeuf, le considérant comme faisant partie de l'humanité (*Explorations dans l'Afrique australe*, p. 120). Mais, ce à quoi on ne s'attendrait guère, cette abstinence de bœuf et même de lait de vache, M. G. d'Orcet nous apprend (*Revue Britannique*, avril 1876, p. 487) qu'elle est observée encore dans l'île de Chypre, dont la population, sous l'apparence chrétienne comme d'autres sous l'apparence musulmane, est demeurée païenne.

Les anneaux de fer en guise de bijoux aux bras et aux jambes, portés par les femmes des Dincas, des Diours, des Bongos et des Mittous, Baker les a trouvés chez les Kêtchs, riverains du fleuve des Montagnes (notre éd. du *Lac Albert*, p. 34). Dans l'Afrique australe, à plus de 30 parallèles de distance, Baines les a vus portés par les femmes des Damaras voisins de la baie Valfisch (notre éd. du *Voyage dans le S.-O. de l'Afrique*, p. 22). Les femmes des bords de l'Ogooué s'en parent également (*Tour du monde*, p. 280 du t. I de 1876), et l'on affirme qu'ils ont été en usage chez les ancêtres des populations qui vivent aujourd'hui en France. (V. le charmant livre de M. Élie Berthet, *Romans anté-historiques*, *la Fondation de Paris*, p. 282 ; *L'homme primitif*, par Figuier, p. 395 ; *Histoire des Gaulois*, par Amédée Thierry).

Quant aux queues, dont on a voulu faire un appendice spécial à la toilette des Niams-Niams, les femmes en portent chez les Cheurs et les Létoukiens, dans la vallée de la rivière des Montagnes (*Lac Albert* de Baker, p. 34 et 102), ainsi que celles des Bongos dans le bassin de la rivière des Gazelles, et même les hommes chez les Diours, bien qu'elles y soient moins longues que celles des Niams-Niams.

M. Schweinfurth parle à peu près comme les autres voyageurs des ressources qui peuvent alimenter le commerce africain. Jusqu'au commencement du XIXe siècle, les trois produits que cette partie du monde a surtout fournis aux marchés des autres ont été la poudre d'or, l'ivoire et les esclaves. Depuis la découverte des mines californiennes et australiennes, l'or d'Afrique ne compte plus guère. La traite n'a réellement cessé que depuis une trentaine d'années sur la côte occidentale de l'Afrique, où elle est déjà remplacée par un commerce légitime qui peut être évalué à une centaine de millions de francs annuellement; mais elle subsiste encore dans l'Afrique orientale. Quant à l'ivoire, dont l'Angleterre seule importe une telle quantité qu'on évalue à cinquante mille le nombre des éléphants qui doivent être tués chaque année pour la lui procurer, l'ouvrage entier de M. Schweinfurth montre que les rapports de ce commerce n'en couvrent pas les frais. Est-ce bien la peine de faire un tel massacre pour arriver à ce résultat commercial, surtout si l'on songe au peu de place que l'ivoire tient dans nos besoins, je dirai même dans notre luxe? Voilà un animal qui met cinquante ans à parvenir à l'âge adulte et peut vivre trois siècles; c'est sinon la seule bête de somme qui existe en dépit des tsetsés et autres mouches venimeuses, des serpents, des lions et du climat, au moins celle qui y résiste le mieux; c'est, en outre, celle que son aptitude à l'éducation appelle à être le plus puissant outil civilisateur dont on soit à même de tirer parti pour exploiter les richesses de cette terre qui a conservé encore intacts ses trésors; et l'homme perd tous les services qu'il en tirerait, il tue cet animal intelligent pour faire, à ses instruments de table, des manches qu'il pourrait faire avec autre chose. Le calcul est-il bon? N'est-ce pas de l'ineptie?

Quant à la traite, qu'ajouterions-nous à ce qu'en ont écrit Livingstone, Baker et M. Schweinfurth, dont les livres ne sont pour ainsi dire que de longs anathèmes contre cette pratique infâme, à la destruction de laquelle ils ont voué leur vie? Cependant, à en croire M. Sweinfurth, pour qu'elle cesse absolument, il faudrait attendre la transformation de l'Orient (n. p. 257) qui ne lui semble réalisable qu'avec la conversion des Mahométans au christianisme, événement qui lui paraît non moins impossible (n. p. 256). En somme, toutes ces impossibilités forment un cercle où l'on tourne sans issue. Néanmoins, on se demande si la traite ne peut pas être supprimée plus facilement que l'on ne viendrait à bout de faire cesser le massacre des éléphants.

D'ailleurs, ces considérations dépendent toutes de l'état social où grouillent les malheureuses populations de l'Afrique, surtout celles qui ne connaissent pas d'autre religion que le fétichisme. Dans ces régions qu'on pourrait comparer à un cirque rempli de bêtes fauves ou à ces localités herbues et fangeuses où fourmillent les vermines, les scorpions et les serpents, on trouve pour souverains modèles le roi du Pays de Ganda, qui tue des centaines de ses sujets afin d'assurer leur bienveillance à ses hôtes blancs et fait mettre chaque jour à mort plusieurs femmes de son harem (*Speke*, ch. VI et VII de notre réduction); le roi de Dahomey qui navigue sur une mare de sang humain, et celui des Mombouttous qui fait d'un enfant son déjeuner quotidien. (*Schweinf.* notre p. 155).

Quelles sont les vraies causes de cette barbarie? Vient-elle indirectement des bienfaits trop nombreux de la féconde nature ou du caractère des nègres? Ces populations peuvent-elles être relevées à la dignité du travail par la suppression de la traite, par l'établissement d'un commerce régulier? Sont-elles capables d'éducation ou ont-elles un besoin irrémédiable d'être conduites, gouvernées, administrées par des hommes de race mieux civilisée? Autant de questions que nous ne pouvons guère aujourd'hui qu'indiquer.

D'autres ont pour nous un intérêt plus immédiat et plus pressant; mais il est certain qu'il y a des perversions morales parmi les causes de ce cannibalisme qui a existé sur presque toute la surface de la terre et qui se maintient encore dans quelques régions de toutes les parties du monde, sauf l'Europe. En effet cette horrible coutume n'a même pas partout pour excuse, comme on l'a prétendu, le défaut de nourriture animale. Les vivres fournis par les bêtes abondent dans les îles Viti comme chez les Niams-Niams et les Mombouttous. Il est certain, pourtant, que les récits des voyageurs sur ces races cannibales dépassent les horribles détails de ces contes d'ogres dont on nous effrayait quand nous étions enfants. Un tel usage n'exclut même pas de certaines qualités morales, quelques raffinements de manières et de gouvernement, ni dans l'Océanie ni chez ces Mombouttous, dont Schweinfurth écrit qu'ils sont parvenus « à un haut degré de civilisation! » (n. p. 160). Les Sémitiques, du moins, dès l'origine des sociétés, ont été préservés de cette horreur par la parole de Dieu. « Quicumque effuderit humanum sanguinem, fundetur sanguis illius : ad imaginem quippe Dei factus est homo. » (Genes. c. IX, 56).

Quant à l'esclavage, il existait dès la même époque, car Noë dit : « Maledictus Chanaan, servus servorum erit fratribus suis » (Genes. c. IX, 25). On ne peut donc guère s'étonner que l'origine de la traite se perde en Afrique dans la nuit des temps. Des populations qui font si peu de cas de la vie humaine doivent tenir encore moins compte de la liberté. Le fait est que l'Africain d'aujourd'hui, après le désir de contenter sa faim, a pour première passion de satisfaire à sa paresse en se procurant un esclave qui travaille pour lui. S'il est vrai que les guerres, qui en Afrique sont à l'état permanent, aient pour principaux objets, outre les rivalités des frères de différentes mères se disputant la succession d'un seul père, les razzias de bétail et d'hommes, soit pour la cuisine, soit pour l'emploi domestique, ou, comme le prétendent Sweinfurth et d'autres contemporains, la traite qui serait la véritable cause de l'abaissement et de la dépopulation de cette partie du monde, nous pouvons nous réjouir aujourd'hui en voyant se fermer peu à peu les pays où l'homme est une marchandise. Les Russes ont prohibé l'esclavage partout où ils ont planté leur drapeau en Asie; les Hollandais viennent de l'abolir dans leurs possessions océaniennes; Zanzibar, l'Égypte et la Turquie ne sont pas restés en arrière à cet égard. C'est depuis 1846 que la Turquie a clos les marchés d'esclaves; et récemment l'Égypte a fait un premier pas dans la voie des réformes que demandait Schweinfurth (n. p. 258); car elle a prohibé la vente publique des esclaves et forcé leurs maîtres à signer des contrats de service avec eux au titre d'employés.

Il est vrai que la force des habitudes et des mœurs, et que même la loi mahométane, s'opposent à ce que ces réformes aient immédiatement tout le résultat désirable. Est-il juste cependant de conserver les plus insultantes sévérités pour l'Islam en même temps qu'on se montrerait plein d'admiration pour la civilisation avancée des pays qui pratiquent le fétichisme et l'anthropophagie? Le fétichisme nourrit les passions les plus viles et suggère les plus odieux calculs d'égoïsme. Il pétrit les âmes dans la fange et dans le sang et les apprête à la servilité. C'est pour cela sans doute que les tyrans le conservent comme la religion de leurs ancêtres et s'opposent à l'introduction de croyances qui relèveraient la dignité humaine parmi leurs sujets.

De plus est-il prudent de maudire et de menacer le mahométisme? Ce n'est certainement pas conforme aux principes séculaires de la politique française. Comme nous le rappelions en 1854 (*Guerre à la Russie!*) la France, entrée en relations avec Haroun al Raschid au xe siècle, s'alliait sous François Ier à la Turquie, dont les innombrables cavaliers s'élançaient, à la voix de Soliman le Magnifique, sur l'empire d'Allemagne en apprenant le désastre de Pavie; cette alliance renouvelée sous Louis XIII, en 1640, a été fidèlement observée durant tout le règne de Louis XIV par la Turquie. Mais enfin serait-il pratique de maudire l'Islam? Oublie-t-on que des millions de sujets mahométans obéissent à la Hollande, dans la Malaisie; à l'Angleterre, dans les Indes orientales; à la France, dans le Sénégal et en Algérie?

Sans doute le mahométisme a deux chancres qui lui rongent les entrailles : la polygamie et la prédestination. Cependant c'est une des trois religions monothéistes, qui, au lieu de croire à l'anéantissement final de l'âme dans le Dieu Tout, sont une cause de progrès, parce qu'elles admettent l'éternelle personnalité de l'âme humaine. L'Islam, il est vrai, est un impitoyable fatalisme à Bokara et à Riad; mais, à Médine et sur l'Arafat, c'est la religion du Dieu de la Miséricorde. — Il est fanatique. D'accord; mais, dès Abou Bècre, il laissait aux chrétiens leur liberté de conscience, pourvu qu'ils payassent tribut, et aujourd'hui il a plus de tolérance à leur égard que la Russie et la Prusse n'en ont pour les catholiques. — C'est un progrès qui a comprimé, arrêté tous les autres, a-t-on dit. J'avoue qu'après avoir hérité de tous les arts et de toutes les sciences cultivés dans les pays les plus anciennement civilisés du monde, il les a, par ses deux principes délétères, ruinés et tués, de façon que le proverbe dise avec justesse : « Là où le Turc a passé, l'herbe ne pousse plus. » S'ensuit-il qu'il ne soit pas supérieur au fétichisme? que les progrès qu'il a faits en Afrique n'aient pas été d'heureux événements, toute proportion gardée? Qu'avec le Coran, il n'ait pas répandu quelque instruction, un idéal de foi, de justice et de sentiments honnêtes ? — Jamais il ne se réformera ! Le Turc doit être expulsé ? Est-ce que l'Islam n'a point partout pris les dispositions nécessaires pour arrêter la peste engendrée par les miasmes qui s'élèvent des immolations faites à Mouna? Est-ce qu'en Turquie, comme en Égypte, il n'y a pas des chrétiens qui administrent, qui rendent la justice, qui commandent des troupes sur terre et sur mer? Le type du sultan Osmanli disparaît. Abdoul Hamid vient de répondre à sir H. Elliot : « Vous oubliez que je suis un souverain constitutionnel. » Les réformes de 1857 seront complétées par celles de 1876. Qui oserait soutenir que le sanguinaire fétichisme du cannibale Mounza soit supérieur au gouvernement du sultan constitutionnel Abdoul Hamid? Sans doute ces modifications rencontrent de graves obstacles; elles en rencontreront longtemps. Plus d'un ministre mourra assassiné, plus d'un complot sera ourdi, plus d'un soulèvement aura lieu; plus d'une fois, sultans et khédives seront accusés de livrer leurs pays aux chrétiens; mais le progrès ne s'en fera pas moins, maintenant qu'il est lancé. Et se fait-il bien autrement dans de certains pays qu'on regarde comme très-chrétiens et très-civilisés ? Soyons modestes et regardons un peu autour de nous, et en nous-mêmes, avant de condamner les mahométans.

On a dit enfin, et je crois qu'en ceci on a été beaucoup plus près de la vérité que dans plusieurs autres considérations, surtout dans celles qui sont étrangères à la traite, on a dit que ce serait principalement la colonisation et le commerce qui civiliseraient le centre de l'Afrique. Il ne s'agit guère du littoral, qui, du dans sa plus grande partie, est occupé par des populations européennes, au milieu desquelles font tache les colonies portugaises qui paraissent réfractaires aux idées de progrès ; mais toute la partie australe est occupée par des états plus ou moins réguliers, qui, sous l'influence bienfaisante de l'Angleterre, semblent s'acheminer vers la formation d'une confédération ; cette même influence se fait sentir sur la côte septentrionale du golfe de Guinée où elle combat l'esclavage et la barbarie; la France a la Sénégambie et l'Algérie; les mahométans possèdent tout le reste du nord de l'Afrique ; ce qui reste donc à attaquer, au point de vue civilisateur, ce sont surtout le haut bassin du Nil et le centre de l'Afrique équatoriale. Là, sur une large bande de terre, depuis les lacs Tanguégnica et Victoria jusqu'aux embouchures de l'Ogooué et du Gabon, qui sont à la France, règnent la barbarie, le cannibalisme et la traite dans leurs formes les plus exécrables. Il est clair que ces régions seront le théâtre d'une grande lutte et qu'elles ne peuvent pas être colonisées régulièrement ; mais, comme le disent le lieutenant Cameron et d'autres contemporains, on peut y fonder, à la romaine, de certains centres coloniaux, où des Européens dirigeraient l'administration et le travail. Cette entreprise trouvera sans doute un grand appui, une vigueur durable, dans l'organisation décidée au mois d'août 1876 par le congrès de Bruxelles, qui a fondé une Association internationale comprenant des comités de chaque nation, reliés entre eux par une commission permanente. Elle se propose l'exploration, la suppression de la traite et le développement du commerce légitime en Afrique. La commission permanente est composée de sir Bartle Frere pour l'Angleterre, de M. de Quatrefages pour la France et du Dr Nachtigall pour l'Allemagne, sous la présidence du jeune roi des Belges, auquel revient la gloire d'une telle initiative.

Mais, en attendant qu'elle puisse agir, il existe deux souverains qui sont à l'œuvre, déjà depuis quelques années, et dont l'action est le plus en mesure d'être efficace et puissante. Je veux parler de deux souverains mahométans ; preuve nouvelle, et, selon nous, surabondante, de l'injustice et de l'imprudence des impatients qui attaquent et condamnent en bloc tous les musulmans. Ces deux souverains sont le khédive d'Égypte et le séid de Zanzibar. Du premier, relèvent aujourd'hui les côtes sud-ouest de la Mer Rouge et du détroit de Bal-el-Mandeb ; à l'intérieur, le bassin du Nil jusqu'au lac Victoria et au Baghermi ; plus, le Soudan jusqu'à l'Ouadaï. L'autre est souverain de la côte de Zanguebar, et son autorité, à l'intérieur, est reconnue jusqu'aux bords de la rivière à laquelle Livingstone a donné le nom de Webb, et dans la contrée où les affluents du Zambèse et du Congo semblent former entre les deux Océans une ligne de communication presque ininterrompue. Ces deux influences sont comme des coins qu'on enfonce, l'un d'en haut, l'autre de côté, dans une bûche de racine difficile à briser. Par elles, on pénétrera dans l'Afrique la plus barbare ; on l'ouvrira, on s'y installera. Sont-elles efficaces ? Sont-elles bienfaisantes ? Quant à l'Égypte, d'un côté, M. Schweinfurth avoue que la digue végétale du Nil peut être durablement ouverte aux bateaux; que des routes peuvent être aisément faites dans une portion du bassin du Ghazal et dans le Dar-Fertite, et que, dans le reste, la brouette chinoise en acier peut avantageusement être employée sur tous les sentiers ; de l'autre, la rivière des Montagnes ouvre une route jusqu'au Victoria, et l'alliance avec Mtésa, que, par parenthèse, les rapports avec les Européens semblent avoir amélioré, permet des relations avec les Pays de Mouézi et de Djidji, où arrivent les caravanes parties de Zanzibar. C'est donc à ce point que les deux courants d'influence se rencontrent. Les denrées commerciales n'y manqueront pas, malgré la suppression de la traite. Outre l'ivoire, tant qu'on n'aura pas trouvé un meilleur usage à faire de l'éléphant que de le tuer, ce pays abondera en épiceries, en houille, et en minéraux de toute sorte. Le chemin de fer du Caire à Khartoum, qui doit faciliter l'exploitation du bassin du Nil, peut se faire attendre encore quelques années; mais, dès à présent, les communications peuvent devenir plus actives entre Zanzibar et le Tanguégnica : rien n'est plus aisé que de construire un tramway avec le fer et le bois du pays entre ces deux points, comme de Mombaz au lac Victoria. Déjà des lignes de bateaux à vapeur font communiquer Zanzibar avec Port Natal et le Cap au midi; avec les Comores et Madagascar à l'est; avec Aden, Souez et Bombay vers le nord. Dans l'île de Zanzibar, où l'on affirmait que le Séid seul était favorable à la destruction de l'esclavage, les bandes qui se forment aujourd'hui pour aller à la chasse de l'homme dans l'intérieur de l'Afrique ne trouvent plus un seul Banian pour leur avancer un centime; néanmoins la ferme des douanes vient d'y être adjugée avec une augmentation de 750 000 fr. par an. Si l'on considère ces progrès, en se rappelant ceux qu'a faits l'Égypte vers la civilisation, depuis l'élan que lui a donné l'expédition de Bonaparte jusqu'à ce jour, on sent augmenter son espérance et sa foi dans la régénération future de l'Afrique, avec l'aide des hommes de bien de toutes les religions et de toutes les nationalités.

Bourges, 7 novembre 1876.

J. BELIN-DE LAUNAY.

AU CŒUR
DE L'AFRIQUE

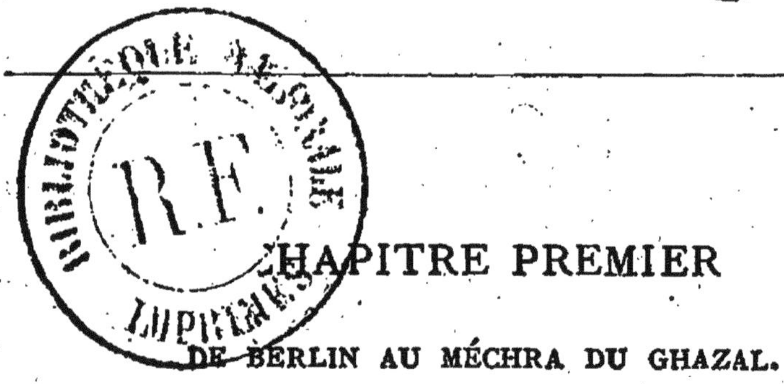

CHAPITRE PREMIER

DE BERLIN AU MÉCHRA DU GHAZAL.

Naissance et jeunesse du botaniste russe George Schweinfurth. — Premier voyage dans le nord-est de l'Afrique, en 1863. — Retour en Égypte, en juillet 1868. — Arrivée à Souez. — Progrès de cette ville. — Charmes de la mer Rouge. — La Turquie a cédé à l'Égypte Souakim et Massaouâ. — Avenir de Souakim. — Les chaînes du littoral. — Les bédouins y vont passer l'été. — Le vieux prêtre de Cano et ses deux femmes. — Chameliers mis à la raison. — Blocs de granit au milieu des sables. — Aspect charmant du Nil au-dessus de Matamma. — Contrats conclus avec Ghattas et les autres Khartoumiens. — Negghers. — Première nuit sur le Haut-Nil. — Mohammed-Amin blessé par un buffle. — Abeilles meurtrières. — Canots d'ambatch. — Population et fertilité du district de Fachoda. — Le moudir. — Les traitants demandent la destruction des Chillоucs révoltés. — Le Kénousien Mohammed Abd-es-Sâmate. — Poursuivis par les Chilloucs, nous les volons. — Le Sett, barrage végétal. — Nuit au milieu de ce fouillis d'herbes. — Nous reculons. — Lac Nô. — Nouers. — Leurs coutumes et leur conformation physique. — Le Kitt, Port Rek ou Méchra du Ghazal. — La vieille Chol et son mari Courdiouc. — Nos cadeaux réciproques.

D'une pléiade d'hommes intrépides, qui ont essayé de pénétrer au centre de l'Afrique par la voie de Khartoum, deux seulement ont vu leurs efforts couronnés de succès : le premier est Baker, dont on connaît les découvertes [1]; le second est l'auteur de cet ouvrage.

Né en décembre 1836 à Riga [2], où son père était négociant, George Schweinfurth compléta ses études à Heidelberg et à Berlin, devint docteur ès-sciences naturelles, et se consacra à la botanique qu'il avait travaillée presque dès l'enfance. A sa première école, il avait eu pour maître le fils d'un homme qui avait été missionnaire dans l'Afrique australe. Les récits des merveilles de cette terre sauvage, récits dont le maître était prodigue, ont pu tourner son esprit vers le continent qui plus tard devait attirer ses pas; mais la cause déterminante de ses voyages fut une collection de plantes qu'il eut à classer et à décrire. Le jeune de Barnim qui, accompagné du docteur Hartmann, était parti pour le pays du Nil Blanc, mourut au Fazokl [3] en 1860, victime du climat, comme tant d'autres l'avaient été avant lui. Son herbier, rapporté en Europe, fut confié au docteur Schweinfurth, auquel l'étude de ces plantes desséchées ne laissa plus qu'un rêve : visiter les lieux où il verrait ces mortes dans tout leur éclat; où, à son tour, il découvrirait de nouvelles espèces, ces « joies dorées » de l'explorateur.

Donc, en 1863, Schweinfurth se rendit en Égypte, herborisa dans le Delta, suivit la côte africaine de la mer Rouge, longea l'Abyssinie, et atteignit Khartoum. De là, sa bourse étant vide, il revint en Europe, où il arriva, après deux ans et demi d'ab-

1. *Découverte de l'Albert Nyanza*, 1 vol. in-8, illustré de 30 grav. sur bois et de deux cartes; 10 fr. *Le Lac Albert*, 1 vol. in-18 jésus, 16 vignettes et une carte, 2 fr. 25. Hachette et Cie. — J. B.

2. Port au fond du golfe de Livonie, Russie. — J. B.

3. Le Fazokl, qu'on ne trouve guère sur les cartes vulgaires en France, est une province située au sud-est du Sennaar et qu'arrose le Nil Bleu à sa sortie de l'Abyssinie. — J. B.

sence, rapportant une collection d'une extrême richesse.

Il ne tarda pas à soupirer de nouveau après la terre africaine. La fondation Humboldt pour l'avancement des sciences et l'exploration des pays lointains lui accorda la somme dont elle pouvait disposer; et, en 1868, George Schweinfurth repartit pour Khartoum.

C'est ainsi que M. Winwood Reade présente aux lecteurs le savant dont nous nous proposons de vulgariser les aventures et les découvertes, et auquel nous laisserons désormais la parole.

Lorsque, au mois de juillet 1868, je me retrouvai en Égypte, écrit-il, je savais bien que le gouvernement du Khédive n'avait que peu d'influence, et nulle autorité, chez les noires tribus du Nil supérieur. Sous sa direction, les marchands de Khartoum avaient certes fait quelque chose. Depuis seize ans, ils traversaient le pays dans presque tous les sens, et ils avaient établi, pour leur propre compte, des stations à la frontière nègre; mais, sur la généralité du sol, leur prise de possession n'existait pas.

Aussi, tout en espérant que ces marchands d'ivoire n'éprouveraient pas le besoin de contrecarrer mes projets, je ne voulais pas m'y fier; et, comme ils étaient sujets du Khédive, je songeai à demander l'appui du gouvernement égyptien. Aussi me trouvai-je heureux d'avoir obtenu du premier ministre du Khédive des ordres spéciaux pour le gouverneur général du Soudan. D'après leur teneur, ce fonctionnaire devait approuver tous les contrats que je passerais avec les marchands, afin que mon voyage ne fût pas entravé, et afin d'assurer l'accomplissement de toutes les obligations qui seraient prises à mon égard.

J'arrivai à Souez le 16 août 1868, quatre années

et demie après ma première visite, datant de janvier 1864. Dans cet intervalle, la population de la ville avait triplé. A elle seule, la guerre faite par les Anglais à l'Abyssinie avait porté presque au double le nombre des habitants de Souez. Une partie du camp, établi pour recevoir les troupes en marche, et d'immenses magasins à fourrages, formant toute une bourgade, rappelaient le souvenir de cette heureuse entreprise.

Le canal d'eau douce, terminé depuis cinq ans, n'avait pas sensiblement amélioré la campagne; la désolation y régnait toujours. Pas de jardins, pas d'arbres, pas de verdure, où l'œil pût se reposer du bleu du ciel ou du bleu des flots. Les espérances qu'avait fait naître ce canal s'étaient donc jusqu'alors faiblement réalisées. Le dépôt fertilisant ne s'effectuait qu'avec une extrême lenteur, et n'avait encore rien produit, excepté à la base des montagnes de Moccatan, où les bandes de terre, non imprégnées de sel, sont arrosées par un bras du canal. Il y avait là de grands champs de légumes, et une quantité de plantes du désert, qui, venues d'elles-mêmes, augmentaient la verdure [1].

Après être resté deux jours à Souez, je m'embarquai sur la mer Rouge ; car, afin d'éviter le grand désert de Nubie, j'avais choisi la voie maritime pour me rendre à Souakim et de là à Berber, où je commencerais à remonter le Nil.

1. Voici un renseignement tout récent sur les effets du canal d'eau douce : « La culture dans ce district gagne en étendue; chaque année les pâturages s'élargissent à mesure que l'eau du canal d'eau douce est distribuée dans les environs. Le pays a l'air encore jaunâtre et sablonneux ; mais la magnificence des végétaux et des fruits, mis en vente dans les marchés, donne la preuve de ce que peut produire le sable du désert, grâce aux influences fertilisantes du soleil et d'une eau abondante. » Lettre datée d'Ismaïlia, 20 février 1876, dans le *Galignani's Messenger* du 5 mars. — J. B.

Si la chaleur et l'éclat du soleil avaient été moins accablants, on aurait eu grand plaisir à s'ébattre dans les flots d'un si beau vert qui s'étendaient sur les hauts-fonds de cette mer, où des bancs de corail déployaient leurs merveilles. Pareilles à des terrasses couvertes de fleurs rares, ces plates-bandes, aux lignes capricieuses, descendaient leurs festons dans l'ombre violette de l'abîme. Au milieu de ces bosquets vivants glissaient des formes étranges, parmi lesquelles brillait la fiancée qu'invoquent les pêcheurs arabes : « O fiancée du poisson, charmante fiancée, viens à moi ! » A tout moment je saisissais quelque bribe de ce chant que le timonier fredonnait comme en rêve, aux heures les plus chaudes du jour, tandis que l'équipage faisait la sieste, et que notre barque, comme une ondine, fendait sans bruit les flots d'émeraude. L'enchantement de ces eaux féeriques, peuplées de myriades d'objets vivants de toute forme, de toute nuance, est au delà de toute description.

Je n'oublierai jamais les nuits que j'y ai vues s'écouler dans un calme plat. Impossible de dormir : noyé dans la sueur, on se contentait de rester immobile, en s'efforçant d'espérer qu'au point du jour la brise serait moins chaude.

L'air et l'eau, combinés en une masse infinie de vapeur, ne laissaient pénétrer qu'une lueur blafarde et livide. Une raie brillante coupait seule le voile au-dessus des flots ; elle sortait d'une déchirure de l'horizon, qui semblait être la source de toute la clarté répandue ; c'était une illusion, car la lune était au-dessus de nos têtes. La barque flottait sur l'eau dormante, comme eût fait l'ombre d'un navire au sein d'un globe vaporeux. Éclairée par les rayons verticaux de la lune, la mer figurait un ciel renversé, où des légions d'êtres mystérieux, de couleurs diverses de formes confuses, s'agitaient sans bruit ; et le calme de l'air, le silence ininterrompu de cette nature spectrale, augmentait la magie de ces fantastiques clairs de lune.

Le soir du troisième jour de notre navigation, nous entrâmes dans le port de Souakim. Cette ville, qui autrefois relevait directement de la Turquie, avait été cédée trois ans auparavant au Khédive, ainsi que Massaouâ et la côte adjacente. Dans ce court espace de temps, elle avait fait des progrès remarquables. Bien que naturellement destinée à servir de port au Soudan égyptien et à l'Abyssinie, Souakim n'avait pu grandir tant que son administration lui était venue d'Arabie et de Constantinople. Sa prospérité actuelle même n'est que relative; car le gouvernement khédival continue à l'entraver par les droits énormes qu'il impose au commerce, voire à celui qui se fait entre Souez et cette place. Surveillant d'un œil attentif l'état anarchique de l'Abyssinie, il voudrait transférer le centre de ses intérêts à Massaouâ; c'est malgré lui que le trafic par Berber prend une activité croissante, parce que, de cette ville à Souakim, la route compte à peine quatre cents kilomètres, tandis qu'il y a juste le double de Massaouâ à Khartoum.

J'abordais à Souakim pour la quatrième fois, et je fus accueilli par le gouverneur comme une vieille connaissance. Il envoya immédiatement retenir les chameaux dont j'avais besoin pour continuer ma route.

Le 11 septembre, après douze heures d'une montée persévérante, nous atteignîmes la première passe de la montagne, située à mille soixante-dix mètres au-dessus du niveau de la mer.

Rien de plus agréable que cette ascension qui nous faisait sortir de la chaleur humide et suffocante de la plage. Chaque bouffée de l'air vivifiant qui circulait autour de nous, semblait nous rendre une énergie nouvelle. Le charme d'un pareil changement fut surtout apprécié quand vint le soir. Étendus sur la couche sableuse du fond de la vallée, nos membres fatigués trouvèrent le repos. Dans le silence de la nuit, l'air, imprégné des effluves du camphre, du thym, de la menthe, de toutes les senteurs balsamiques, nous enveloppait d'aromes avec lesquels n'aurait pu rivaliser aucun produit de parfumeur, et qui ne sauraient être surpassés nulle part. Les plantes qui exhalent ces parfums vivifiants sont d'humbles herbes alpestres, parmi lesquelles une pulicaire [1] venait en première ligne. Sans bruit et pareils à des ombres, les chameaux glissaient dans la vallée, jouissant de la pâture qu'ils y trouvaient en abondance, et qui leur semblait d'autant plus savoureuse qu'ils arrivaient de la côte, où, pour eux, tout n'avait été que pénurie, salure et amertume.

Les montagnes situées entre Souakim et Singate sont l'habitat d'un si grand nombre de plantes remarquables que, pour cela seul, elles mériteraient d'être visitées. Au milieu de toutes ces richesses, le regard est d'abord attiré par les dragonniers ou dracénas, appartenant à ces types de végétaux qui n'occupent sur la terre que des espaces extrêmement restreints. Ils prospèrent ici sur les sommets les plus élevés; mais ils croissent également à sept cents mètres plus bas, dans une aire de quelques kilomètres carrés.

Par suite de la réunion d'influences météorologiques favorables, la végétation est beaucoup plus développée sur ces masses culminantes que dans les cantons voisins d'une altitude inférieure, où se réunissent cependant les bédouins des environs, pour y chercher la verdure et la fraîcheur.

En effet, lorsque la ville de Souakim devient étouffante; que les chèvres, ayant mangé le dernier brin d'herbe, ne donnent plus de lait; que les chameaux

1. Nom donné à un genre de plantes herbacées dont, à ce qu'on prétend, l'odeur chasse les puces, *pulices*. — J. B.

ont dévoré jusqu'à la racine les dernières touffes des salsolées, les bédouins de la banlieue empaquettent les perches d'acacia et les nattes qui formeront leurs tentes; ils abandonnent les haies épineuses, voilées de toiles d'araignées, qui entourent leurs clos, et gagnent les portions de la montagne dont leurs ancêtres leur ont légué la jouissance. A leur suite, partent les soldats du vice-roi, qui, de vallée en vallée, vont, le courbatch à la main, prélever la taxe frappée sur le bétail, et doivent en outre ressaisir tout voleur de chameaux qui s'est enfui.

Le 21 septembre, je repris ma course vers le Nil, distant alors de trois cent quatre-vingt-cinq kilomètres. Chemin faisant, ma petite bande, qui, en surplus d'une douzaine de bédouins, ne se composait que d'un natif de Berber et d'un chien amené d'Europe, s'augmenta par hasard d'une couple de jeunes pèlerins revenant de la Mecque. Un de mes nouveaux compagnons possédait un sabre turc. Avec ma carabine, cet armement paraissait devoir nous suffire contre les indigènes. On se rappelle l'éclatante victoire que le parasol de Baker[1] remporta sur un parti nombreux des gens que nous avions à craindre. Notre chien d'ailleurs était une sécurité en cas d'attaque nocturne.

Beaucoup moins agréable que cette première adjonction, fut celle d'un vieux fanatique, suivi de deux épouses, et qui revenait aussi de pèleriner. Ce vieil hadji, fort ennuyeux de sa personne, était prêtre à Cano, dans le Haoussa; ce qui l'avait obligé à faire une assez longue route. L'état de son ménage rendait entre nous toute liaison impossible; les bons rapports cessèrent même entièrement au bout de quelques jours.

1. Il y a quelque exagération pittoresque dans l'expression « le parasol de Baker, » mais enfin le fond n'est pas faux, ainsi qu'on peut s'en convaincre en relisant la narration de ce fameux combat. Voir p. 348 et suiv. de notre édition populaire du *Lac Albert*. — J. B.

De ses deux femmes, l'une était venue de Cano, et se trouvait supplantée par l'autre, que le vieux pèlerin avait épousée au tombeau du Prophète. Depuis ce mariage, la première se voyait retirer les morceaux de la bouche et refuser les satisfactions les plus innocentes; d'où il résultait que les deux rivales étaient toujours en querelle et s'arrachaient littéralement les cheveux. Le prêtre, non-seulement donnait raison à sa nouvelle épouse, mais il maltraitait cruellement l'ancienne. Je finis par ne plus pouvoir être impassible témoin de pareilles scènes; et, prenant à parti le vieux pécheur, j'essayai de le forcer à respecter les droits et la dignité de la femme, de telle façon qu'il pût dire à ses compatriotes ce que pensent les Européens sur ces matières.

Dans leur indolence, nos chameliers saisissaient les moindres occasions de prolonger les haltes. Tout d'abord cela m'était indifférent : j'avais du temps devant moi, et les jouissances que me donnait l'étude de la flore remplissaient mes loisirs. Ma tolérance cependant finit par avoir des bornes; les excuses devenaient inadmissibles : un jour, les bêtes avaient pris la fuite; le lendemain, elles n'avaient pas de nourriture. Bref, il en résulta un combat régulier entre nous quatre et les douze chameliers qui nous conduisaient. Des bâtons, le sabre turc et un tuyau de pipe indestructible, notre seul armement, suffirent à nous donner la victoire. Mon tube fit voler en éclats maintes houlettes pastorales; et, à dater de ce jour, nous nous dirigeâmes vers l'ouest d'un pas plus rapide.

Une nappe de sable s'étend depuis le mont O' Fik jusqu'au premier puits qui annonce le commencement de la vallée du fleuve. Aucune source n'y surgit; mais, parmi des quartiers de roches éparpillés, s'élève un bloc de granit solitaire qui a reçu des bédouins le nom d'*Ermite*. A une journée de marche de celui-ci, est un autre bloc isolé, de même nature, un de ces points de repère qu'on voit de très-loin, et que le regard fatigué du voyageur salue avec gratitude. Cet obélisque naturel a plus de onze mètres d'élévation, avec la forme d'une poire ou d'une figue renversée. Il est évident que le rétrécissement de la base est dû à l'action tournoyante du sable, chassé par le vent. Les indigènes appellent *Abou-Odfa* ce bloc monumental. Odfa est le nom de la selle-palanquin dont se servent les femmes pour monter à chameau. Des blocs de même forme, toutefois plus petits, se voient fréquemment dans les autres parties de la route.

Enfin le 7 octobre, nous arrivions à Berber. Après y avoir serré la main du vice-consul de France, de l'aimable et cordial M. Lafargue[1], je me procurai une embarcation et commençai à remonter le Nil. Ce n'est qu'à partir de la populeuse ville de Matamma que le paysage offert par le fleuve couvert d'îles devient charmant. Entre celle de Marnad et le pic insulaire de Rahouyan, c'est-à-dire dans toute l'étendue de la sixième cataracte, ces îles sont tellement nombreuses que personne n'a la prétention d'en connaître le chiffre précis; d'où les mariniers les appellent les *Quatre-vingt-dix-neuf Iles*. Ajoutons que les rivages offrent une perspective des plus attrayantes, et procurent des jouissances que nul autre parcours fluvial ne saurait donner plus complétement.

Le premier novembre, à midi, nous entrions à Khartoum, dont le port était animé par la présence d'une centaine d'embarcations.

Jusqu'alors les négociants khartoumiens avaient regardé tout voyageur scientifique comme un espion

1. Baker se loue aussi beaucoup de M. Lafargue. Voir p. 347 de notre édition populaire du *Lac Albert*. Ce fonctionnaire aimable devait mourir avant le retour de Schweinfurth. — J. B.

dangereux, n'ayant d'autre but que d'informer tel consul général des opérations auxquelles lesdits négociants se livraient sur le Haut-Nil. L'esprit conciliant de M. Duisberg, vice-consul d'Allemagne, leur persuada que mon plan n'avait rien de contraire à leurs intérêts; et ils acceptèrent le repas somptueux qui leur fut donné en mon honneur.

Je finis, après de mûres réflexions, par me décider à me diriger sur la rivière des Gazelles et je conclus un contrat avec Ghattas, un des gros négociants et traitants de Khartoum. Il s'engageait à me fournir des moyens de subsistance et tous les porteurs dont j'aurais besoin, ainsi que des gens d'escorte en nombre suffisant. Il mettait en outre une barque à ma disposition; enfin, une clause particulière stipulait que je serais libre d'accompagner ses gens dans toutes leurs entreprises.

Djaffer pacha imposa les mêmes obligations aux autres traitants qui avaient des domaines dans la province du Ghazal. Toutes les conditions furent écrites en double; j'eus copie des pièces, et la minute resta au gouvernement.

Libre alors de partir, je m'embarquai sur un neggher, ainsi qu'on appelle un de ces bateaux du Nil Blanc, qui sont construits avec le bois du sount ou acacia nilotique. Vus de l'intérieur, ils ressemblent un peu à la moitié d'une coquille de noisette allongée. En somme, ils présentent une symétrie complète.

Un mât d'une vingtaine de pieds porte la seule voile de la barque, voile latine attachée à une vergue gigantesque : en général, moitié en sus de la longueur de la coque.

Salués par une foule nombreuse, dans laquelle mes gens avaient une quantité de parents et d'amis, nous quittâmes la rive. Le Ras-el-Khartoum fut immédiatement doublé; ce grand promontoire, d'où la ville a tiré son nom et qui rappelle le groin d'un animal, s'avance entre le Nil Bleu et le Nil Blanc, jusqu'à leur confluent.

Quelle que fût la masse de notre bateau, le vent du nord, gonflant notre voile géante, nous fit marcher au sud avec la vitesse de la vapeur. La nuit arriva sans ralentir notre course; nuit superbe, éclairée par la lune. Je ne pouvais pas dormir tant j'étais ému de la pensée que mon vœu se réalisait, que mon rêve était devenu un fait irrévocable. Roulés dans leurs vêtements blancs, comme des momies dans leurs suaires, les gens de l'équipage dormaient sur le pont, serrés les uns contre les autres, et ajoutaient à l'effet spectral de notre voyage nocturne.

Nous étions partis depuis peu de jours quand je découvris que le prudent Ghattas, à qui était le bateau, y avait embarqué d'une façon très-économique toute la poudre et toutes les cartouches qu'il nous fallait pour un an. Afin d'éviter la dépense d'un emballage convenable, il avait mis, tout bonnement dans du papier et dans des sacs en natte, plusieurs quintaux de ces matières explosibles. On les avait empilées au seuil de ma cabine, juste à l'endroit où je m'asseyais pour fumer, tout en regardant le paysage. Immédiatement je fis recouvrir d'une peau de vache ce tas inflammable, et je repris ma contemplation et ma pipe en toute sécurité.

Le 14 janvier 1869 fut notre premier jour de malheur. Un bateau nous avait rejoints dans la matinée; mes hommes, voulant profiter de la rencontre, demandèrent qu'on s'arrêtât. L'endroit où nous étions alors n'offrait aucun intérêt; je fis aller un peu plus loin, afin de débarquer sur une île qui me paraissait plus attrayante. Ce fut là qu'arriva l'événement. Mohammed-Amin, l'un des deux hommes qui m'accompagnaient, approcha par hasard d'un buffle, couché dans les grandes herbes, où probablement l'animal dormait. Ni l'un ni l'autre nous n'avions l'intention d'attaquer cette brute; mais, troublée dans son repos, elle entra en fureur. Bondir et lancer l'importun dans l'espace fut l'affaire d'une seconde. Mon fidèle compagnon gisait là, tout sanglant; et devant lui, la queue haute, mugissant avec rage, le buffle se préparait à le fouler aux pieds, lorsque heureusement son attention tomba sur nous, qui, muets de saisissement, regardions l'horrible scène.

J'étais sans armes : mon fusil, que portait Mohammed au moment de la rencontre, se balançait sur la corne gauche du buffle. Mon autre compagnon, chargé de ma carabine, avait immédiatement tiré sur la bête : les deux coups avaient raté. Pas le temps de délibérer, il fallait agir. L'homme saisit une petite hache de fer et la lança à la tête de l'ennemi, qui se trouvait à une vingtaine de pas de lui. Bien visé! D'un bond prodigieux, la bête se jeta dans les roseaux, brisant les tiges sous son énorme poids et faisant trembler le sol. Rugissant et grondant, bondissant toujours, se jetant de côté et d'autre, elle fuyait affolée. Comme il était possible qu'un troupeau la suivît, nous prîmes nos fusils et nous nous élançâmes vers un arbre voisin. Mais bientôt, le bruit s'apaisant, nous revînmes près de Mohammed. Il avait la tête clouée au sol par des tiges aiguës de roseaux brisés, qui lui traversaient les oreilles. Toutefois son état n'avait rien de très-grave. La corne, qui l'avait frappé à la bouche, lui avait enlevé quatre dents de la mâchoire supérieure; et, avec de menues fractures, c'était là tout le mal que lui avait fait la bête. Il reçut une gratification de quarante thalaris[1] pour le dédommager de ses quatre dents perdues.

Quelques jours plus tard, tandis que nous filions sur l'eau profonde, à côté des roseaux dont la rive est

1. Dollar de Marie-Thérèse, qui vaut 5 fr. 20; le mot *thalari*, comme le mot *dollar*, vient de thaler. — J. B.

couverte, le bruit de notre grande voile fit partir un troupeau de buffles, qui disparut sans nous donner l' temps de saisir nos carabines. Presque aussitôt nous passâmes devant un camp des Baggaras, où une scène à la fois vive et pittoresque appela notre attention. Des buffles venaient de se jeter sur des pâtres et avaient mis tout le monde en émoi. Excités par les cris frénétiques des femmes, les hommes par centaines, quelques-uns à cheval, tous armés de lances ou d'épées, se précipitaient vers l'endroit où l'attaque avait eu lieu.

Il était évident pour nous que la cause de cette alerte était la bande que nous avions dérangée. On semblait croire que nous avions tiré sur les buffles; mais personne n'aurait pu dire comment la chose s'était passée. Le vent du nord, qui nous était favorable, nous entraîna avant que nous eussions appris la fin de l'aventure. Nous vîmes seulement un pauvre garçon qui avait eu le même sort, et peut-être plus de mal, que notre Mohammed.

Le lendemain, nous arrivions à une place où le fleuve décrit une courbe remarquable; il tourne là au nord-est et, pendant quinze kilomètres, coule dans cette direction. L'endroit porte le nom de *Dyourab-el-Esh*, qui veut dire : sac de grain. Ce détour nous fit marcher vent debout, et il fallut que l'équipage remorquât le bateau. La corde, en traînant dans l'herbe, rencontra un essaim d'abeilles. Immédiatement une nuée de ces mouches sortit des roseaux et creva sur les remorqueurs. Ces derniers se jetèrent dans la rivière pour regagner la barque; l'essaim les poursuivit et remplit toutes les parties du pont : on comprend aisément la scène qui en résulta.

Ne me doutant de rien, j'étais dans ma cabine, arrangeant mes plantes, lorsque j'entendis autour de moi des gambades que je pris simplement pour un jeu de mes hommes.

Mohammed attaqué par un buffle. (Page 13.)

Cependant je demande ce qui arrive, et n'ai pour réponse que des gestes extravagants et des regards éperdus; enfin on me crie : Des abeilles! des abeilles! Je saisis ma pipe, voulant essayer de fumer; vaine entreprise : des milliers d'ailes bourdonnantes m'entourent, et j'ai la figure et les mains piquées sans merci. Je veux me protéger le visage avec mon mouchoir; plus mes mains s'agitent, plus l'attaque est violente. D'horribles douleurs, quelque chose d'affolant : sur les doigts, sur les joues, dans l'œil, dans les cheveux. Mes chiens, couchés sous mon lit, s'élancent en hurlant, renversant tout sur leur passage. Hors de moi, je saute dans la rivière, je plonge ; tout cela en vain : les coups d'aiguillons me pleuvent sur la tête. Sans écouter mes gens qui me rappellent, je rampe au milieu des roseaux, vers le bord marécageux. L'herbe me déchire les mains ; je cherche toujours à gagner la rive, espérant m'abriter dans les bois. Tout à coup, saisi par quatre bras puissants, je recule avec tant de force que je sillonne la vase, où j'étouffe. On me ramène à bord. Pas moyen de fuir.

Toutefois mes plongeons m'avaient rendu assez de présence d'esprit pour que l'idée me vînt de tirer un drap de mon coffre et de m'en envelopper complétement. Il me fallut d'abord tuer une à une les abeilles que j'avais enfermées avec moi ; puis cet abri me protégea. Blotti sous ma couverture et agité de mouvements convulsifs, piqué de temps à autre par un aiguillon qui traversait le linge, j'entendis bourdonner trois heures durant, sans interruption. Pendant ce temps-là, quelques-uns de mes serviteurs, avec un entier oubli d'eux-mêmes, allèrent chercher mon gros chien, qui fut ramené et couvert de vêtements.

Peu à peu le calme se rétablit, chacun resta immobile ; un profond silence régna sur la barque, et les abeilles s'apaisèrent.

Délivrés du fléau, nous fîmes l'examen de nos blessures. Avec des pinces, j'arrachai tous les aiguillons que j'avais à la figure et aux mains ; et la douleur ne tarda pas à disparaître dans les endroits où l'extirpation avait réussi.

Nous n'avons pas été les seuls à souffrir de la colère de ces insectes. A chacun des seize bateaux qui, ce jour-là, ont passé dans notre sillage, l'attaque s'est renouvelée, toujours aussi furieuse.

On ne peut pas se faire une juste idée de la confusion qu'elle a dû jeter dans ces barques, où de soixante à quatre-vingts hommes étaient les uns sur les autres. Le soir, j'aurais bravé la fureur de dix buffles ou de deux lions, plutôt que d'affronter le même péril ; tous mes compagnons étaient comme moi.

Parmi les équipages des bateaux qui nous avaient suivis, il y eut deux morts causées par ces abeilles. Elles appartenaient pourtant à la même espèce que celles qui peuplent nos ruches.

Le lendemain, comme la crainte qu'elles nous inspiraient, nous conduisait vers la rive opposée, nous trouvâmes une quantité de Chillou cs, se livrant à la pêche, montés sur leurs canots d'ambatch, et fendant l'onde presque aussi vite que le poisson lui-même. Leur vitesse ne les empêchait pas de se mouvoir et de marcher sur leur esquif, en se balançant, à la façon des canards.

Quelques douzaines de tiges d'ambatch, d'environ trois ans, forment ces canots, dont la construction est des plus simples. A une hauteur de deux mètres, les tiges de l'herminiera [1] s'amincissent rapidement, jus-

1. « Kotschy, mon prédécesseur, ignorant qu'Adamson l'avait « rencontrée dans la Sénégambie, appela l'*herminiera* ou ambatch « *Ædemone mirabilis*, dénomination changée par corruption « en *Anemone mirabilis*, ce qui est encore plus étrange. L'am- « batch se distingue par la légèreté exceptionnelle de son bois, « si toutefois la substance fongiforme de sa tige mérite d'être

Canots d'Ambatch. (Page 16.)

qu'à finir en pointe ; de telle sorte que le faisceau n'a besoin que d'être lié aux deux extrémités, pour présenter une courbe qui ferait honneur à une gondole. Lorsqu'un Chillouc a fini sa course ou revient de la pêche, il prend sa gondole, comme il ferait d'un bouclier, et l'emporte non-seulement pour la mettre en lieu sûr, mais pour la faire sécher ; car, l'ambatch s'imbibant aisément, le canot arriverait à saturation.

Le 24 janvier, vers le milieu du jour, nous parvenions à Fachoda, où se terminaient alors les possessions du khédive d'Égypte. Nous y demeurâmes plus d'une semaine.

Dans aucune des parties de l'Afrique, sans même en excepter l'Égypte, la population n'est aussi compacte que dans les environs de cette ville. Elle se compose de Chilloucs. Peut-être aussi n'y a-t-il pas de localité au monde où les conditions d'existence soient aussi favorables. L'agriculture, l'élève du bétail, la chasse et la pêche : tout y contribue au développement et à l'entretien d'une vie exubérante. Les herbages offrent au bétail une pâture quotidienne

« qualifiée de ligneuse. Il atteint de quinze à vingt pieds de « hauteur et six pouces de circonférence à sa base ; sa légèreté « est si grande que tout naturellement on le compare à une « plume. Ce n'est qu'en l'ayant à la main que l'on peut croire « à la possibilité de mettre sur ses épaules un radeau assez « grand pour porter huit personnes. L'ambatch croît avec « beaucoup de rapidité dans les plis tranquilles du rivage. « Comme il émet ses racines tout simplement dans l'eau, « des buissons entiers sont facilement entraînés par le vent, « ou par le courant, et vont s'établir ailleurs. Telle est l'ori- « gine des barrières végétales que l'on rencontre sur le Haut- « Nil, où très-souvent elles arrêtent la navigation. D'autres « plantes contribuent à former ces îles, qui, nouvelles Délos, « sortent journellement des eaux ; ce sont, en particulier, la « vossie et le célèbre papyrus des anciens, qui n'existe plus « maintenant dans aucune partie de l'Égypte ou de la Nubie. » Schweinfurth. *Extrait de la p. 53, t. I, de son Voyage complet.*

d'une valeur inappréciable. Le poisson y abonde, ainsi que l'hippopotame et le crocodile. Sur l'autre rive, est un magnifique terrain de chasse, entièrement libre, et qu'on coloniserait avec avantage, si les Dincas ne faisaient pas des incursions de ce côté, comme en ont fait souvent les Baggaras, sur le littoral d'en face, en descendant peu à peu vers le nord.

Jusqu'aux confins de leur territoire, les bourgades des Chillouc s semblent ne former qu'un village, dont les quartiers seraient séparés par des intervalles de mille pas au maximum, et quelquefois de trois cents pas tout au plus. Les cases, bâties avec une régularité remarquable, sont tellement rapprochées qu'à première vue on compare naturellement leurs groupes à des amas de champignons. Leur toiture conique ayant le sommet arrondi, rend cette comparaison fort juste.

Leurs bourgades, plus ou moins importantes, n'ont pas de clôture extérieure ; elles sont divisées par des sortes de cloisons, faites en paille, et qui, courant parmi les huttes, renferment le bétail de chaque propriétaire. Néanmoins, au milieu de chaque village, est un espace circulaire où tous les soirs les habitants se réunissent. Là, couchés sur des peaux de bœufs ou accroupis sur des nattes d'ambatch, ils fument le tabac du pays dans d'énormes pipes à fourneau d'argile, et respirent les exhalaisons des tas de bouse auxquels on a mis le feu pour éloigner les moustiques.

Sur cette place s'élève ordinairement la tige d'un arbre, où sont accrochés des tambours destinés, en cas d'alerte, à donner l'alarme et à prévenir du danger les bourgades voisines.

Le premier février, à une heure avancée du soir, nous quittâmes Fachoda ; et, sans faire usage de la voile, nous suivîmes la rive gauche du fleuve. Au point du jour, nous arrivions au camp du moudir ou gouverneur[1]. Nous y fûmes accueillis par des chants et par des acclamations, accompagnés des fanfares de trompette. Le gouverneur m'introduisit dans sa tente ; les pipes furent allumées, et, tout en fumant, je lui racontai pendant des heures les dernières nouvelles du monde civilisé.

C'est sous sa véranda que je fis connaissance avec celui des deux chefs indigènes qui, suivant l'expression du gouverneur, avait recouvré la raison, c'est-à-dire avait fait soumission pleine et entière à l'Égypte. Une guenille ceignant ses reins et des sandales communes indiquaient seules le rang qu'il avait occupé. Ses cheveux ras étaient découverts, et toute sa parure consistait en un fil de perles, tel que, dans sa tribu, en portent les chefs de famille : collier valant environ deux groschen (vingt-cinq ou trente centimes). Il ne lui restait pas l'ombre de son ancien pouvoir ; les beaux jours où, entouré d'un conseil d'État, il avait tenu le sceptre patriarcal de ses aïeux, étaient finis à jamais.

A proximité du camp, la paix semblait assurée ; les villageois paraissaient obéir sans murmure au gouverneur, dont l'administration n'était pas oppressive, et qui se contentait de leur demander les vivres dont la troupe avait besoin. Mais, avec les Chilloucs du sud, le gouvernement était en hostilités ouvertes. Cachgar, un autre descendant de l'ancienne famille régnante, se posait toujours en souverain, et rendait la partie du fleuve qui bordait ses États extrêmement dangereuse pour les barques du commerce. De temps

1. Ce gouverneur était un Courde nommé Ali Bey, qui, pour assurer son pouvoir et diviser les Chilloucs, avait créé un roi, usurpateur des droits du chef légitime, Qouât-Kère ; probablement le même que Schweinfurth appelle plus bas Cachgar. Ali Bey fut surpris en flagrant délit d'exercer la traite des esclaves par le pacha sir S. W. Baker, qui arriva à Fachoda l'année suivante, le 20 avril 1870. V. *Ismaïlia*, ch. III et IV. — J. B.

à autre le moudir, à la tête de ses six cents hommes, entreprenait une expédition contre lui, mais ne parvenait pas à l'atteindre. Bien que ceux que le gouverneur appelait rebelles, pussent mettre en ligne vingt ou trente mille guerriers, ils refusaient la bataille. Au second coup de canon, ils prenaient la fuite, abandonnant leurs troupeaux, sur lesquels fondait la cavalerie égyptienne composée de Baggaras. Cette race de nomades, toujours adonnée à l'enlèvement du bétail, est un précieux auxiliaire pour les razzias faites par le gouverneur.

La tâche de celui-ci était loin d'être facile. Non-seulement il n'arrivait pas à soumettre les réfractaires, mais son insuccès le mettait mal avec les traitants. « Le moudir, me disait l'un de ces derniers, ne se soucie pas d'attaquer les Chiloucs; il les protége. Qu'ils lui donnent quelques-uns de leurs bœufs, c'est tout ce qu'il demande. Nous, au contraire, nous voudrions les écraser, anéantir cette lignée du démon. » Il y avait quelque chose de vrai dans ces paroles. « Je n'ai besoin que du meilleur d'entre eux, me confiait le moudir, et voudrais le leur faire comprendre. » Les Chiloucs savaient fort bien que ce meilleur était leur bétail, et ils ne se résignaient à le céder que lorsque les grenades et les fusées leur écorchaient la peau.

Le 5 février, nous quittâmes le camp du moudir pour reprendre notre course vers la région du papyrus. Des bateaux que nous attendions, un seul était arrivé. Le gouverneur avait requis le propriétaire de nous assister en cas de besoin; circonstance des plus heureuses pour moi, car elle me fit connaître Mohammed Abd-es-Sâmate, auquel appartenait ledit bateau.

Mohammed Abd-es-Sâmate, natif du pays de Kénous [1], était dans son genre une sorte de héros :

1. La vallée nubienne de l'Égypte comprend les trois districts de Dongola, de Kénous et de Mâhas. — J. B.

l'épée à la main, il avait fait la conquête de plusieurs districts, qui, en Europe, auraient formé de petits États. Doué au plus haut degré de l'esprit d'entreprise, il bravait tout danger, et n'épargnait ni la peine ni les sacrifices. Il avait pour la science la plus vive sympathie, et serait allé au bout du monde pour voir les merveilles de la nature.

Le jour même de notre départ, nous nous mîmes en fuite devant les Chilloucs, qui, avec leurs nacelles d'ambatch, se disposaient à nous attaquer. Le sort voulut qu'au moment où ils pouvaient nous apercevoir, notre vergue se brisât. Il fallut aborder un instant. A peine avions-nous regagné notre barque et fait à la hâte quelques préparatifs de défense, que les premiers Chilloucs, la lance de guerre au poing, sautaient sur la rive à l'endroit que nous venions de quitter. En apparence, ils venaient nous proposer des vivres; mais nous eûmes la prudence de poursuivre notre fuite.

La crainte qu'ils nous inspiraient n'était pas sans motif. Il y avait là sur pied au moins dix mille hommes, et sur le fleuve trois mille canots en mouvement.

Depuis trois ans, il n'était possible aux bateaux du commerce d'approcher de cette partie de la rive que lorsqu'ils étaient plusieurs, c'est-à-dire en force suffisante pour se faire respecter. Cinq barques, se rendant à Khartoum, chargées de dents d'éléphant, avaient été capturées dans la même saison. Il y avait eu chaque fois apport de marchandises de la part des indigènes; les hommes des bateaux s'y étaient laissé prendre, et, au moment où les achats avaient absorbé leur attention, l'ennemi, tombant sur eux, les avait massacrés. La poudre, les carabines, l'ivoire, tout avait été pris, et le feu mis au bâtiment.

Le lendemain de notre alerte, après avoir passé l'embouchure de la Girafe, nous fûmes rejoints par six bateaux. Nous comptions alors près de trois cent cinquante hommes armés, ce qui nous permettait d'entrer en relations avec les Chilloucs.

Une haie de guerriers, dont les lances, pressées comme des épis, étincelaient au soleil, entourait la place; mais la crainte n'était pas de notre côté. Nos hommes, rassurés par leur nombre, s'animèrent à leur tour et firent éclater les chants joyeux de la Nubie. Deux heures s'écoulèrent rapidement au milieu des emplettes, qui se soldaient avec de la verroterie blanche ou rouge. L'activité ne se ralentissait pas; de nouvelles charges affluaient des villages; les cris, les gestes, les chants étaient plus animés que jamais, lorsque, la brise venant à souffler, le capitaine fit sonner le départ. Les Chilloucs s'imaginèrent que c'était le signal d'une attaque et, pris de panique, s'enfuirent de tous côtés. Il en résulta un désordre et un vacarme qui défient toute description.

Le vent favorable n'empêcha pas nos gens d'aller faire un tour dans la campagne, où ils eurent la chance de trouver des hommes qui essayaient de cacher une génisse dans l'herbe. Un coup de fusil, et la bête tomba. Peu de temps après, la peau et la viande étaient à bord; une demi-douzaine de chevreaux et quelques moutons complétaient l'aubaine.

Aux yeux de nos voleurs, cette maraude était parfaitement légitime, et pour divers motifs : 1° parce que les Chilloucs sont des païens; 2° parce qu'il y avait à leur égard des reprises à exercer; 3° enfin, et surtout, parce que le bœuf et le mouton sont des morceaux de choix, principalement quand il y a plusieurs jours qu'on en est réduit à la bouillie de doura. Il y avait encore pour mes bruns compagnons une quatrième excuse, à savoir qu'eux seuls pouvaient faire bon usage des bestiaux indigènes. Dans tous les districts du Haut-Nil, les nègres, éleveurs de bétail, ont pour coutume de ne jamais tuer une de leurs bêtes et de ne manger que celles qui meurent naturellement. A leurs yeux, elles représentent nos pièces d'or; et les Nubiens disent plaisamment qu'en avalant ces guinées ils font valoir un argent qui, détenu par les nègres, est un capital inerte.

Nous eûmes bientôt laissé derrière nous les villages des Chiloucs. A mesure que la barque avançait, le fleuve se divisait en une multitude de canaux, qui serpentaient au milieu d'îles sans nombre, formant un vrai labyrinthe. La variété des plantes qui couvraient la surface de l'eau me donnait un merveilleux spectacle; mais cette végétation excessive nous opposait un obstacle qui fut bientôt pour nous un réel sujet d'inquiétude. Nous étions sans cesse déroutés, non-seulement par le nombre des canaux, mais par un tissu d'ambatch, de papyrus, de plantes de mille espèces, qui couvrait le chenal comme un tapis, et dont les trouées n'offraient qu'un semblant de passage.

Il paraît avéré que nulle profondeur, telle que le fleuve en présente parfois, nulle extension du débordement habituel n'exerce la moindre influence sur cette végétation exubérante. Une couche de glace se briserait sous la pression des eaux; mais ici l'emmêlement est flexible, il résiste en pliant, ne se rompt pas et ferme toute issue. Çà et là une déchirure se présente, mais elle n'indique pas du tout la direction du chenal; et ces couloirs ne servent à rien pour le passage des barques. La force de tension, qui s'exerce sans relâche, a un tel effet sur le déplacement de la masse, que chaque hiver il faut se frayer une route dans un nouveau labyrinthe; d'où il résulte que le pilote le plus habile ignore la direction qu'il doit prendre. Au mois de juillet, époque où l'inondation atteint son maximum, tous les canaux deviennent praticables, et les barques n'éprouvent plus de retard.

C'est le 8 février que commença notre lutte sérieuse avec les herbes qui couvraient le fleuve et qu'on appelle le *sett*. Toute la journée fut passée à essayer d'en franchir les brèches momentanées.

Singulier spectacle que celui de nos bateaux, plantés dans cette jungle, comme s'ils y avaient pris racine, entourés de papyrus d'une hauteur de cinq mètres, et dont la verdure formait un admirable contraste avec la peau nue et bronzée de nos remorqueurs! Les exclamations, les cris aigus par lesquels notre bande cherchait à s'encourager devaient s'entendre à plusieurs kilomètres. Inquiets de ce tumulte, les hippopotames levaient la tête au-dessus des hauts-fonds où ils s'étaient cantonnés, et renâclaient de plus en plus fort, jusqu'à produire un bruit horrible. A leur tour, craignant que par leur choc ces pesantes créatures ne vinssent à endommager les bateaux, nos gens donnaient carrière à toute la vigueur de leurs poumons. Leurs clameurs étaient le seul moyen de défense qui fût à leur disposition, puisqu'ils ne pouvaient tirer des coups de fusil au milieu d'une pareille mêlée.

C'est seulement par un des bras latéraux du fleuve qu'on peut espérer atteindre l'embouchure de la rivière des Gazelles. Les bateliers appellent ce canal *Maia Signora*, parce qu'il fut découvert par les pilotes de Mlle Tinné [1]. Également, depuis la formation du *sett*, on ne gagne la rivière de Gondocoro ou Bahr-el-Djébel, que par un bras extérieur, celui qu'on

1. Mlle Alexandrina Tinné a eu pour père un Anglais, et pour mère une Hollandaise, fille de l'amiral Van Capellen. Elle a été l'âme d'explorations faites, dans la vallée de la rivière des Gazelles, par une compagnie qui, outre sa mère et sa tante, comprenait deux servantes hollandaises, le docteur Steudner et le signor Contarini, qui sont morts victimes du climat. Mlle Tinné a été assassinée en 1869, dans la régence de Tripoli près de Mourzouk. Seul M. de Heuglin a donc survécu à cette expédition, dont nous retrouverons le souvenir à notre chap. VIII. M. de Heuglin était au Caire en janvier 1876. — J. B.

Dans les grandes herbes. (Page 24.)

nomme rivière de la Girafe, et qui lui-même est presque entièrement bloqué.

Après trois jours de lutte, le passage devint si étroit qu'à la tombée de la nuit nous nous attachâmes définitivement aux papyrus, désespérant d'avancer.

Ce fut une de ces nuits merveilleuses, dont le souvenir se grave dans la mémoire du voyageur en traits ineffaçables. Les étincelles du ver luisant brillaient par myriades sur les tiges de la prairie flottante, et répandaient sur nous leur clarté, qui me rappelait le pays natal. Au milieu des tiges illuminées s'élevaient nos barques immobiles, enclavées aussi fortement qu'elles auraient pu l'être dans les glaces du pôle. L'eau se précipitait bruyamment dans la passe étroite. Plus bruyamment encore s'agitaient les hippopotames, qui, refoulés et acculés par notre flottille, surgissaient et replongeaient sans cesse, complétement déroutés et, comme nous, ne sachant par quel moyen sortir de leur retraite. Leur tourment continua jusqu'à la venue du jour, où leur nombre sembla croître avec la lumière, et où ils finirent par se montrer en foule.

Le cinquième jour, nous en fûmes réduits à reconnaître l'inutilité de nos efforts contre cette barrière végétale, ainsi que la nécessité de reculer; et, une fois sortis de l'impasse, de chercher vers le nord une issue qui nous menât hors de ce réseau désespérant.

La marche rétrograde, heureusement opérée, nous fit gagner une eau libre, où il ne nous restait plus à franchir qu'une barrière d'environ soixante-quinze mètres en largeur pour atteindre le point de jonction de toutes les parties du fleuve. C'est ce point que nos cartes qualifient de *lac Nô*. Il n'est réellement que l'expansion des eaux confluentes du Bahr-el-Ghazal et du Bahr-el-Djébel [1]. Le courant du second, qui

1. La rivière des Gazelles et la rivière des Montagnes. Ce dernier cours d'eau est celui que Speke a vu sortir du lac

vient du sud, côtoie la côte orientale du bassin, rive apparente, formée uniquement de papyrus. Pour trouver la rivière des Gazelles, il faut prendre à l'ouest en suivant le lac qui se rétrécit graduellement. L'eau y est basse en toute saison. Les rives, en ce moment découvertes, présentent à l'époque des grandes eaux l'aspect d'un lac. L'uniformité de niveau empêchait le regard de s'étendre au loin; mais je n'eus qu'à monter sur le toit de ma cabine pour découvrir toute la plaine jusqu'aux bois qui fermaient l'horizon, et je pus estimer approximativement la largeur du lit de la rivière. Nulle part cette largeur ne me sembla atteindre les quinze ou dix-sept kilomètres de la vallée d'Égypte.

Au nord de l'embouchure du Ghazal, se rencontrent les limites des Chillouks et des Dincas; entre les deux territoires, est celui qu'habitent les tribus des Nouërs.

Après avoir navigué deux jours sur la rivière des Gazelles, nous nous arrêtâmes au milieu de plusieurs groupes de cabanes; les indigènes amenèrent des moutons et des chèvres, et la vente commença. Là, nous étions au cœur de la population nouëre, dans un district appelé Nyeng.

Les Nouërs sont un peuple guerrier. Leur territoire, qui touche à l'embouchure du Sobat et à celle du Ghazal, est évidemment entouré de peuples hostiles. Par la plupart de leurs coutumes, ils ressemblent à leurs voisins les Chillouks et les Dincas; mais leur dialecte diffère des idiomes de ces deux peuplades. L'élève du bétail est leur principale occupation. Leur chevelure est souvent teinte en un rouge-brun qui s'obtient en laissant les cheveux, pendant quinze jours, recouverts d'une pâte faite avec de la cendre et

Victoria, et Baker du lac Albert, et qu'ils ont considéré comme la rivière vraiment mère du Haut-Nil. — J. B.

de la bouse de vache. Cette toison est parfois taillée très-court; et certains individus, chez qui elle est peu abondante, y suppléent par un tissu de fils de coton, formant une perruque teinte avec de l'ocre rouge. Leurs cases, toujours propres, sont entourées d'une aire libre et dont le sol est battu avec soin. A l'intérieur, une couche épaisse de cendre de bouse de vache, calcinée jusqu'à être parfaitement blanche, sert de literie et vaut mieux que tous les moustiquaires.

Stationnés dans les plaines marécageuses des bords de la rivière, ils diffèrent totalement des peuplades qui vivent dans les districts rocheux de l'intérieur. « Leur vue, dit Heuglin, vous laisse cette impression : qu'ils occupent, parmi les hommes, la même place que les flamants parmi les oiseaux. » Rien n'est plus vrai. Une similitude remarquable avec les oiseaux de marais est l'habitude qu'ils ont comme plusieurs peuplades de se tenir, une heure de suite, immobiles sur une jambe, l'autre appuyée au-dessus du genou. Les grandes enjambées qu'ils font lentement par-dessus les roseaux ne peuvent être comparées qu'à celles de la cigogne. Des membres inférieurs longs et secs, une tête petite et déprimée, emmanchée d'un long col, achèvent la ressemblance.

En remontant la rivière, au-dessus du confluent fort peu praticable du Diour, on entre dans un chenal qui se continue durant une trentaine de kilomètres et forme ensuite un cul-de-sac appelé le Kitt ou le Port Rek, à cause de la tribu des Reks qui en habitait les bords, ou plus souvent le Méchra du Ghazal (débarcadère de la rivière des Gazelles). Nous y arrivâmes le 22 février. En cet endroit, lorsque les eaux sont grandes, aucun courant n'est sensible; mais, en mars et en avril, époque de l'étiage, on y observe à différentes places un mouvement rétrograde.

Avant de quitter le Méchra, je dirai quelques mots

de cette region aquatique. Dix-huit bateaux, appartenant à des Khartoumiens, s'y trouvaient alors à demi enfoncés dans la vase et solidement enfermés dans la jungle.

En dépit de l'uniformité des papyrus et de l'aspect aride des savanes, dont l'herbe était desséchée, l'aspect hivernal de ce curieux archipel n'était pas dénué de charme. Les sombres couronnes des tamariniers, toujours verts, se détachaient sur la ramée grise et nue des acacias. Entre ceux-ci apparaissaient les groupes excentriques de l'euphorbe candélabre, aux touffes enlacées, qui de tous côtés fermaient l'horizon et offraient, sur les îlots voisins, une dégradation de couleur des nuances les plus diverses.

Protégés par les ramifications du marais contre les bêtes dangereuses de la terre ferme, nous n'avions à craindre que les attaques de l'homme; mais on n'y songeait guère. Certes il n'existe pas au monde de contrée où le brigandage soit plus libre et la licence plus complète que dans ce coin de l'Afrique; mais, comme toujours, il y a compensation. Un homme en vaut un autre; et, de la faculté de se faire justice à soi-même, résulte une situation défensive qui donne repos et sécurité, aussi bien que la protection de l'Etat y parvient en d'autres lieux [1].

L'un des personnages les plus importants du voisinage, était une vieille femme qu'on appelait Chol. Excessivement riche, cette femme exerçait une grande autorité dans le Méchra, où elle jouait à peu près le rôle de chef. Toute sa fortune consistait en bétail, suivant l'antique usage du patriarcat, et Chol aurait été ruinée depuis longtemps par les Nubiens, sans les services qu'elle pouvait leur rendre. La nécessité,

1. Sophisme dangereux qui ramènerait la société à la pratique du devoir de vengeance et du droit personnel de guerre, avant l'établissement de la paix et trêve de Dieu, c'est-à-dire à la barbarie. — J. B.

pour ces bandits, d'avoir là un port où ils fussent en sûreté, dominait chez eux le goût du pillage. Il fallait qu'une de leurs barques, après le départ des autres, pût rester seule au mouillage pendant la saison des pluies, sans avoir rien à craindre. Conséquemment les gens des bateaux respectaient la portion de la rive où paissaient les troupeaux de Chol ; et, de son côté, Chol usait de son influence pour maintenir les indigènes en bons termes avec les Khartoumiens, car le moindre conflit pouvait lui faire perdre tous ses biens.

En raison de la couleur de mon visage, on lui avait dit que j'étais le frère de la signora Tinné; et la vieille dame était venue me rendre visite le jour même de mon arrivée. La plume est impuissante à dépeindre son aspect répulsif. Une peau grossière, d'un vilain noir, un cuir tanné et ridé; le corps défait, la démarche chancelante; pas une seule dent; les cheveux gras et rares, tombant çà et là en maigres tire-bouchons; autour des hanches, un lambeau graisseux de peau de mouton, frangé de perles blanches et d'anneaux de fer; aux poignets et aux chevilles, toute une quincaillerie : anneaux et chaînons de fer, de laiton et de cuivre, assez forts pour retenir un prisonnier; enfin, autour du cou, des chaînes de fer, pendant sur la poitrine, en compagnie de morceaux de cuir, de boules de bois et de je ne sais quel encombrement : telle était la vieille Chol.

Un Dinca, autrefois esclave, et se trouvant alors sur un bateau en qualité de soldat, nous servit d'interprète. Pour me faire bien sentir le prix de la visite et dans l'espoir d'obtenir un cadeau, il commença par vanter la vieille dame et s'étendit longuement sur ses richesses. Toutes les fermes à moutons dont la fumée s'élevait si hospitalièrement pour l'étranger, étaient la propriété de Chol; à elle, tous les pâturages couverts de bœufs et de vaches qui se déployaient sur la rive. Elle possédait au moins trente mille têtes de bétail; et je ne pouvais me faire l'idée de la quantité de chaînes et d'anneaux de fer ou de cuivre qui emplissaient ses magasins.

Après cette introduction, on parla de Mlle Tinné, dont le souvenir demeurait vivant dans toutes les mémoires.

Rien d'étrange comme la position domestique de Chol, comparée à la situation qu'elle avait dans le pays. A la mort de son premier mari, qui laissait un fils d'un lit précédent, elle avait épousé ce fils du défunt, malgré la différence d'âge et de fortune. Très-pauvre en comparaison de sa femme, et sans aucune influence, ce jeune homme, qui s'appelait Courdiouc, inspirait à la vieille Chol une terreur incompréhensible. Il la battait journellement, et agissait avec elle, en toute chose, de la façon la plus brutale, bien qu'elle eût toujours à la main une sorte de martinet agrémenté de nœuds, qui ressemblait au *chat à neuf queues* de la marine anglaise.

J'eus la visite de l'époux le lendemain du jour où la femme était venue. Par suite de ses rapports avec les marchands, Courdiouc parlait arabe d'une manière intelligible, et nous pûmes nous comprendre. Comme tous les autres, il chantait hautement les louanges de Mlle Tinné.

Le 26 février, la vieille Chol me fit, sur invitation, une nouvelle visite, afin de voir les riches présents que je lui destinais. Son costume différait un peu de celui qu'elle portait la première fois que je l'avais vue. Elle avait fait un nouveau choix dans son arsenal et m'arrivait avec une autre ferraille. Moi-même, j'avais tout préparé pour que la réception fût magnifique, car j'étais désireux de laisser après moi un aussi bon souvenir que celui de Mlle Tinné. J'avais à lui offrir des perles de la grosseur d'un œuf, telles qu'on n'en avait jamais connu dans le pays; des billes de marbre vert et bleu, tirées des plaines orientales; puis des chaînes d'acier, — tout cela pour elle; plus, un fauteuil à fond de paille, qui la faisait soupirer : elle ne pouvait pas croire qu'un pareil trône pût lui appartenir. Mais ce qui surpassa toute chose, ce fut un large disque de bronze, suspendu à une chaîne dorée, afin qu'on pût se le mettre au cou. C'était en réalité une énorme médaille commémorative du jubilé d'un professeur allemand, et dont l'une des faces portait l'effigie dudit professeur avec palmes et légende. On ne peut pas se figurer l'admiration que fit naître ce bijou; la vieille Chol en suffoquait, et bateliers et soldats n'étaient pas moins ravis. Je reçus en échange une calebasse remplie de beurre, un mouton, une chèvre, et un taureau d'une race particulière et sans cornes : une bête splendide. Nous étions donc dans les meilleurs rapports, et, en attendant, comme j'y étais forcé, l'arrivée au Méchra d'un autre bateau envoyé par Ghattas, je pus me livrer sans inquiétude à mes études favorites sur l'histoire naturelle de la localité.

CHAPITRE II

LES DINCAS ET LES DIOURS.

Nous quittons le Méchra. — Ordre de la caravane. — Amulette que je laisse à Courdiouc. — Notre approche fait fuir les indigènes de leurs fermes. — Les Dincas, comme les Chilloucs et les Nouërs, sont des hommes de marais. — Un de leurs dandys. — Ils sont dans l'âge de fer. — Leur industrie métallurgique est peu développée. — On les appelle les Gens du bâton. — Leur amour des bêtes bovines. — Mourâ ou parc à bétail. — Les Dincas ont les sentiments de la famille. — Arrivée à la zériba de Ghattas. — Importance de cet établissement. — Tout voyageur dans ce pays a droit au transport gratuit de ses bagages. — Zériba de Courchouc Ali et son gouverneur Calil. — Retour chez Ghattas. — Instabilité des noms topographiques. — Paysages qui rappellent la Livonie. — Les Diours sont appelés Hommes des bois. — Les divisions des Africains s'opposent à leur civilisation. — Les Diours travaillent surtout le fer et sont aussi chasseurs, pêcheurs, agriculteurs. — Leurs affections de famille sont développées. — L'oryx bâtard. — Extrême variété des plantes à la zériba de Ghattas. — Mon idylle africaine est troublée par les brigandages de mes compagnons. — Pour nourrir la zériba de Ghattas, le pillage doit fournir 2,000 têtes de bétail par an. — Les marchands d'esclaves ou ghellabas, tirent le meilleur profit de ces expéditions. — Caverne de Coulongo et ses esprits malins. — Nourriture végétale.

L'agent qu'amenait le nouveau bateau avait mission de me procurer tous les porteurs dont je pourrais avoir besoin ; mais il devait aller les chercher à la zériba de Ghattas. Il en fut de retour après vingt-deux jours d'absence, et mit à ma disposition soixante-dix hommes de ceux qu'il avait ramenés.

Le 25 mars, nous quittâmes le Méchra.

Plusieurs bandes s'étant jointes à nous, notre caravane comptait cinq cents hommes, parmi lesquels étaient deux cents soldats. Avec une pareille force, nous aurions pu franchir l'État le plus important de l'Afrique centrale, sans être inquiétés [1]. Toutefois notre escorte n'était pas superflue. Marchant en file indienne, la caravane formait une colonne longue de plus de huit cents mètres. Chaque division avait sa bannière, dont la couleur différait suivant le traitant qui l'avait pour drapeau. Tous ces étendards portaient le croissant et l'étoile de l'Islam. Celui de Ghattas, qui était blanc, joignait à ces insignes une croix de Saint-André, pour annoncer qu'il appartenait à un chrétien ; mais cette alliance des deux symboles n'excluait pas certains versets du Coran, relatifs à la conquête des infidèles, versets qu'il n'est permis d'omettre sur aucune de ces bannières. Sur le Nil, les bateaux qui portent des Européens ne méprisent point, il est vrai, les couleurs de ceux-ci ; mais, dans le pays nègre, où l'autorité égyptienne n'existe pas, la chose est différente. Pour l'escorte et pour l'équipage, la bannière de l'Islam est un talisman, et ce serait à leurs yeux

1. Les faits militaires rapportés plus loin par M. Schweinfurth, lui-même, donnent à cette illusion, énoncée déjà par d'autres voyageurs, un démenti complet. A la même époque, Stanley écrivait : « Autrefois, les Arabes ne prenaient que leur bâton de voyage et allaient partout, suivis seulement de quelques mousquets. Maintenant, en dépit de leur escorte toujours plus nombreuse, ils ne marchent plus sans crainte. A chaque pas, ils se sont créé un péril. Ils ont semé le danger, et l'ont semé pour tout le monde. » (*Comment j'ai retrouvé Livingstone*, chap. VI de notre édition populaire). — J. B.

un sacrilége que de la remplacer par le drapeau d'une ation chrétienne [1].

Le transport des bagages à dos d'homme me paraît, pour un naturaliste en voyage, être la perfection du genre [2]. Outre la facilité du départ, l'ordre qui en résulte et la régularité des étapes, il jouit de l'incalculable avantage d'avoir toujours sous la main ses ballots et ses caisses, de pouvoir les prendre, les ouvrir ou les fermer sans perte de temps.

Vers le soir du premier jour, après une marche de deux heures, nous nous arrêtâmes au village de Chol. D'énormes kigélias étalaient près des cases leurs fleurs empourprées pareilles à des tulipes.

Chol était revenue de son îlot tout exprès pour donner l'hospitalité à la caravane et pour recevoir nos adieux. Au moment de partir, je fus mis à même de prouver ma gratitude de cette généreuse attention : Courdiouc me pria de lui faire un talisman composé d'un peu de mon écriture. Je répondis à sa demande par quelques mots en sa faveur, adressés à tout Européen qui visiterait le pays. Les Nubiens et les vrais Arabes, d'une façon qui ne se voit pas en Égypte, portent aux bras et au cou de nombreux sachets en cuir, qui forment parure et renferment des passages du Coran. Quand on leur demande ce que contiennent leurs sachets, ils répondent que c'est le nom de Dieu. De semblables amulettes sont même attachés au cou des chevaux et des ânes de prix. Mais les Nubiens ne s'adressent jamais à un Franc pour cet objet : ils ont leurs prêtres qui se chargent de cette

1. A ce point de vue, le bassin du Ghazal était donc alors moins avancé que ceux du Tanguégnica et de l'Océan Indien, en Afrique, où se sont déployés sans réclamation les drapeaux de l'Angleterre et des États-Unis. — J. B.

2. Voir notre chapitre VII, où M. Schweinfurth modifie cette affirmation, du moins lorsqu'il s'agit du transport des denrées et des marchandises. — J. B.

fourniture et qui en font une affaire très-avantageuse. Quant à Courdiouc, qui était un païen non contaminé de mahométisme, il considérait l'homme blanc comme un être d'un ordre supérieur, ayant sur les puissances invisibles une bien autre influence qu'un prêtre musulman brun.

Un grand nombre des ruisseaux qui arrosent la vaste plaine que nous traversions n'ont plus de canal visible, pendant la saison sèche. A mesure que l'eau s'est retirée, l'herbe a pris sa place; et, comme dans cette végétation beaucoup de plantes peuvent être inondées pendant plusieurs mois sans périr, le canal reste verdoyant après le retour des eaux. Ceci explique aisément l'erreur où sont tombés ceux qui, venant dans cette région pendant la saison sèche, l'ont parcourue sans y voir de rivières. Ils ont traversé les lits de cours d'eau, même importants, sans y avoir découvert autre chose que des plis de terrain; car ils n'ont trouvé dans ces ouadis que les mêmes herbes, le même chaume, les mêmes tiges séchées et piétinées qu'aux alentours. Néanmoins la qualification de périodique, souvent employée au sujet des rivières africaines, n'en donne pas une idée complétement exacte, puisque, pendant la sécheresse, leurs lits n'en exercent pas moins sur la conformation du sol la même influence que nos rivières permanentes et bien délimitées.

Notre première aiguade était à une vingtaine de kilomètres du Méchra, au centre de la plaine dont nous parlons. Deux beaux sycomores, vus de loin, semblaient nous inviter à venir; mais les citernes ne contenaient qu'une purée fétide peuplée de myriades d'insectes et de reptiles, absolument inutiles sous le rapport culinaire.

Les indigènes se figuraient que nous passerions, comme à l'ordinaire, la nuit en cet endroit; mais nous profitâmes de la fraîcheur du soir pour nous remettre en route et franchir promptement cette plaine aride. Il en résulta que, de chacune des fermes situées sur notre passage, nous vîmes jeunes et vieux fuir en toute hâte et se diriger vers les bois. Quantité des marmites pleines de bouillie fumante, abandonnées par les indigènes, tombèrent de la sorte aux mains de nos gens et augmentèrent le désir que ceux-ci avaient de se reposer ; mais on le leur refusa, car l'ordre d'avancer était péremptoire. Nous marchâmes donc pendant cinq heures à travers la plaine qu'éclairait la lune, et à laquelle l'imagination prêtait un aspect fantastique. D'ailleurs, le sable de notre sentier n'était pas moins uni que celui d'une allée de jardin.

Nous ne nous arrêtâmes que près d'un village considérable où nous nous établîmes dans le clos à bétail, récemment déserté.

Le lendemain, il nous fallut encore une marche de cinq heures, sans voir une goutte d'eau, pour atteindre l'asile hospitalier que nous promettait l'une des bourgades de Tekh.

Ce chef était un ancien allié des gens de Khartoum ; et, pour nous faire honneur, il s'était paré d'une chemise d'indienne à ramages, sans égard pour l'opinion de ses compatriotes, qui méprisent tout vêtement parce que, suivant eux, c'est l'indice d'un caractère efféminé.

Je trouvai chez un ami des Khartoumiens, qui se nomme Coudy, une excellente occasion de poursuivre, sur les Dincas, des études commencées pendant mon séjour au Méchra.

Comme tous les *hommes de marais*, s'il est permis d'employer cette expression, les Dincas ont la jambe longue et décharnée, qui caractérise les Chilloucs et les Nouërs.

Chez eux, le *dandy* est le jeune beau qui se fait remarquer par la longueur insolite de ses cheveux. Soumise à un peignage continuel, divisée, lissée, maintenue au moyen d'épingles, la toison du nègre perd sur sa tête beaucoup de sa frisure. Des mèches de quinze centimètres de longueur, raidies et pointues, lui entourent la tête, pareilles à des langues de feu, et lui donnent un cachet d'autant plus diabolique qu'elles sont d'un roux fauve, nuance que produisent de fréquentes lotions faites avec de l'urine de vache.

Les Dincas n'ont jamais la barbe assez fournie pour qu'elle mérite leur attention ; ils la coupent avec une pointe de lance soigneusement affilée.

Hommes et femmes s'arrachent les incisives de la mâchoire inférieure. Il est difficile de déterminer le but de cette hideuse mutilation ; l'effet en apparaît dans leur langage inarticulé, dont je suppose que nous ne pourrions imiter les sons qu'après nous être soumis à une opération identique.

Dans l'un et dans l'autre sexe, les oreilles sont percées à plusieurs endroits et portent des anneaux de fer, ou des bâtonnets dont la pointe est ferrée. Les femmes ont également la lèvre d'en haut percée et parée d'un grain de verroterie que retient une épingle en fer ; cette coutume est aussi fréquemment suivie chez les Nouërs.

Le tatouage n'est usité que pour les hommes ; il consiste toujours en dix rayons linéaires qui partent de la base du nez et qui traversent le front et les tempes. C'est un signe auquel les Dincas se reconnaissent immédiatement.

D'après eux, un vêtement quelconque, si restreint qu'il soit, est indigne du sexe fort. Les Nubiens n'appartiennent certainement pas à l'une des races les plus soigneusement couvertes ; et cependant les Dincas ne manquent jamais de les traiter de femmes, qualification qui dans ce sens est très-commune. J'ai toujours eu un habillement complet, et cela m'a valu dans le pays le titre ironique de « la Dame turque. »

Par contre, les femmes sont scrupuleusement vêtues

d'une couple de tabliers en peau, non tannée, qui, par devant et par derrière, tombent jusqu'à la cheville et sont bordés tout autour de petits anneaux de fer, de clochettes et de rangs de perles.

L'âge actuel est pour les Dincas véritablement l'âge du fer; c'est leur métal précieux; ils estiment moins le cuivre. Certaines épouses d'hommes riches portent sur elles, sans exagérer, treize kilos d'anneaux de fer. Il est curieux de voir à quel point ce peuple, libre de toute domination, se faisant l'esclave de la mode, en porte littéralement les chaînes.

La parure favorite des hommes consiste en épais anneaux d'ivoire qui entourent la partie supérieure du bras; chez les riches, une série des mêmes anneaux, rapprochés de manière à former brassard, s'étend du coude au poignet. Moins distingués sont les ornements de cuir : lanières tressées et mises autour du col ou bracelets taillés dans la peau d'un hippopotame. Les queues de chèvre et celles de vache sont employées par tous les hommes qui s'en font des parures recherchées et s'en servent pour décorer leurs armes.

Les Dincas, ne pouvant pas faire grand'chose de leur misérable toison, y suppléent de diverses façons. J'ai vu souvent, pendant que nous étions chez Coudy, une parure de tête ayant la forme du casque de mailles des Circassiens et faite entièrement de grosses perles blanches cylindriques, appelées *mourias* par les gens de Khartoum. Cette espèce de heaume est surtout commune parmi les Nouërs. Une autre décoration, composée de plumes d'autruche, constitue une coiffure légère et qui protége efficacement contre le soleil.

Le pays occidental des Dincas, formé d'alluvions, ne produisant pas de minerai, l'industrie métallurgique y est beaucoup moins développée que dans certaines provinces dont nous parlerons plus loin.

La plus importante de leurs armes est la lance; l'arc et les flèches leur sont inconnus, car l'objet que certains voyageurs ont pris pour un arc est simplement défensif. Mais les armes le plus en faveur parmi eux sont le bâton et la massue, qu'ils font en bois d'héglik et en ébène de la contrée. Elles les rendent un objet de risée pour les autres peuplades, et leur ont fait donner le nom moqueur de Gens du bâton. On retrouve en effet chez eux la même prédilection pour le bâton et pour la massue que chez les Caffres, et ils ont le même bouclier : un long ovale en peau de buffle, dont un morceau de bois, inséré transversalement à ses deux bouts dans l'épaisseur du cuir, constitue la poignée. Toutefois l'arme destinée à parer les coups de massue leur est particulière. Elle est de deux sortes. L'une consiste en une pièce de bois, soigneusement sculptée, ayant un mètre de longueur, et creusée au centre pour que la main soit à l'abri : c'est ce qu'on appelle le *kouerr*. L'autre se nomme *dang*; c'est celle qu'on a prise pour un arc; elle doit, en raison de l'élasticité et de la résistance des fibres qui la composent, remplir parfaitement sa mission, c'est-à-dire briser la violence du choc.

Les habitations des Dincas ne forment pas de villages dans le véritable sens du mot : ce sont des fermes, composées d'un certain nombre de huttes, situées au milieu des cultures; mais le bétail d'une commune est réuni dans un vaste enclos, sorte de kraal appelé *mourâ* par les gens de Khartoum. Elles sont entourées de champs de doura. La hutte centrale, avec un double porche, est la demeure du chef de famille; à gauche, est celle des femmes; à droite, la plus spacieuse, la plus belle, est une infirmerie réservée aux bêtes malades, qui ont besoin d'être séparées du troupeau. Sous un hangar, placé au milieu des cases, se trouve le foyer de la cuisine, abrité du vent par un petit mur circulaire, en pisé. Les chèvres sont gardées là, dans un petit parc entouré d'une palissade épineuse, afin que les fermiers aient toujours du lait sous la main.

Leur plus vif désir est d'acquérir les bêtes bovines; leur passion la plus ardente, de les multiplier. Ils paraissent avoir pour elles une sorte de respect; même leurs excréments sont considérés dans le pays comme une chose de grande importance. Il est vrai que la bouse est réduite en cendres, pour former la couche sur laquelle on dort et le badigeon dont on se revêt; que l'urine est employée au nettoyage des vases culinaires, et qu'elle entre dans les cosmétiques et remplace le sel. Voilà un usage qu'il est difficile de concilier avec nos idées de propreté.

Lorsqu'une vache est malade, on la sépare des autres et on la soigne attentivement dans la grande hutte bâtie à cette intention. Jamais une bête bovine n'est abattue; on mange seulement celles qui périssent de mort naturelle, ou par accident.

Le chagrin qu'éprouve un Dinca de la perte de son bétail, soit par la mort, soit par le vol, est sans doute indescriptible. Il fera pour le racheter les sacrifices les plus lourds; car il le préfère à tout, même à ses femmes et à ses enfants. Cependant, la vache qui meurt n'est pas enterrée; le nègre n'est pas sentimental à ce degré. En pareille circonstance, le bruit de l'événement n'ayant pas tardé à se répandre, les voisins organisent une orgie, qui fait époque dans leur vie monotone, mais dont s'abstient l'ancien propriétaire de l'animal. Il arrive souvent que les Dincas, frappés de la sorte, restent pendant plusieurs jours silencieux et comme accablés par la douleur.

J'ai rencontré et examiné par centaines leurs parcs à bétail. Vers cinq heures du soir, les bêtes bovines y sont rassemblées et les travailleurs s'occupent à mettre en tas la bouse qui, dans la journée, a été exposée pour sécher au soleil. Des nuages de fumée, qui dureront toute la nuit, commencent à s'élever de ces tas de fumier, auxquels on met le feu, afin de protéger le mourâ contre le fléau des moustiques. Chaque animal est attaché par un licol de cuir à son piquet particulier. Les propriétaires des bestiaux contenus dans ce parc, s'asseyent sur une pile des cendres dont l'entassement élève graduellement le niveau de tout le domaine. Des huttes semi-circulaires, bâties sur les monticules, leur fournissent un abri temporaire, lorsqu'ils viennent de leurs fermes, situées à quatre ou cinq kilomètres du mourâ.

La traite des vaches se fait dès le matin. Le produit en est d'une extrême pauvreté; car, ici, la meilleure laitière ne donne pas plus qu'une de nos chèvres, et la quantité de lait nécessaire pour faire une livre de beurre est inimaginable. Cette pénurie nous a semblé prouver que la race se détériore; mais les cendres et les vapeurs ammoniacales dont les animaux sont entourés, peuvent y exercer aussi une assez grande influence.

Jamais les troupeaux ne sont menés au pâturage avant que la rosée ait disparu, ce qui n'a guère lieu avant dix heures du matin. On peut compter, en moyenne, trois têtes de gros bétail par habitant; mais, là aussi, il y a des pauvres, des prolétaires, dont se compose la foule. Ceux-là, naturellement, sont les esclaves ou les serviteurs des riches.

Les Dincas sont fort nombreux, et leur territoire est si grand que, selon toute probabilité, ils se perpétueront longtemps au milieu des groupes confus qui peuplent la région. Ils ont, dans leur race, dans leur manière de vivre, dans leurs usages, tous les éléments d'unité nationale; malheureusement ils se font la guerre de tribu à tribu, servent parfois l'étranger, et le secondent dans ses rapines.

On a affirmé que, dans le combat, les Dincas sont impitoyables, qu'ils ne font jamais de quartier, et qu'ils dansent avec une joie sauvage autour du corps de leur ennemi. Je peux, quant à moi, certifier que la compassion n'est pas étrangère aux Dincas; j'en connais dont la sensibilité est hors de doute. Un Bongo m'a raconté que, blessé grièvement dans une razzia faite par les Nubiens, razzia à laquelle il prenait part, il s'était couché à la porte d'un Dinca ; or cet homme non-seulement l'avait protégé contre ceux qui le poursuivaient, mais l'avait gardé et soigné jusqu'à son entier rétablissement. Quand le Bongo avait été guéri, une escorte l'avait ramené dans sa tribu, et son bienfaiteur ne l'avait abandonné qu'après avoir eu la certitude qu'il était sain et sauf parmi les siens.

Les pères et les mères n'abandonnent pas leurs enfants; les frères sont fidèles à leurs frères, et toujours prêts à leur venir en aide. Au printemps de 1871, comme j'étais sur les rives du Diour, à la zériba de Courchouc-Ali, un Dinca de ma bande, attaqué du ver de Guinée, se trouva dans l'impossibilité de faire son service. Les denrées étaient rares, extrêmement chères; le malheureux n'avait pour subsister que les débris de notre table et quelques poignées de grain. A notre départ, ne pouvant pas nous suivre, il dut regagner sa demeure, située sur le territoire de Ghattas. Ses pieds étaient si gonflés qu'il pouvait à peine faire un pas, et n'avançait qu'en se traînant avec une difficulté excessive; mais l'épreuve ne fut pas longue ; il vit arriver son père qui venait à sa rencontre. Le brave homme n'avait ni charrette ni monture; il prit son fils, un grand gaillard de deux mètres de haut, et le porta sur ses épaules pendant soixante ou soixante-dix kilomètres. Or ce trait fut regardé par tous les autres comme la chose du monde la plus naturelle.

Au village de Coudy, la caravane se trouvait à moitié de son voyage, qui, au total, comptait un peu plus de cent quarante-neuf kilomètres. Quand elle fut arrivée chez Ghattas, je supputai que je me trouvais à 2670 kilomètres environ de Berlin, mon point de départ.

Malgré tout ce qu'on m'en avait dit, je ne m'étais fait qu'une idée fort imparfaite d'une zériba ; aussi, à mesure que nous approchions de l'établissement où nous nous rendions, j'avais senti ma curiosité devenir de plus en plus vive. A une demi-lieue de la place, nous nous étions arrêtés pour annoncer notre arrivée par les salves d'usage ; puis la caravane s'était remise en marche. Monté sur un âne et entouré de ma suite, j'étais à la tête du cortége. Enfin surgirent de la plaine des toits coniques, embrassant presque tout l'horizon. Vainement j'y cherchais les murailles, les bastions, les tours, dont je m'imaginais qu'aucune zériba ne devait être dépourvue; je trouvais, au fond, peu de différence entre ce qui m'apparaissait et les villages des Dincas, éparpillés dans les champs.

Tout à coup, une foule bariolée de couleurs vives nous offrit un spectacle animé, qui rompit la monotonie de cette campagne africaine. De nombreux fusils rouillés nous saluèrent de leurs décharges. L'agent de Ghattas, en beau costume oriental, vint à ma rencontre avec des gestes de bienvenue, puis me conduisit vers la hutte qui m'attendait depuis plusieurs semaines. Je vis alors qu'au milieu des cases on avait réservé un espace quadrangulaire, entouré par une haute palissade. Notre caravane, drapeaux baissés, franchit l'étroit portail de cette enceinte au bruit des tambours et des tamtams, et nous fûmes chez nous.

Cinq zéribas moins considérables, situées dans le pays voisin des Bongos, et quatre autres plus éloignées relèvent de ce comptoir principal, qui est le chef-lieu des établissements de Ghattas et se trouve à la frontière de trois peuples de races différentes : les Dincas, les Bongos et les Diours. Insignifiant au début, il avait gagné en treize ans une importance considérable. Sa population agglomérée montait au moins à un millier d'âmes.

Autour de cette zériba, s'étendait une vaste plaine enclose d'une épaisse forêt, dont les arbres avaient rarement plus de treize mètres de hauteur. Cette plaine, dans une circonférence de quatre kilomètres, était divisée en lots nombreux, soigneusement cultivés par les gens du pays, et fournissait la majeure partie du grain nécessaire à l'établissement. L'extrême fécondité des tropiques se montre bien dans ces champs qui, lorsque je les ai vus, étaient ensemencés depuis une quinzaine d'années, sans qu'on y eût fait de jachères et sans autre fumure que celle qui résultait des mauvaises herbes laissées sur le terrain après chaque sarclage.

La zériba, n'étant pas à plus de trente-trois mètres au-dessus du niveau moyen de la rivière des Gazelles, se trouve, à l'époque des pluies, au milieu d'étangs, qui disparaissent complétement en hiver. Malgré tout, le climat y est beaucoup plus salubre et plus agréable que dans maint district du Soudan égyptien, parce que, la zériba ayant très-peu d'animaux domestiques, l'air n'y est pas empoisonné par les charognes, ainsi qu'il arrive dans les grands marchés du Soudan.

Le territoire compris entre les six zéribas que possède Ghattas dans le nord du pays des Bongos, forme une surface d'environ trois cent soixante-dix kilomètres carrés, dont quatre-vingt-cinq au moins sont en culture. A en juger par le nombre des cases et par celui des porteurs que l'on trouve en différents endroits, la population de ce domaine ne peut guère être au-dessous de douze à treize mille âmes.

Celui qui la gouvernait, Idris, n'était à Khartoum qu'un esclave; mais, à la zériba, représentant Ghattas, il était investi d'un pouvoir absolu et en usait en autocrate. Il m'accueillit avec tous les égards dus à mes lettres de créance, et m'accabla de présents pendant les premiers jours. Des denrées de toute espèce furent mises à ma disposition, et mes gens abondamment nourris pendant un mois. Deux cases de moyenne grandeur, bien construites et situées à l'intérieur de la palissade, avaient été préparées à mon intention. Bon gré mal gré, je dus me contenter provisoirement de cette demeure qui n'avait que six mètres de diamètre, et où mes ballots ne me laissaient pas la place de m'étendre.

A la fin de la première quinzaine, je commençai, par une excursion au sud-est, la tournée que je projetais dans les zéribas de Ghattas, éloignées les unes des autres de vingt à vingt-cinq kilomètres. L'établissement que j'atteignis dans cette course s'appelle Addaï ; il s'élève au bord du Tondj ou Togne, rivière que je revis bien souvent depuis.

Je me rendis ensuite à celui de Guire, par une route ouverte presque entièrement sur un terrain ferme et rocheux et qui traverse une forêt buissonnante, où pullule le cochon à verrues et où les arbres, élevant à trente-sept mètres leurs tiges droites et longues, couronnées d'un feuillage largement étendu, me donnèrent le premier échantillon des forêts vierges, que je devais admirer plus tard dans les vallées des Niams-Niams.

La végétation s'était si développée au bout de quinze jours qu'en étendant mes courses, je pouvais espérer une abondante récolte. Je repartis donc en compagnie de mes serviteurs et de plusieurs indigènes qui portaient mes bagages, et je me dirigeai vers l'ouest. J'avais l'intention d'aller à la zériba de Courchouc-Ali et à celle d'Agad.

Dans les établissements, je ne présentais ordinairement mes lettres de recommandation que le lendemain de mon arrivée, afin de savoir si j'étais reçu de bon cœur ou à cause de l'ordre que j'apportais ; l'épreuve m'a toujours réussi. Il n'est pas d'endroit où, dès l'abord, l'on ne m'ait traité généreusement. Les agents poussaient la courtoisie jusqu'à insister pour me fournir une escorte, bien que le pays fût parfaitement sûr ; et, de plus, tous les chefs indigènes m'accompagnaient d'un village à l'autre.

Cet excellent accueil m'encourageait à visiter d'autres établissements. Cependant, dès le troisième jour de cette tournée, mes porteurs m'avaient abandonné, craignant, non sans raison, de voir ma cueillette et mes arrachages accroître journellement leur fardeau ; mais leur abandon était loin de m'être un obstacle. Au contraire : comme j'avais loué ces hommes au taux de trois francs par jour et que leur désertion me libérait de tout engagement, je pouvais désormais, sans bourse délier, avoir autant de porteurs qu'il m'en faudrait, attendu qu'on accorde à tout voyageur qui visite les zéribas le transport gratuit de ses bagages, quels qu'ils soient.

Mon excursion fut très-heureuse et dura une quinzaine, du 27 avril au 13 mai. J'en dirai quelques mots.

De construction nouvelle, la principale zériba de Courchouc-Ali était à environ six kilomètres du Diour, dans une irrégulière vallée qui descendait vers la rivière. Son vieux gouverneur, Calil, m'accueillit avec une parfaite bonté. En avant de l'établissement, s'élevait un arbre majestueux, un caya, qui est probablement destiné, d'ici à plus ou moins de temps, à demeurer, dans cette région, l'unique échantillon de son espèce; à sa gauche, étaient des borassus et des euphorbes candélabres ; à sa droite, des gardénias dont le fruit ressemble à la poire ou à la pomme sauvage ; et, près de ces arbustes, des termites avaient construit puis abandonné deux fourmilières.

Bon nombre des meilleurs souvenirs de ma vie

africaine étant attachés à cet endroit, j'en reparlerai plus d'une fois.

Après la destruction par l'incendie d'un premier établissement, Calil avait rebâti celui-ci sur un plan nouveau. Dans aucune zériba, je n'ai vu ni le même ordre ni la même propreté.

L'insalubrité provenant de l'agglomération des individus et de leurs misérables demeures, les risques d'incendie général, toujours à craindre dans un entassement de huttes en paille, et le désavantage qui, en cas d'attaque, résulte du manque d'espace, avaient suggéré à Calil des innovations qui avaient complétement répondu à son attente.

J'aurais poussé volontiers mon excursion du côté de l'ouest jusqu'au mont Cosanga, voire jusqu'aux établissements de Ziber Rahama. Les agents continuaient à se montrer pleins de bienveillance et, si je n'avais pas emporté tant de bagages, j'aurais facilement accompli mon désir; mais ma collection de plantes s'était trop augmentée et je manquais de papier pour la ranger convenablement. Je revins donc chez Ghattas.

Dans ces districts, le peu de profondeur du sol, qui souvent n'atteint pas trente centimètres, est une cause d'instabilité pour les établissements et invite à les changer de place. Attaquées en haut par les vers, en bas par les fourmis blanches, les cases sont rapidement détruites; et les habitants, forcés de les rebâtir, profitent de la circonstance pour s'établir sur un sol qui ne soit pas usé. Chaque endroit porte le nom du chef indigène; mais, à la mort de celui-ci, son nom est remplacé par un autre. Comment inscrire sur une carte topographique des bourgades dont il est rare que la permanence dépasse dix années, et dont les noms tombent successivement en oubli? Les seuls traits durables de la contrée sont les rivières, qui, tout en remplissant leurs fonctions dans l'économie de la nature, laissent passer les siècles sans subir de grands changements.

Nulle part, sous les tropiques luxuriants, le paysage de la Livonie ne nous a été rappelé d'une manière aussi frappante que dans les endroits où, à la rive des précipices boisés, brillaient des tapis de dianthées, que faisait ressortir le vert gai des pelouses environnantes. Ces bouquets roses, décorant la pierre nue, groupée elle-même d'une façon pittoresque, rivalisent avec ce que j'ai vu de plus charmant; et, tandis que les yeux sont enchantés, les gardénias répandent dans l'air un double parfum, qui semble venir d'un bois de jasmins et d'orangers.

De même que dans nos climats, le mois de mai est ici le mois des fleurs. Au milieu de ces fleurs, un monde de papillons passe sa vie éphémère. En général, ils n'étaient ni plus grands ni plus variés de forme et de couleur que ceux d'Europe ; mais, réunis, ils présentaient un ensemble d'une grande beauté. Leur quantité est beaucoup plus grande dans cette province que dans les régions du nord de l'Afrique.

En revenant chez Ghattas, je fis un léger circuit, afin de visiter le village d'un chef diour nommé Okèle. Cette bourgade, située à l'est de l'établissement, est au bord d'une petite rivière qui traverse un bois tout plein de magnificences végétales.

Dans tous les villages où nous arrivions, les administrateurs étaient en grande tenue pour nous recevoir dignement, c'est-à-dire parés de la longue robe de toile perse, qui est leur costume officiel.

A ma vue, sans doute très-singulière pour eux, leurs yeux brillants étincelaient de joie. Ils s'empressaient de me conduire dans tous les coins de leur demeure, dont je me procurais les curiosités, et où je dessinais ce qu'il n'y avait pas moyen d'emporter.

Aussi, bien que, dans cette courte excursion, il m'ait été impossible d'explorer tout le district des

Diours, je ne m'en suis pas moins familiarisé avec les coutumes des indigènes.

Le mot Diours signifie hommes des bois, sauvages ; c'est un terme de mépris appliqué par les Dincas à cette peuplade, et qui fait allusion à la pauvreté, c'est-à-dire à la vie uniquement agricole de ceux qui la composent. Il est naturel que des gens qui ne possèdent, en fait d'animaux domestiques, que des volailles, quelques chèvres et pas de vaches, semblent très-misérables aux Dincas, dont les troupeaux sont à la fois la richesse et l'orgueil. Quant à eux, les Diours se donnent le nom de *Louohs*, et se prévalent de leur origine étrangère ; ils tiennent à ce que l'on sache que leurs pères étaient des Chilloucs, dont ils ont conservé l'idiome inaltéré.

En voyant l'immense émiettement et l'infinie diversité des populations africaines, on se demande comment elles pourront jamais parvenir à quelque espèce d'unité et de civilisation, surtout quand on réfléchit que toutes ces peuplades n'ont pas entre elles de rapports utiles ni même inoffensifs. Tel indigène qui franchit la frontière d'une tribu parlant une autre langue que la sienne, tente une aventure où il peut laisser la vie. Quand des districts deviennent trop peuplés, une partie des habitants les quittent en foule. L'émigration peut amener pour ceux-ci un changement d'occupation : des tribus, jusqu'alors agricoles, se livrent à la chasse ; ou des gens qui vivaient de leurs troupeaux deviennent agriculteurs. Ailleurs, les débris d'un peuple résistent à l'oppression jusqu'aux dernières limites du désespoir, disparaissent dans la lutte, ou sont réduits en esclavage. Nulle part on ne connaît de tribu, quelles qu'aient été ses vicissitudes, qui se soit soumise à des gens d'une autre race ni qui ait changé de langue.

Cela explique que, malgré les relations qu'ils ont depuis longtemps avec les Dincas, dont ils dépendent à certains égards, les Diours aient conservé, outre le langage, les mœurs distinctives des Chilloucs.

Les femmes des Diours, à tous les points de vue, diffèrent très-peu de celles des Dincas, et, comme nos métaux précieux sont tout à fait inconnus ici, elles chargent, ainsi que les dernières, leurs poignets et leurs chevilles d'épais anneaux de fer ou de cuivre. Elles ont ordinairement une bague en fer passée dans le nez, à la base, à la partie supérieure ou aux narines. Le bord de leurs oreilles est aussi percé de façon à recevoir un nombre illimité d'anneaux.

Le pays qu'ils habitent formant la terrasse inférieure du plateau ferrugineux au centre de l'Afrique, les Diours ont naturellement pour principale industrie le travail du fer. Non-seulement, sous ce rapport, ils pourvoient à leurs propres besoins, mais encore à ceux des Dincas; et même les produits de leurs forges vont moins remplir les souterrains de ces derniers que les entrepôts des marchands de Khartoum. La forme sous laquelle le métal devient objet d'échange est celle de bêche ou d'un fer de lance de soixante à soixante-dix centimètres de longueur. Dans toute la province du Haut-Nil, ces articles servent de monnaie courante.

Au mois de mars, avant de commencer les semailles, les Diours quittent leurs villages en masse, dans le but de se livrer en partie à la pêche, en partie au travail du fer. Leurs enfants et leurs femmes, chargés de l'attirail domestique, les accompagnent dans la forêt. C'est au centre d'un lieu très-boisé qu'ils installent leurs fourneaux, et quelquefois l'établissement compte une douzaine de fournaises. Leur campement en pleine solitude forme alors un curieux tableau : les harpons et les lances, dressés contre les arbres, font étinceler les tiges; aux branches, sont accrochés des arcs massifs, prêts pour la chasse au buffle; de tout côté se voient des piéges, des nasses, des filets et

autres engins de pêche; des objets de ménage, mêlés à des provisions de bouche. Quant au terrain, il est couvert de monceaux de charbon, de minerai, de scories et de cendres.

Pendant l'hiver ou la saison sèche, c'est-à-dire entre novembre et mars, les Diours ont élevé, près de leurs huttes, des échafaudages pour serrer les semences qu'ils emploieront plus tard, c'est-à-dire les graines de sorgho, de maïs et de courges. Mieux vaut que ces produits soient exposés au soleil que de courir le risque qu'ils soient dévorés par les rats ou par la vermine qui pullulent dans les huttes. Cependant on conserve aussi les grains dans de grands paniers. A l'abri des plates-formes, se reposent les chèvres, qui, avec des chiens et des volailles, sont ici les seuls animaux domestiques. Le libre espace qui s'étend devant chaque case est aplani et battu avec le plus grand soin. Sur ce sol uni et dur, ont lieu tous les travaux de la famille. Les Diours se servent d'un grand mortier, enfoncé à une certaine profondeur et d'un bois très-résistant, pour écraser le grain, et pour affiner, en la frottant contre les parois du vase, la farine qu'ils ont moulue à bras avec une pierre, selon la méthode primitive. A cette même époque, est recueilli et nettoyé le minerai de fer qu'ils fondront plus tard. Ils gardent, suspendus à des pieux, de grands tambours et des arcs puissants, dont les cordes, tendues par des billots, servent à prendre les buffles.

Les Diours ont des familles assez nombreuses. Comme les Chillouсs, ils ont l'adresse de pourvoir à leur nourriture par tous les moyens possibles : ils s'adonnent à la chasse et à la pêche, sont agriculteurs et sauraient élever le bétail s'ils en avaient. Un bon chien et beaucoup de volailles sont indispensables à leur bonheur. Chez eux, ce sont les hommes qui s'occupent de la basse-cour; ils y apportent tous leurs soins, et font pour elle leurs plus grandes dépenses.

Ils laissent l'agriculture entièrement aux femmes, ainsi que tous les travaux du ménage, y compris la bâtisse et la fabrication des ustensiles. Ce sont elles qui font tout le clayonnage, toute la vannerie et qui manipulent l'argile. On est fort étonné de voir avec quelle habileté elles fabriquent uniquement à la main d'énormes jarres qui, même pour un œil exercé, paraissent avoir été faites au tour. Quand elles veulent aplanir le sol de la chambre et celui de l'aire extérieure, pour l'empêcher de se craqueler, elles se procurent de grands morceaux d'une écorce à la fois souple et résistante; puis, agenouillées, elles battent l'argile avec ces plaques d'un mètre de long, et la rendent aussi unie que si elles y avaient passé le rouleau.

Les affections de famille, amour paternel et filial, sont beaucoup plus développées chez les Diours que dans aucune autre des tribus que j'ai visitées. Non-seulement ils élèvent leurs enfants avec une tendresse qui est bien naturelle; mais encore ils respectent et soignent leurs vieillards, tandis qu'ailleurs on les tue.

Le 13 mai, j'étais de retour à la zériba de Ghattas, où l'arrivée d'une caravane chargée d'ivoire répandait une animation inaccoutumée. Quant à moi, j'y repris ma vie habituelle.

Un jour, il y avait une demi-heure que j'étais assis ou pour mieux dire couché à l'ombre d'un bassia, situé au milieu des grandes herbes. En disséquant mes plantes, j'avais complétement oublié où j'étais. Mes trois serviteurs faisaient un somme. Le calme était si profond, qu'on eût entendu marcher une fourmi dans l'intérieur de sa colline. Tout à coup une ombre glissa devant moi; je levai les yeux et vis, à une portée de pistolet, une magnifique antilope dont l'apparition me frappa d'admiration non moins que de surprise. Mon cœur battait à se rompre. C'était un oryx bâtard. Debout et majestueux, il avait l'attitude d'un buffle qui, avant de paître, inspecte les alentours. Il fit un mouvement; l'herbe craqua sous ses pieds; il revint aussitôt et me regarda en face. J'étendis la main avec précaution, pour saisir le raïfle qui était près de moi; j'armai sans bruit et, dès que la bête se détourna, je lui envoyai une balle dans l'épaule; nous n'étions pas à dix mètres l'un de l'autre. Elle se cabra, s'arrêta un instant, chancela et pencha la tête d'un air étonné. J'allais prendre ma seconde carabine, quand un craquement se fit entendre. J'étais toujours assis. L'oryx venait de tomber juste au bord du portefeuille qui s'étalait devant moi.

Rien ne peut mieux donner une idée de la variété que présente la végétation, à l'établissement de Ghattas, que le résultat de mes recherches : en cinq mois de résidence, j'ai pu recueillir et classer près de sept cents plantes phanérogames. Il serait impossible en Europe, à qui voudrait s'en tenir aux environs d'une ville, d'atteindre un pareil chiffre, même dans l'année entière.

J'étais heureux d'avoir atteint l'objet de mes rêves, heureux de faire de ma vie une idylle africaine. Je continuais à être en bonne santé et jamais je n'avais été plus libre de m'abandonner à mes recherches. Je me sentais seul dans le temple de la nature. Lorsqu'on est malade, toute chose est triste; la nostalgie vous prend, vous ne pouvez l'empêcher; mais celui qui, plein de vigueur, peut s'imbiber du charme vivifiant des grandes solitudes, en gardera un souvenir ineffaçable. Il sent l'empreinte des lieux se graver dans sa mémoire; son imagination y trouvera plus tard un paradis, et les jours qu'il aura passés là compteront parmi les plus fortunés de son existence.

Malheureusement les brigandages des hommes au milieu desquels il me fallait vivre troublaient ma quiétude. On doit savoir qu'en Afrique chaque compagnie a sa route et ses chefs de tribu, qui recherchent l'ivoire et procurent les marchés. Nul traitant ne peut s'établir sur la place ni prendre part au commerce d'un endroit fréquenté par un autre : de nouveaux marchés ne peuvent s'ouvrir qu'en pénétrant plus avant dans l'intérieur. Ceux-ci, à leur tour, deviennent un monopole, et sont rigoureusement protégés. Toute infraction à cette règle ferait naître des luttes sérieuses, qui, néanmoins, ne pourraient être soutenues qu'avec des troupes indigènes, à moins que ce ne fût contre des noirs, car les Nubiens refusent d'obéir à qui voudrait les faire tirer sur un homme de leur race. Les compagnies ne sont pas moins jalouses de leur droit d'incursion : chacune a son district, où elle seule peut effectuer des razzias. Voici comment on s'y prend pour faire réussir ces pilleries. Je choisirai pour exemple la dernière qui se fit alors, et qui fut productive.

Cent quarante soldats accompagnés d'une centaine d'indigènes, alliés ou vassaux, et d'un groupe d'individus sachant flairer toute espèce de bétail, se mirent en marche comme si leur projet était de gagner une autre zériba. A la tombée de la nuit, l'endroit étant favorable, ils changèrent de route, se jetant sur le côté, ou revenant même sur leurs pas, et voyagèrent toute la nuit pour atteindre le mourâ dont ils se proposaient l'attaque. Ils y arrivèrent au point du jour. Lorsqu'ils en eurent cerné les issues, ils frappèrent sur leurs tams-tams et ouvrirent un feu prolongé. Pour ne pas se blesser mutuellement, ce qui d'habitude est le résultat de leurs décharges, les soldats tirèrent simplement en l'air, et avec des cartouches où il n'y avait que de la poudre. Cela suffit néanmoins pour intimider les gens du mourâ, qui se sauvèrent par les brèches que l'ennemi leur ouvrait dans ses rangs. En général, on ne trouve dans les parcs à bétail qu'un petit nombre de domestiques. Les propriétaires habitent des cases plus ou moins éloignées, et ne sont guère exposés aux coups des ravisseurs. Mais il n'en est pas de même des troupeaux : une fois les gardiens partis, les noirs assaillants s'emparèrent de toutes les bêtes qu'ils purent conduire, et les ramenèrent précipitamment, sous la protection des Nubiens.

Pour l'approvisionnement annuel de la zériba de Ghattas, il faut que le pillage fournisse au moins deux mille têtes de bétail. De ce butin, les deux tiers appartiennent à l'établissement. On prélève ensuite la portion destinée aux conducteurs des noirs qui ont pris part à la maraude, puis celle des surveillants et des chefs indigènes. Le reste devient la propriété des soldats, qui en disposent comme ils l'entendent. C'est alors que les affaires commencent. Les instigateurs, les complices et les bénéficiaires de cet odieux négoce sont les marchands d'esclaves ou *ghellabas*, parvenus à s'établir dans chaque comptoir, où sans se déranger ils ont tout le profit de la peine des autres. Ils tiennent des cotonnades, du savon et des coiffures; brocantent des armes à feu; vendent des miroirs et des oignons, de la verroterie et des anneaux de fer ou de cuivre; peuvent céder quelques nègres, vieux ou jeunes, mâles ou femelles; font commerce d'amulettes et de versets du Coran; ont presque toujours sous la main des bœufs, des moutons et des chèvres. Il y a vraiment peu de choses qui ne rentrent pas dans leur genre d'affaires. Cette année, fort mauvaise pour notre zériba, fut pour eux des plus fructueuses, car ils se procurèrent à vil prix les parts des maraudeurs plus heureux que les nôtres, et firent avec nous des bénéfices scandaleux.

Quand on voit les ravages commis tous les ans dans les troupeaux des Dincas, et l'énorme consommation que font les Nubiens, on se demande comment la provision de bétail n'est pas encore épuisée. J'avoue que pour moi c'est une énigme. Bien qu'ils n'en tuent jamais, les pasteurs perdent beaucoup d'animaux, en dehors de ceux qu'on leur enlève. Chaque saison, les mouches déciment leurs troupeaux. En outre, leurs vaches ne vêlent généralement qu'une fois, et souvent restent stériles. Par ces observations, on arrive à se former une idée de la prodigieuse quantité de bêtes à cornes que possèdent les Dincas.

Une tournée, qui dura du 21 juillet au 4 août, me fit visiter les zéribas secondaires de Ghattas et augmenta largement la connaissance que j'avais de la contrée. Quatre lieues faites au sud-ouest me ramenèrent, par une voie que je n'avais pas encore prise, à l'établissement de Guire.

Comme toutes mes autres excursions dans l'intérieur, cette petite course eut lieu pédestrement. Marcher dans les grandes herbes n'était rien moins que facile. Les indigènes y creusent en passant une espèce de ruisseau de la largeur de leur pied ; c'est dans cette ornière que l'on avance, chacun de son mieux, à la file les uns des autres. Il faut nécessairement suivre la trace qui a été faite, emboîter le pas, quoi qu'il arrive. A l'occasion, la rigole devient un cours d'eau alimenté par le drainage des terres voisines. Mais les jouissances que donne le spectacle de la nature dédommagent amplement des difficultés de la route.

A Coulongo, qui est à quelques kilomètres au S. de Guire, il me fut parlé en des termes si extravagants des mauvais esprits qui habitaient les cavernes du voisinage, que je brûlai du désir de faire leur connaissance. Personne de l'établissement n'avait jamais pénétré dans les grottes maudites, et le gouverneur fit preuve à cet égard d'un effroi d'autant plus drôle qu'il n'en voulut pas convenir. Après avoir longuement discouru sur mon projet et déclaré bien haut qu'il ne manquerait pas à m'accompagner, il finit par demander à l'un de ses subalternes de prendre sa place, lui offrant pour ce service une forte gratification. Mais l'engagement qu'il avait contracté vis-à-vis de moi ayant été public, il fut obligé de me suivre : c'était une affaire d'honneur.

Nous voilà donc en route. Bientôt nous avons à franchir un cours d'eau, profond de trois mètres. Comme, par suite d'un mal de jambe, mon compagnon est à âne, il trouve là le prétexte dont il a besoin pour se dégager : « Son âne est, dit-il, une bête d'un prix inestimable, et il ne peut pas l'exposer à gagner un refroidissement. » Puis il s'en va.

Après son départ, nous étions encore huit personnes. Mes gens, néanmoins, ne se trouvent pas en force suffisante pour braver le péril qui nous attendait. Comme nous approchions du lieu redoutable, ils aperçurent des nègres qui travaillaient dans les champs, et les contraignirent, l'arme au poing, de se joindre à nous.

Arrivés à l'entrée de la caverne, nous la trouvâmes bloquée par un amas considérable de terre, dû selon toute apparence à l'écoulement des eaux qui sourdaient en amont. Tout l'extérieur était recouvert d'une telle masse de broussailles que personne n'aurait soupçonné qu'il y eût là une grotte.

A l'époque où les premiers Nubiens avaient pénétré dans le pays, ce qui remontait à une quinzaine d'années, plusieurs centaines d'indigènes s'étaient, disait-on, réfugiés dans cette caverne avec leurs femmes, leurs enfants et leur avoir. Ils y étaient morts de faim; et, depuis ce jour, les esprits irrités de ces malheureux, conservant leur retraite, avaient fait de ce lieu un endroit terrible. Je ris encore en me rappelant nos guides et tous ces coquins, se résignant à entrer dans le fourré, la lance en avant, prêts à transpercer le premier démon qui leur apparaîtrait. Je m'engageai à leur suite dans le sentier redoutable, où l'obscurité grandissait de plus en plus. Trébuchant au milieu des blocs de pierre, escaladant les uns, rampant entre les autres, nous descendîmes à une profondeur de plus de trente mètres, où nous trouvâmes une espèce de portail de peu d'élévation, qui donnait accès à une immense salle voûtée capable de contenir un millier d'hommes.

Au lieu des cris menaçants de spectres courroucés, nous n'entendîmes que le bourdonnement d'innombrables chauves-souris. Le romanesque de l'aventure s'évanouit tout à coup. Nous nous reposâmes quelques instants à l'ombre de ce frais séjour; puis j'invitai mes gens à prendre part à la scène de conjuration que j'allais faire, en évoquant ainsi les esprits du mal. Ils se gardèrent bien d'apparaître. Tout prétexte de frayeur à ce propos ayant cessé, mes compagnons prétendirent que leur effroi venait des lions dont cette caverne était le repaire. Mais un lit de poussière brune et fine tapissait tout le sol de la grotte d'une couche non moins unie que si on l'eût ratissée. Je demandai à mes gens de m'y faire voir des traces de lion. Ils ne trouvèrent que des vestiges de porc-épic, dont çà et là quelques dards montraient que la caverne avait d'autres habitants que les chauves-souris. L'énorme couche de poussière brune était formée de guano, accumulé peu à peu et d'excellente qualité. J'en emportai un sac, qui fit merveille dans mon jardin, où les choux, fumés de la sorte, acquirent des dimensions gigantesques.

Grâce à leur humidité, les parois de la caverne étaient couvertes de larges plaques de mousses, aux formes les plus variées; véritable surprise dans cette partie de l'Afrique, où ces plantes sont fort rares.

Les Bongos ont donné à cette caverne le nom de *Goubbihi*, qui veut dire *souterrain*. J'essayai vainement de m'introduire dans plusieurs de ses crevasses. Je m'assurai néanmoins, par plusieurs coups de feu, de la grande étendue des fissures; à peu de chose près, elles étaient remplies de guano.

Enchantés de notre expédition, nous revînmes à la zériba, dont le gouverneur continua à m'amuser avec la susceptibilité de son âne, qui l'avait obligé de revenir, ce qu'il regrettait vivement. Je lui offris cent thalaris (plus de 500 fr.) s'il voulait passer une nuit tout seul dans la caverne. Il ne fut pas moins fanfaron ni moins disposé que la veille à tout pourfendre: « Jamais il n'avait eu peur; » mais il n'y alla point. Si je raconte le fait, c'est pour montrer quelle espèce de héros sont ces voleurs de bétail, ces chasseurs d'hommes. Contre les noirs moins bien armés qu'eux, ils sont pleins de bravoure; mais, même en face des Chiloucs ou des Béris, leur courage diminue

Les petites zéribas de la contrée ne sont guère établies que pour surveiller les Bongos; et les agents qui les administrent sont toujours dans la crainte de voir disparaître leurs nègres. Il est arrivé plus d'une fois que des communes entières ont déguerpi sans rien dire, avec armes et bagages, pour aller s'installer chez les Dincas, où elles se retrouvaient libres. Qui pourrait les en blâmer?

A Doumoucoû, je trouvai tout le monde en émoi; une expédition contre le Djébel-Higgou, expédition à laquelle s'associait Abou-Gouroun, et qui devait compter une centaine de soldats, était en train de s'y équiper. Il s'agissait de soumettre des Bongos qui avaient trouvé un refuge parmi les collines détachées de cette frontière et s'y maintenaient indépendants. On voulait faire de leur région une espèce de garenne, où les deux compagnies de Ghattas et d'Abou-Gouroun se livreraient librement à la chasse de l'esclave.

Nous verrons plus tard quel succès eurent d'autres entreprises de ce genre; en attendant, je voudrais signaler, parmi les végétaux qui servent surtout à l'alimentation de ces populations infortunées, le sorgho, l'igname et les courges.

C'est vers le mois d'août qu'on prélude à la moisson par l'arrachage du menu sorgho, dont la semaille a été faite dans la dernière quinzaine d'avril. Quant aux lourds épis qui fournissent la majeure partie de l'approvisionnement, leur récolte n'a lieu qu'au mois de décembre, lorsque les pluies sont terminées. Les nègres qui font des céréales la base de leur nourriture attachent à la culture du sorgho la plus grande importance.

Tous les ignames de cette région paraissent avoir la même forme, celle qui, pour ce genre de produit, est regardée comme la plus parfaite. Les tubercules sont très-longs et présentent, à leur extrémité inférieure, des lobes épais, sorte de digitation qui les fait ressembler au pied d'un homme, ou plutôt, en raison de leur volume, à un pied d'éléphant : on m'en a apporté qui pesaient de vingt-cinq à quarante kilos. Ils cuisent facilement; la substance en est farineuse et légère, un peu granulée, d'une texture plus lâche que celle de nos pommes de terre les plus tendres; et, pour le goût, elle leur est décidément supérieure.

Au moment où la moisson du sorgho allait commencer, les courges mûrirent. Elles furent reçues comme un bienfait par les naturels, qui souffraient de la disette dont chaque année ils subissent les atteintes à pareille époque. Ce qu'on en dévora est incroyable : j'ai vu des bandes entières de porteurs ne pas manger autre chose. Il pousse ici deux variétés de potiron, la jaune et la blanche, qui réussissent admirablement et qui arrivent à un volume prodigieux; puis une espèce de melon à écorce ligneuse, cultivé par les Dincas et par les Diours; on le fait cuire lorsqu'il est à moitié mûr; c'est alors un fort bon légume.

CHAPITRE III

LES BONGOS ET LES MITTOUS.

Les Bongos sont maltraités par les Khartoumiens. — Leur conformation physique. — Nourriture. — Métallurgie. — Menuiserie. — Vannerie. — Poterie. — Blessures décoratives et toilettes. — Vieillards victimes de la croyance aux sorciers. — Conséquences d'un orage. — Clameurs religieuses. — Bruyants exercices d'école. — Je pars avec Abd-es-Sâmate. — Nuit au bivac entre les tropiques. — Abd-es-Sâmate a pour ennemi Chérifi. — Sa zériba de Sabbi. — Appauvrissement du pays. — Aventures de chasse : le cochon à verrues; l'antilope et le python. — Tournée chez les Mittous. — La première femme d'Abd-es-Sâmate est fille d'Ouando. — Les lions à Ghiguy. — Caravane d'esclaves enfants. — L'abré. — Zériba de Mvolo. — Les seyadines et la chasse à l'éléphant. — Danse triomphale d'Abd-es-Sâmate. — Il harangue les Mittous et leur enseigne à compter jusqu'à 1500. — Les Mittous sont, au physique, inférieurs aux Bongos. — Leur terre est un grenier d'abondance. — Leurs femmes s'enlaidissent plus que celles des Bongos. — Tatouage. — Moins bons forgerons que les Bongos, les Mittous portent encore plus de fers et de carcans.

De tous les Africains de la région qui nous occupe, les gens avec lesquels j'ai eu le plus de rapport ont été les Bongos.

Leur pays actuel est situé entre le sixième et le huitième degré de latitude nord, à la limite sud-ouest du bassin de la rivière des Gazelles, et sur la plus basse des terrasses qui paraissent servir de transition entre le plateau élevé, dont la croûte est ferrugineuse, et les plaines alluviales que traversent tous les affluents de la rivière. C'est une solitude ayant en moyenne six ou sept habitants par kilomètre carré.

Lorsque, il y a dix-huit ans[1], les gens de Khartoum pénétrèrent jusque-là pour la première fois, ils trouvèrent la région divisée en petites communes indépendantes, et vivant entre elles dans une anarchie complète. Nulle part ils n'y rencontrèrent cette organisation qui existe chez les Dincas, où des districts entiers se réunissent et opposent à l'ennemi des forces considérables. Chaque village avait son chef, qui, en vertu d'une fortune supérieure à celle des autres habitants, exerçait une certaine autorité, et qui parfois tirait un prestige additionnel de son habileté comme magicien. Il en résulta qu'au lieu d'avoir à combattre une armée nombreuse et bien disciplinée, les envahisseurs ne rencontrèrent de résistance que sur quelques points, et en triomphèrent aisément.

Les indigènes furent réduits sans peine à l'état de vasselage ; et, pour qu'ils fussent à la fois plus étroitement surveillés et tenus sous la main de leurs oppresseurs, on les contraignit d'habiter près des zéribas qui s'établissaient de toute part. Grâce à l'application de ce système, les Khartoumiens purent occuper la contrée d'une manière permanente, ce qui était l'objet de leurs désirs.

Il est hors de doute que, pendant les premières années, ces conquérants ont traité le pays de la façon la plus odieuse. De grands espaces autrefois cultivés, et où s'élevaient de gros villages dont les vestiges se voient encore, n'offrent plus maintenant que ruine et

1. C'est vers 1853, que le khartoumien Habeschi et le consul Petherick débarquèrent, à peu de temps l'un de l'autr , dans le *méchra* du Ghazal, pour la première fois. — J. B

désolation. Garçons et filles, enlevés par milliers, ont été vendus au loin. Les grands bourgs fortifiés furent remplacés par des hameaux de cinq à six familles. De même qu'un parvenu croit sa fortune de fraîche date inépuisable, les Khartoumiens regardaient leur nouvelle possession comme devant toujours produire : ils y vivaient en orgies perpétuelles. Avec le temps, ils reconnurent que la valeur du terrain qu'ils s'étaient adjugé dépendait surtout de la force vive qu'ils dissipaient avec tant d'imprévoyance ; ils apprirent à considérer les bras et les jambes de leurs sujets au point de vue de la culture du sol et du transport des marchandises. Mais la population avait déjà diminué au moins des deux tiers, et j'estime qu'il n'y a pas actuellement plus de cent mille âmes sur une étendue de près de dix-sept mille kilomètres carrés.

Les Bongos ont la peau de couleur rougeâtre et presque cuivrée. Leur taille moyenne est d'un mètre soixante-dix centimètres. Ils se distinguent des peuplades qui habitent les terres marécageuses par la vigueur de leurs membres et de leurs épaules. Je ne me rappelle pas en avoir vu un seul qui eût la tête longue et étroite, ce qui est général chez les Dincas. Ils ont conscience de ce trait caractéristique. Je me souviens d'une discussion élevée au sujet d'un enfant qui ne parlait pas encore. On se demandait si c'était un Bongo ou un Dinca. L'un des interprètes examina la tête du bambin avec attention, et déclara nettement que c'était un Bongo. Questionné par moi sur les motifs qui le portaient à se prononcer avec tant d'assurance, il me répondit que la largeur de la tête ne laissait aucun doute sur le fait.

Les Bongos dédaignent la possession et l'élève du bétail ; mais ils sont essentiellement agriculteurs. Excepté à certaines époques, consacrées à la pêche, et lors d'une chasse accidentelle, ils dépendent entièrement des produits du sol pour leur subsistance. Quant aux légumes, ils n'en cultivent qu'un petit nombre; mais ils font grand usage des champignons innombrables, tous comestibles, qui poussent à la saison pluvieuse. Ils ont des fruits en abondance et, lorsqu'ils défrichent un bois pour déplacer ou pour agrandir leurs cultures, ils ont toujours soin de conserver le plus possible d'arbres fruitiers. Sans cette précaution, leurs campagnes déboisées deviendraient aussi monotones qu'elles sont plates.

Si leur provision de grain est épuisée ou quand la récolte n'est pas suffisante, les Bongos trouvent encore dans les tubercules de leurs plantes sauvages une ressource précieuse. Ils en vivent alors exclusivement pendant longtemps. Ce qu'ils peuvent digérer de ces tubercules est incroyable. La plupart néanmoins sont d'une amertume excessive : à moins qu'on ne les ait fait bouillir ou qu'en grillant sur la braise ils n'aient perdu une partie de leur âcreté, ils ont le goût du fiel.

C'est à leur manque de gros bétail que les Bongos doivent leurs relations comparativement paisibles avec les Turcs, ainsi qu'ils appellent les gens des zéribas. En fait d'animaux domestiques, ils ne possèdent que des chiens, des poules et des chèvres. Les moutons sont, chez eux, presque aussi rares que les vaches.

En hiver, ils font la pêche ordinairement; mais c'est surtout vers la fin de la saison pluvieuse qu'ils s'occupent de la chasse. Elle peut être individuelle; parfois aussi elle consiste en une grande battue, à laquelle prennent part tous les hommes du district. On obtient encore beaucoup de gibier au moyen des tranchées et des piéges.

Depuis une douzaine d'années la poursuite de l'éléphant est devenue de l'histoire ancienne chez les Bongos. Les plus âgés, et ici le nombre des vieillards est très-minime, sont les seuls qui paraissent en avoir gardé un souvenir distinct.

Ils prennent généralement le gibier de moindre taille au moyen d'un tronc d'arbre placé horizontalement sur une branche, où des cordes le maintiennent en équibre. L'endroit est choisi parmi ceux que fréquente le gibier; on élève une palissade de chaque côté de l'arbre qui soutient le trébuchet, afin de contraindre la bête à passer sous la poutrelle. En suivant le chemin tracé, l'animal rencontre un nœud coulant, détend la corde, et fait tomber la pièce de bois sur lui. Les antilopes de petite espèce, l'ichneumon, la civette, la genette, le chat sauvage, le serval et le caracal sont tour à tour victimes du même stratagème.

Excepté l'homme et le chien, les Bongos semblent regarder comme alimentaire toute substance animale, quel que soit l'état où ils la trouvent. Les restes du repas d'un lion, débris putréfiés cachés dans la forêt, et dont l'approche des milans ou des vautours leur révèle l'existence, sont recueillis par eux avec joie. Le fumet leur garantit que la viande est tendre, et ils estiment que, dans cette condition, elle est plus nourrissante et plus facile à digérer que la chair fraîche. Ils tiennent pour gibier tout ce qui grouille et ce qui rampe, depuis les rats jusqu'aux serpents; et ils mangent sans répugnance du vautour puant la charogne, de l'hyène galeuse, de l'*hétéromètre palmé* ou gros scorpion terrestre, des chenilles et des larves de termite à l'abdomen huileux.

Avant l'arrivée des Khartoumiens, les communes se constituaient de préférence autour d'un grand et bel arbre, figuier, bassia ou tamarinier, qui fréquemment a survécu au village, et qui seul indique la place où furent les cases détruites. C'est encore à l'ombre d'une cime touffue que l'on trouve généralement les Bongos, jouissant de la clarté et de l'espace qui manquent dans leurs étroites demeures, privées de lucarnes. Autour de la hutte, sur une aire considérable, le sol est parfaitement nettoyé et nivelé, ce point étant l'endroit où les femmes se livrent à leurs travaux. Chiens et volailles semblent également se plaire à l'abri de cette feuillée majestueuse; et les petits enfants, occupés de leurs jeux, y complètent la scène idyllique de la vie africaine.

Cette région a une si grande quantité de fer qu'il est naturel que les habitants en soient devenus forgerons. Bien que, pour nous, leur outillage soit complétement nul, les Bongos obtiennent des résultats surprenants; leur habileté dépasse encore celle des Diours. Munis de soufflets primitifs; d'un marteau, qui, parfois, est une pyramide en fer, mais qui, le plus souvent, n'est qu'un simple caillou roulé; d'un petit ciseau, et, en guise de pinces, d'un morceau de bois vert fendu dans une partie de sa longueur, ils font des produits qui soutiendraient la comparaison avec les œuvres d'un ouvrier anglais.

Le métal livré à l'exportation et qui, comme chez les Diours, se dirige surtout vers le nord, est préparé sous trois formes différentes : en fer de lance, long de trente à soixante-cinq centimètre appelé *mèhi*, forme que l'on trouve chez les Diours; en *loggo coûllouti*, ou fer de bêche grossier et noir; et en fer de bêche soigné ou *loggo*, qui, sous le nom commercial de *melôte*, se vend en grande quantité chez tous les riverains du Haut-Nil. Le loggo coûllouti est la monnaie courante des Bongos, le seul numéraire que possède l'Afrique centrale; si grossier qu'il puisse être, il remplit l'office de nos valeurs métalliques régulièrement frappées. C'est un disque de peu d'épaisseur et de vingt-cinq à trente centimètres de large, ayant une courte poignée, et muni d'un appendice crochu, dont le dessin est à peu près celui d'une ancre.

Un coin de fer massif, pourvu d'un manche raboteux, fixé dans sa partie la plus épaisse, constitue la hache des Bongos ; on voit cet instrument dans toute l'Afrique centrale.

En surplus de ces produits grossiers, les Bongos fabriquent des armes, des outils et des ornements remarquables par leur qualité ; enfin, à l'instigation des gouverneurs de zéribas, ils forgent des chaînes et des menottes pour les esclaves.

Presque aussi habiles à travailler le bois que le fer, ils ont une aptitude réelle pour la sculpture. Ils en donnent la preuve dans la fabrication de divers ustensiles, principalement dans celle des petits tabourets, exclusivement destinés aux femmes, dont chaque ménage est pourvu. Les autres produits de l'adresse menuisière des Bongos sont les fléaux pour battre le grain, les auges où l'huile est pressée, les pilons et les mortiers, plus remarquables que tout le reste, dans lesquels le grain est concassé avant d'être réduit en farine sur la pierre. Au lieu d'être enfoncés dans la terre comme le sont généralement ceux des Dincas et des Diours, ces mortiers restent mobiles, et peuvent se transporter d'un endroit à un autre. Le grain y est écrasé par deux femmes, qui, alternativement, soulèvent et laissent retomber le lourd pilon dont chacune est munie, d'après la méthode usitée en Afrique de temps immémorial, ainsi que le prouvent les peintures des monuments égyptiens.

Les Bongos sont passionnés pour la musique. En dépit de la grossièreté de leurs instruments, ils passent une partie du jour à s'accompagner leurs chants mélancoliques.

Leur vannerie, sans être fine, ne manque pas de valeur. Pour transporter le grain et la farine, ils s'improvisent des corbeilles d'une facture très-ingénieuse. Prenant les feuilles coriaces du combret et du terminalia, ils insèrent le pétiole de l'une dans le limbe de deux autres, et forment ainsi des bandes de feuillage dont ils composent, en quelques minutes, un panier sphérique, à la fois résistant et flexible, qui remplit parfaitement son office. Ils tressent fort peu de nattes; mais leurs cases elles-mêmes sont en vannerie, ainsi que leurs ruches.

La poterie est du ressort des femmes. Loin de reculer devant les difficultés de cette lourde tâche, elles font, sans tour, simplement à la main, jusqu'à des fontaines d'un mètre de diamètre, ayant la forme la plus régulière. En général leurs amphores sont ovoïdes; elles les portent sur leur tête, l'extrémité la moins large posée sur un coussinet. Qu'il soit destiné à contenir de l'eau, ou à renfermer de l'huile, à servir de four ou de marmite, aucun de leurs vases de terre n'est pourvu d'anses. Afin d'obvier à cette absence, l'extérieur du pot est décoré de triangles, de zigzags, de lignes concentriques ou spirales qui en rendent la surface raboteuse, et qui l'empêchent de glisser dans la main.

A défaut d'habillement, des blessures décoratives jouent un grand rôle dans tout ce pays, où le sauvage est, volontairement, plus esclave de la mode que pas un de nos fashionables les plus raffinés. Dans toute la province du Ghazal, l'affreuse coutume de l'extirpation des incisives de la mâchoire inférieure est commune aux deux sexes; l'opération a lieu dès que les dents permanentes ont remplacé les dents de lait. Sur la frontière méridionale, près des Niams-Niams, cet usage n'est plus rigoureusement suivi; mais, à l'instar des voisins, on lime en pointe les dents qui devaient être arrachées et parfois toutes les autres; ou bien il y a cumul : les dents supérieures deviennent pointues, et celles d'en bas disparaissent. Enfin, il n'est pas rare de voir des vides pratiqués entre les dents centrales de la mâchoire supérieure, où parfois les quatre incisives ont entre elles des intervalles qui permettraient d'y insérer un tuyau de plume.

Les Bongos, moins complétement nus que les Dincas, les Chilloucs et les Diours, ont très-souvent un petit tablier de cuir, ou bien, depuis quelque temps, une bande d'étoffe passée dans la ceinture, et dont les bouts retombent par devant et par derrière. Par contre, leurs femmes surtout dans la région des collines, refusent opiniâtrement toute parcelle de cuir et d'étoffe ; mais elles se chargent la poitrine de colliers. Leur grande coquetterie, c'est de se distinguer par des ornements qui, pour nous, les enlaidissent horriblement. A peine mariées, elles se percent la lèvre inférieure et en élargissent l'ouverture en y mettant successivement des chevilles de plus en plus grosses, jusqu'à faire atteindre à la lèvre six fois son volume primitif. La cheville est cylindrique et finit par avoir deux ou trois centimètres de diamètre. De cette façon, la lèvre d'en bas s'allonge et dépasse l'autre, qui est également trouée, mais ne reçoit qu'une plaque ou une chevillette de cuivre à tête de clou, parfois un anneau, ou un brin de paille de la grosseur d'une allumette.

Des brins de chaume sont insérés dans les narines, jusqu'à trois de chaque côté. Un anneau passé dans la cloison du nez, de la même manière qu'on le fait ailleurs pour les buffles, les taureaux et autres bêtes domestiques que l'on veut rendre traitables, est ici fort en vogue. Disons qu'il est rare de rencontrer tous ces ornements sur la même personne.

Le genre national, toutefois, paraît être de *se larder :* il n'est pas une saillie de la chair, pas un pli de la peau qui ne serve de prétexte à perforation. Non-seulement les oreilles sont ourlées d'anneaux et de croissants de métal ; la conque elle-même est trouée, et jusqu'à une demi-douzaine de petites boucles de fer sont suspendues au lobe.

Le tatouage, chez les femmes, est limité à la partie supérieure du bras. Des zigzags, des lignes parallèles, ou des rangées de points, souvent en relief, sont les trois formes dont les combinaisons différentes servent de marques distinctives. Beaucoup d'hommes ne sont pas tatoués.

Mais une dame bongo ne se trouverait pas en toilette si elle n'avait pas aux poignets, aux bras, surtout à la cheville, de lourds anneaux de fer et de cuivre qu'elle fait sonner en marchant. Au cliquetis caractéristique de ces fers, on reconnaît, même de loin, si c'est une femme ou un homme qui s'approche.

Il paraît d'abord impossible que la patience humaine se soumette à un plus grand martyre par dévouement à la mode; et cependant les Mittous nous en fourniront bientôt l'exemple.

Les Bongos ont le malheur d'avoir foi dans la sorcellerie, ce qui les porte à accuser les vieillards et surtout les femmes d'entretenir des relations plus ou moins étroites avec les esprits. « Ces gens-là, vous disent-ils, vont errer dans les clairières, sans autre but que d'y chercher les racines magiques. En apparence ils dorment paisiblement dans leurs cases; mais en réalité ils consultent les esprits du mal, afin d'apprendre d'eux la manière de détruire leurs voisins. Ils fouillent le sol et en retirent les poisons dont ils se servent pour nous tuer. » Conséquemment, chaque fois qu'il arrive une mort inattendue, les vieilles gens en sont tenus comme responsables. Or, d'après la conviction des Bongos, l'homme ne meurt naturellement que dans le combat, ou faute de nourriture; ils tuent donc tout vieillard chez qui, en pareil cas, on trouve des herbes suspectes : fût-il le père ou la mère du défunt, il est condamné.

Il en résulte que, dans leurs tribus, la vieillesse est comparativement rare.

Quant aux *bindâcos*, c'est-à-dire les fous, ils sont garrottés et jetés dans la rivière, où d'habiles nageurs les reçoivent et les plongent à diverses reprises. Si ce traitement ne le guérit pas, l'insensé est tenu en réclusion et nourri par sa famille. En général, le sort des fous est ici beaucoup préférable à celui de n'importe quel vieillard.

Malgré la saison pluvieuse, je continuais à me bien porter. Mais, si heureusement que le temps s'écoulât, pour moi, chez Ghattas, je n'y étais pas à l'abri de tout péril. Dans la nuit du 22 mai, vers deux heures, au milieu d'une pluie torrentielle, éclata un orage effroyable. Soudain des cris déchirants, des cris de femme, retentirent, et la clarté du jour remplaça les ténèbres. Je bondis hors de ma case : la hutte embrasée n'était qu'à vingt-cinq pas de ma couche; seul un grenier m'en séparait; quelques minutes, et la flamme aurait gagné ma demeure.

Je n'avais pas un instant à perdre. La poudre d'abord; puis mon herbier et mes caisses, furent mis en lieu sûr; les menus objets et les vêtements, jetés dans des waterproofs et traînés au loin avec l'aide de mes hommes. La moitié à peu près de mon avoir était hors de péril, lorsque le vent tourna, chassant la flamme dans une autre direction; et, la toiture de la case qui brûlait venant à s'effondrer, le chaume saturé d'eau arrêta l'incendie. Nous pûmes alors reprendre haleine pour regarder autour de nous. Je fus terrifié en pensant à la ruine qui avait failli m'atteindre.

L'habitation que le feu avait détruite contenait sept femmes. Six d'entre elles avaient été foudroyées; la septième, non touchée par la foudre, était parvenue à s'échapper de la hutte, mais à moitié morte de ses brûlures. Au matin, lorsqu'on eut écarté les débris fumants, on trouva les six femmes carbonisées, gisant dans la pose où le tonnerre les avait surprises. Elles formaient un horrible spectacle, que les indigènes ne purent regarder sans frémir; tandis que des Niams-Niams, esclaves d'importation récente, ne déguisèrent pas l'appétit éveillé en eux par l'odeur de chair brûlée qui sortait des décombres.

Outre des incidents d'une nature plus ou moins terrible, nous en avions qui rompaient la monotonie de notre existence.

Un jour la visite de l'intendant d'une zériba étrangère nous fut annoncée, et Idris déploya toute son activité pour faire honneur à son collègue. C'était le vékil de Bizelli qu'on attendait, un nommé Ali, sous la garde duquel mademoiselle Tinné avait passé l'année la plus mémorable de son existence. Prête à saluer l'arrivée de ce personnage, toute la garnison était rangée sur deux lignes devant la porte de la zériba. Magnifiquement vêtu, coiffé du turban des Croyants, les reins entourés d'un superbe hizam de Tripoli de Syrie, Ali s'avançait d'un air majestueux. Lorsqu'il atteignit nos deux colonnes, une première décharge éclata. La salve fut rendue; et les uns et les autres s'enveloppèrent mutuellement de fumée; l'enthousiasme était réciproque. Mais à peine l'écho du salut fut-il éteint que la cérémonie fut troublée par le cri de *roussâs! roussâs!* (du plomb, du plomb!) et un soldat, s'élançant hors des rangs, jeta son mousquet par terre d'un air affolé. Le fait est que son camarade d'en face ayant oublié de décharger son vieux fusil, lui avait envoyé dans les jambes tout le plomb destiné aux canards des marais voisins.

Il était assez rare qu'une semaine s'écoulât sans amener pareil accident, auquel moi-même j'étais continuellement exposé.

Bien que la fatigue que je prenais pendant le jour me rendît le sommeil doublement précieux, je ne pouvais guère dormir au milieu des dévotieuses habitudes de mes hommes. A certains jours, leurs prières éternelles se changeaient en clameurs qui se prolongeaient fort avant dans la nuit. Brochant sur le tout, arrivèrent des fakis du Dar-Four, dont les pieux exercices dominèrent tous les autres. Dans un jargon absolument incompréhensible aux gens de Khartoum, ils récitaient les versets du Coran, et le faisaient avec la bruyante monotonie d'un moulin. Si bons musulmans que fussent mes serviteurs, ils en perdirent patience; et, prenant mon parti, ils chassèrent lesdits prêtres des environs de ma case. L'énergie qu'ils déployèrent dans cette besogne me rappela celle que montrèrent, en pareille circonstance, les officiers du gouverneur libéro-tyrannique de Souakim. Pendant mon dernier séjour dans cette ville, Mountass-Bey avait eu l'audace inouïe d'envoyer ses kavas dans le voisinage de la mosquée, avec mission d'user largement du courbatch si les prières nocturnes ne s'arrêtaient pas; il avait en même temps fait dire aux prêtres que, s'ils voulaient invoquer Allâ, ils n'avaient pas besoin de crier pour cela, Dieu entendant la voix basse tout aussi bien que les hurlements. Pareille témérité ne s'était jamais vue depuis la création du monde.

Idris, notre gouverneur, possédait onze garçons, tous à peu près du même âge, ce qui est facile à expliquer par le nombre de ses femmes. Il avait fondé pour cette jeunesse, à laquelle étaient réunis les enfants mâles des autres résidents, une institution dans le genre des écoles juives. Quatre fois dans les vingt-quatre heures, à des intervalles réguliers, retentissait dans la classe de nos petits Nubiens un chœur nombreux, composé de bourdonnements et de cris poussés sur tous les tons. Au milieu de ce bruit indescriptible, passaient les admonitions du maître et le sifflement du courbatch, qui était suivi des hurlements du petit frappé, ce qui ne manquait jamais de faire hausser toutes les voix et de leur donner plus de vigueur. Il y avait une classe avant le coucher du soleil et une autre peu de temps après, de sorte qu'on n'avait pas de repos.

Cependant j'avais fini par épuiser tous les trésors botaniques des environs; d'ailleurs, quand vient la fin des pluies, le monde végétal s'appauvrit ici d'une manière rapide. Je me décidai donc à remettre mon sort entre les mains d'Abd-es-Sâmate, le Kénousien dont j'ai parlé plus haut. Cet homme généreux m'avait, à plusieurs reprises, invité à le suivre chez les Niams-Niams, me priant de me regarder comme son hôte et me promettant des porteurs qu'il s'engageait à défrayer. Mes gens, dont il était connu, me conseillaient d'accepter ses offres, disant qu'on pouvait se fier à sa parole. Ceux de Ghattas, au contraire, auraient voulu me détourner de mon projet. « Je trouverais là-bas, disaient-ils, des choses curieuses, des *antigates* (des antiquités); les bêtes sauvages ne me manqueraient pas et j'aurais une belle chasse; néanmoins je devais me préparer à toutes les horreurs de la famine. » Mais j'étais certain qu'Abd-es-Sâmate serait approvisionné de manière à me fournir des vivres, et que tout se bornerait à une question de quantité : ce qui n'avait pas grande importance. Toutes mes collections ayant donc été déposées dans une case particulière, où, confiées aux soins d'Idris, elles devaient rester jusqu'à mon retour, je quittai la zériba de Ghattas.

Ce fut le 17 novembre qu'en réalité commença le voyage. Une heure de marche nous fit gagner la vallée traversée par le Tondj. Quatre Bongos, chargés d'une sorte de couchette, m'attendaient avec ordre de me porter à travers les marais et les grandes herbes, ce qu'ils firent pendant une heure et sur leur tête, jusqu'à l'endroit où le Kénousien avait fait établir un bac. Celui-ci, construit en chaume, était un grand radeau sur lequel on déposa les bagages. La plupart des Bongos s'y cramponnèrent, tandis qu'une escouade d'habiles nageurs le remorquaient vers l'autre bord. Quant aux Nubiens, ils se remuaient dans l'eau avec une agilité de poissons, luttant contre le courant et repêchant les colis, qui, dans ce passage tumultueux, perdaient leur équilibre.

De l'autre côté de l'eau, les effets de l'inondation s'étaient fait moins sentir; et en quelques instants nous atteignîmes un escarpement rocheux qui bornait la route au midi. Quand nous fûmes parvenus à un peu plus de soixante-six mètres d'altitude, nous vîmes se déployer la vaste dépression où serpentait la rivière. Les miroirs de plusieurs lagunes étincelaient au soleil; et, dans le lointain, on voyait une série d'ondulations boisées. Comme un fil sombre, jeté sur la verdure, notre caravane se déroulait au fond du paysage.

Durant ce voyage, je fus enivré de la splendeur des nuits éclairées par la lune.

D'abord des nuages floconneux et sans nombre couvrent le ciel, puis se séparent comme les fragments d'un lit de glace fondante. Ils s'écartent. Dans les intervalles, apparaît la voûte profonde et noire. Les brêches s'élargissent toujours; les étoiles deviennent plus nombreuses; les derniers flocons s'éloignent; le ciel resplendit sans nuage, et la lune, entourée d'un halo brillant et rougeâtre, répand sa lumière argentée sur le dernier homme qu'on aperçoive.

Pendant ce temps, au fond des bois, retentit le bruit confus d'un marché. Des feux étincelants jettent dans la feuillée obscure des lueurs sans nombre. Les tourbillons de fumée s'élèvent de toute part; les yeux vous brûlent; mais vous pouvez croire que le rideau d'un théâtre s'est levé pour vous montrer une scène du monde infernal, où des centaines de diables noirs rôtissent devant les énormes flammes du ténébreux séjour.

Le troisième jour, vers midi, après avoir fait environ soixante-quatre kilomètres, à partir de Coulongo, nous arrivâmes à Douggoû, principale zériba de Chérifi, qui avait plusieurs possessions dans ces régions lointaines. Malgré l'étendue presque sans bornes où il pouvait agir, Chérifi était en hostilités ouvertes avec Abd-es-Sâmate. Le refus de la part de celui-ci de rendre une esclave qui, à la suite de mauvais traitements, s'était réfugiée dans un de ses postes, était le prétexte de la querelle; mais les combats qui s'en étaient suivis avaient fait de cette question de procédé une véritable guerre. Deux mois avant notre passage, la caravane qui portait au méchra l'ivoire d'Abd-es-Sâmate, et dont la cargaison était de trois cents charges, avait été attaquée par les gens de Chérifi. Les porteurs, sans défense, avaient jeté leurs fardeaux pour prendre la fuite; néanmoins plusieurs d'entre eux avaient été massacrés, d'autres blessés grièvement. Quant aux Nubiens de l'escorte, ils avaient tranquillement regardé l'affaire suivant leur usage de se refuser à tirer sur des compatriotes.

Sâmate avait porté sa plainte et réclamé des dommages-intérêts. Non-seulement Chérifi n'avait pas écouté la demande; mais il avait continué la guerre. « C'est ici que les brigands m'ont attaqué, me dit Sâmate; tu l'as vu, et tu parleras pour moi. »

A deux kilomètres environ de la zériba hostile, la caravane s'arrêta; et pour se montrer à l'ennemi d'une façon imposante, chacun revêtit ses plus beaux atours. Toutes les précautions furent prises pour nous mettre à l'abri d'un coup de main. On aperçut bien des Bongos embusqués dans les bois; mais ces derniers, voyant avec Sâmate l'homme blanc dont la présence était connue dans le pays, s'abstinrent de toute démonstration hostile.

Nous approchâmes ainsi de la zériba sans être inquiétés. La caravane s'occupa de dresser le bivac; et, tandis qu'elle s'installait en plein air, je recevais le meilleur accueil du frère de Chérifi, gouverneur de la station. Probablement celui-ci ne voulut pas agir vis-à-vis d'un Franc de manière à se créer des embarras avec le gouvernement de Khartoum. Le lendemain matin nous nous remettions en route.

Après sept jours de marche dans un pays désert, je fis mon entrée à Sabbi, chez Abd-es-Sâmate, le 23 novembre 1869. Jamais hospitalité ne fut plus généreuse ni plus prévenante. Trois belles cases, entourées d'une enceinte particulière, avaient été construites pour moi. Mon hôte avait poussé l'attention jusqu'à me pourvoir d'un certain nombre de tables et de chaises; et, afin que j'eusse toujours du lait, il avait envoyé chercher des vaches à une distance de plusieurs journées de route.

Lorsque les indigènes virent que leur propre chef, à l'instar de tous les gouverneurs de zériba, avait pour moi de si grandes attentions, m'envoyant un brancard et des porteurs à chaque ruisseau, à chaque marais, ils se dirent les uns aux autres : « Cet homme blanc est un seigneur au-dessus de tous les Turcs. »

Située au fond d'un vallon, la zériba de Sabbi se trouvait entre des collines formant une chaîne orientée du sud-ouest au nord-est. De nombreux hameaux, des champs et des jardins composaient son entourage. A l'époque de mon arrivée, c'était le chef-lieu d'Abd-es-Sâmate, dont les domaines s'étendaient vers le sud à une distance de plus de cent kilomètres. La direction en était remise au frère du Kénousien; celui-ci demeurant avec son harem, dans un endroit retiré, à six ou sept kilomètres de l'établissement.

Dès que je fus installé, je commençai mes courses dans le voisinage, ainsi que j'avais fait à la zériba de Ghattas.

Partout je n'entendais que plaintes amères au sujet de l'appauvrissement du pays. En effet, tandis que l'émigration avait, depuis trois années, changé en désert la partie septentrionale du district, les indigènes, qui n'avaient pas quitté leurs demeures, avaient à la fois perdu leurs moutons, leurs chèvres et leurs volailles, et diminué leurs cultures au point de souffrir de la disette. Mais c'étaient précisément ceux qui le déploraient qui en étaient cause. D'après de nombreux témoins oculaires, il y avait auparavant, dans chaque village, une quantité de volailles surprenante; et partout régnait l'abondance. Mais, quand la sécurité eut disparu, la production et l'épargne n'offrirent plus d'intérêt; à quoi bon produire ou mettre en réserve ce qui doit être pillé?

Le sol n'est pas moins fécond autour de Sabbi qu'à la zériba de Ghattas : on y voit aussi fréquemment des épis de sorgho pesant trois kilos; mais la portion cultivée est beaucoup moins étendue, et les endroits rocheux donnent un faible produit. Il en résulte que les indigènes, au lieu d'apporter du grain au marché, comme je l'ai toujours vu faire dans les autres districts, cachent soigneusement celui qu'ils possèdent. D'ailleurs chaque année, pendant six mois, les voyages au méchra et les expéditions chez les Niams-Niams les arrachent à la culture du sol. En fait de cuivre et de grains de verre, leur richesse a augmenté; mais la disette a remplacé l'abondance des vivres.

Autour de Sabbi, régnait une si grande sécurité de la part des indigènes que, sans la crainte d'être attaqué par un lion, j'aurais pu aller et venir entièrement désarmé. Or il y a des lions dans toute l'Afrique et vous pouvez en rencontrer partout; mais leur nombre est proportionné au rang qu'ils occupent parmi les animaux, et le chiffre en est peu considérable. Si vous les rencontrez, c'est que le pays est giboyeux et que le gros gibier n'est pas loin.

Il ne faudrait pas croire que toute chasse en Afrique est nécessairement accompagnée d'aventures; c'est au contraire un fait exceptionnel; rien ne serait plus fastidieux que le récit de mes courses ayant pour but d'approvisionner la table. Même en Afrique, la chasse peut être d'un intérêt aussi vulgaire que la poursuite d'un lièvre dans les environs de Paris.

Voici cependant deux aventures. Une après-midi, j'avais suivi longtemps une bande de caamas. Ces bêtes rusées faisaient une pause de distance en distance, et m'avaient attiré sous bois sans me donner une seule occasion de tirer l'une d'entre elles. J'avais pénétré si avant dans la forêt que les rayons du soleil ne m'arrivaient plus qu'à l'état de lueur crépusculaire. J'allais franchir un pli de terrain pour gagner la hauteur qui en formait l'autre bord, et d'où la harde attentive épiait mes mouvements, lorsqu'un objet informe, qui me parut se mouvoir, me heurta tout à coup. L'obscurité ne me permit pas de distinguer l'objet; mais, trouvant une fourmilière dans le voisinage, je m'en fis un rempart; et, à l'abri du monticule, je me rapprochai de l'être énigmatique dont j'avais senti la masse. Au même instant la bête se retourna; et j'aperçus le groin d'un énorme cochon à verrues [1]. Je diminuai le plus possible la distance qui nous séparait, et lui envoyai ma balle dans le corps. La massive créature pivota sur elle-même, ainsi que le fait une mouche traversée par une épingle; puis elle se jeta sur le dos, battant l'air des quatre jambes, et m'offrant le spectacle le plus curieux. Mon sanglier était mort; je l'envoyai chercher le soir par les affamés du voisinage, auxquels j'en fis l'abandon, et qui s'en régalèrent. Pour moi, je soupai sans rôti; car, à propos de l'horrible viande du cochon à verrues, je suis bon mahométan.

Peu de jours après, j'étais suivi d'un de mes Nubiens

1. Il existe en Afrique, deux espèces de cochons à verrues, à tubercules, ou à loupes (phacochères); l'un, dépourvu d'incisives, est très-bon à manger; l'autre, qui a deux incisives à la mâchoire supérieure, fournit une viande fort mauvaise. — J. B.

qui avait pris un âne pour rapporter le produit problématique de la chasse. Parvenu dans un endroit situé entre deux ravins profonds, où, à l'époque des pluies, coulaient deux torrents qui se rejoignaient à une faible distance, je laissai mon homme avec son baudet et m'engageai dans les hautes herbes. Je venais de viser un petit bushbok [1]. Tout à coup il poussa un cri d'angoisse et disparut. Je fendis l'herbe aussi vite que possible, et fouillai avec soin l'endroit où quelques minutes avant se trouvait mon antilope; mes recherches furent d'abord inutiles. Mais je finis par la découvrir. Elle était des plus vivantes, et se débattait de l'avant-train, en poussant des plaintes, sans changer de place, et comme attachée au sol par un objet qui, au premier abord, me parut ressembler à la draperie crasseuse d'un Nubien. J'approchai. L'antilope avait été saisie par un énorme serpent qui l'entourait d'une triple ceinture, et qui, étendu sur elle, lui retenait les pieds de derrière. Je reculai suffisamment pour viser juste, et lâchai la détente. L'énorme python se leva d'un mètre droit comme un cierge, et s'élança pour m'atteindre, mais l'épine dorsale était rompue, et la partie inférieure du corps traînait par terre, sans lien avec le reste. Une dernière balle compléta ma capture; et l'âne de mon Nubien revint triomphalement, chargé d'un double fardeau qui s'équilibrait à merveille : le serpent d'un côté et l'antilope de l'autre.

Les mois de décembre et de janvier furent consacrés à visiter des zéribas qu'Abd-es-Sâmate avait l'année précédente fondées chez les Mittous, afin d'assurer à ses chasseurs l'accès d'un territoire fertile en éléphants, et pour servir de places fortes destinées à maintenir

1. Bouc des bois, *tragelaphus sylvatica;* Voir *Du Natal au Zambèse,* par Baldwin, p. 56 de notre édition abrégée. — J. B.

dans la soumission un vaste territoire qui jusqu'alors n'avait appartenu à aucun Khartoumien.

Une brève étape au nord-est nous conduisit un jour à Boïco, où, plongé dans une épaisse forêt, était le harem d'Abd-es-Sâmate. Sa première épouse, bien que demeurant invisible, nous reçut avec honneur; et malgré son origine (c'était la fille du Niam-Niam Ouando dont on reparlera), elle m'envoya du café et des mets de la cuisine khartoumienne.

Comme nous allions nous remettre en route, quelques habitants d'un village voisin, appelé Ghiguy, nous apprirent l'horrible nouvelle qu'un soldat, qui s'était couché devant la porte de sa case, à cinq pas de la palissade, avait, cette nuit même, été saisi par un lion, et emporté avant d'avoir eu le temps d'appeler au secours. Durant les derniers mois, pareil malheur était arrivé si souvent que la plupart des gens du village avaient émigré; mais les mangeurs d'hommes les avaient suivis partout. A sept heures, nous étions à Ghiguy, devenue la plus misérable de toutes les bourgades perdues au fond des bois : une haie d'épines, sans ouverture visible, entourait des huttes pour la plupart abandonnées; et, sur les toitures, des gens frappés d'épouvante n'osaient pas, malgré la hauteur du soleil, quitter leur perchoir, à cause de la crainte que leur faisaient les lions.

Silencieux et abattus, mes hommes continuèrent à cheminer, le fusil à la main, troublés par le moindre frôlement, scrutant le sentier du regard, et croyant toujours reconnaître les pas de l'ennemi, qui cependant ne se montra point.

A Docouttou, nous rencontrâmes une petite bande d'esclaves composée de cent cinquante têtes, jeunes garçons et jeunes filles. Elle venait du territoire que Ghattas et Agad se sont attribué dans l'est, et avait pour conducteurs ceux qui l'avaient achetée. Plusieurs vieilles femmes, également esclaves, étaient chargées de surveiller les enfants, et de présider à leurs repas. Je fus témoin de l'hospitalité que reçut la petite caravane. Conduits par leur chef, les habitants de la bourgade voisine apportèrent cinquante écuelles de gruau de pénicillaire; plus, cent autres remplies de bouillie d'hyptis, de courges, de viande, de poisson sec, de farine, de mélochie sauvage, et d'une sauce faite avec de l'huile de sésame. J'avoue que la distribution se fit avec beaucoup plus d'ordre que je ne m'y serais attendu. Le repas s'avala rapidement; puis toute la bande fut entassée pêle-mêle dans une couple de huttes.

Je ne pus pourtant pas m'empêcher de réfléchir que cette hospitalité ne coûtait rien à la générosité de ceux qui la donnaient, car, pain, légumes et viandes, toutes ces victuailles n'étaient que le produit du pillage.

Après avoir visité la zériba de Ngama, qui était la plus considérable qu'Abd-es-Sâmate eût de ce côté, nous allâmes à Dimindô, qui est à Ghattas. Cette station avait été récemment construite, à grands frais, de paille et de bambous. Elle contenait de véritables palais de chaume dont les coupoles et les toits resplendissaient de toute la gloire de la blonde Cérès, et où l'on dormait sans être dérangé par les rats.

Nous y fûmes parfaitement accueillis. Partout, d'ailleurs, je n'ai eu qu'à me louer de l'hospitalité des zéribas. A mon arrivée, on m'apportait dans ma case, selon la coutume nubienne, un rafraîchissement nommé *abré*. C'est une boisson tout simplement composée d'eau, dans laquelle on a fait infuser une pâte mêlée de beaucoup de levain, desséchée et mise en miettes. Le goût en est si agréable que le voyageur ne saurait trop vanter ce breuvage. A ce rafraîchissement de bienvenue, s'ajoutait l'usage patriarcal d'apporter un bassin et de laver les pieds de l'arrivant. Ces préliminaires terminés, je m'asseyais sur l'angareb (sorte de couchette), qui presque toujours était recouvert d'un élégant tapis de Perse; et, la pipe à la bouche, j'attendais les visites de gens qui, en retour de leurs cadeaux, venaient m'exposer leurs maux physiques et me demander une consultation médicale.

La principale zériba de cette partie des possessions de Ghattas n'était qu'à six kilomètres vers le N. E. de Dimindô ; on l'appelait Dangaddoulou, d'après un certain Danga, placé à la tête de ce district depuis que la tribu des Agars avait chassé les Khartoumiens de son territoire. J'y trouvai deux agents qui se disputaient la surintendance. L'un était venu par les derniers bateaux, et avait commandé la caravane chargée des provisions de l'année. Mais les Nubiens de la zériba l'accusaient d'avoir agi frauduleusement et ne voulaient pas le reconnaître pour chef. C'était un copte, le seul chrétien de Khartoum qui se soit aventuré, du moins que je sache, à vivre au milieu de ces fanatiques. Son compétiteur, nommé Sélim, était un Dinca, de deux mètres de haut, un musulman, qui avait pour lui la majorité des voix et qui, sans cesse, était en discussion avec son rival, au sujet des provisions apportées de Khartoum. Je dois avouer que, pendant les deux jours que je passai avec eux, ils furent ivres autant l'un que l'autre.

En approchant de la zériba d'A-Ouri, où je me rendis ensuite, j'aperçus toutes les fourmilières couvertes de têtes noires, et les curieux arriver par centaines pour se trouver sur notre passage. Devant la porte, se tenaient cinquante hommes sous les armes, prêts à nous saluer de la décharge de leurs fusils. Un frisson d'inquiétude me courut par tout le corps.

Au nord-est, à un jour de marche s'élève un mont tabulaire, que les indigènes, à qui cette position paraît inexpugnable, ont appelé Khartoum pour en désigner l'importance. J'ignore si le plateau est inaccessible ; mais ses habitants, qui semblent être d'excellents archers et qui ont une grande bravoure, sont très-redoutés des gens de la zériba. Attaqués plusieurs fois par les Nubiens, ils les ont toujours repoussés en leur infligeant des pertes considérables.

Après avoir traversé le Rohl, nous fîmes trois kilomètres vers le sud-est, et nous arrivâmes à un comptoir que les frères Poncet ont créé dans le Mvolo. Cette fois le paysage avait complétement changé. De toutes parts surgissaient de grands blocs de granit, qui se présentaient tantôt sous forme de cubes et tantôt d'obélisques.

Le gouverneur du Mvolo avait été au service des frères Poncet pendant de longues années ; il me reçut avec une extrême courtoisie.

Néanmoins, je sentis une impression désagréable en apercevant le drapeau rouge, chargé du croissant et des versets coranesques. Je m'étais réjoui d'avance à la pensée de voir, au moins ici, les trois couleurs affirmer hautement l'autorité et l'indépendance des Francs ; j'étais déçu. Mes Nubiens m'avaient déclaré plusieurs fois que pour rien au monde ils ne me suivraient, si je déployais mon drapeau ; nul moyen ne me restait désormais pour les convaincre de leur sottise. Le déploiement de la bannière musulmane sur les possessions d'un Français me parut la preuve la plus manifeste du peu d'influence que les négociants de Khartoum ont sur leurs mandataires. Cependant je dois reconnaître que cette zériba n'appartenait plus aux frères Poncet[1].

Les accusations dont ils avaient été victimes à l'égard du commerce illicite des esclaves, auquel leurs agents se livraient malgré eux, et la difficulté de châtier les coupables, avaient d'abord porté les frères

1. Il faut aussi se demander si les divers États constitués dans le monde permettent aux étrangers qui ne représentent pas officiellement leur pays d'arborer, dans les circonstances ordinaires, le drapeau de leur nation sur leurs établissements. — J. B.

Poncet à limiter le nombre de leurs établissements dans le pays du Haut-Nil, où d'ailleurs l'insignifiance des bénéfices du commerce honnête ne leur permettait plus de lutter avec les compagnies voisines, qui ne reculaient devant rien pour s'enrichir. Puis ils s'étaient lassés des opérations qui continuaient de se faire sous leur couvert ; et, l'année précédente, ils avaient cédé leurs zéribas au gouvernement égyptien, dont ils devaient toucher, pendant trois ans, tant pour cent du chiffre des produits.

Les habitants du Mvolo s'appellent eux-mêmes Lêsis. Par beaucoup de leurs usages, ils ressemblent aux Bongos et aux Mittous.

Le district produit du grain en abondance; et, pays de chasse et de pêche, il compte une population assez nombreuse, qui paraît bien nourrie. En général les habitants sont d'une taille moyenne, et j'en ai vu dont l'embonpoint était remarquable.

Quant au pays en lui-même, je n'en avais pas encore trouvé d'un pareil aspect. Aussi loin que le regard pouvait s'étendre, se déroulait une plaine herbue, déchirée par des rocs aux lignes fantastiques ou par des bouquets de bois et des arbres solitaires. De gracieux borassus agitaient leurs palmes au-dessus des fourrés, et les teintes variées de l'automne ornaient la scène de leurs riches couleurs. Les roches, décorées de lianes de toute espèce, avaient une apparence fort pittoresque.

Vers l'horizon septentrional, les trois montagnes voisines d'A-Ouri dressaient leurs têtes violettes dans le bleu pâle de l'horizon.

Non moins originale que ses alentours, la zériba elle-même était unique dans son genre. Ses pilotis et ses entassements rocheux présentaient l'aspect du chaos. Il y avait quelque chose du rêve de l'antiquaire dans cet amas compliqué de huttes et d'estacades, près d'un monceau de granit, d'où s'élançaient fièrement des palmyras. Devant l'enceinte, s'étalait la grande ferme, avec ses troupeaux de bœufs et de vaches, soignés par des Dincas ; avec ses tas de fumier toujours brûlants, ses hangars, ses couvertures de chaume jeté à poignées sur des pieux tortus, et abritant des couches de cendre, où les pâtres s'enivraient de la fumée des tas de bouse.

Çà et là, des estacades de formes diverses avaient été faites en imitation des forts que les indigènes construisaient à l'époque où ils étaient les maîtres du pays ; elles avaient pour objet comme autrefois de servir de refuge aux défenseurs de la place.

J'y subis bientôt de petites misères qui me gâtèrent ce lieu intéressant. D'après ma couleur, les esclaves et les soldats indigènes se figuraient que j'étais un des frères Poncet, et chacun d'eux me poursuivait à l'envi de ses doléances. Mes rebuffades ne servaient à rien. En somme je fus très-heureux de m'en aller et de reprendre la route de l'ouest.

Au bout de vingt-deux kilomètres, nous nous retrouvions à Ngama, où j'appris qu'Abd-es-Sâmate venait de partir avec toutes ses forces, pour aller inspecter les nombreuses zéribas qu'il avait dans le Sud. C'était sa première année de possession ; et avant de lever la taxe, il lui fallait sonder le terrain. Conséquemment je tournai mes pas vers le sud, afin de rejoindre mon hôte, qui ne devait revenir que pour préparer notre voyage au pays des Niams-Niams.

A Reggo, je rencontrai les seyadines, nom qu'on donne aux chasseurs d'éléphants, à cause des énormes fusils dont ils sont armés. Deux éléphants, qu'ils avaient tués dans les derniers jours, représentaient le produit de la chasse de toute l'année. A l'époque où les frères Poncet conduisaient les expéditions eux-mêmes, une seule de leurs bandes procurait en une saison plus d'ivoire que n'en fournit maintenant le pays des Niams-Niams dans les années les plus fructueuses. Il y a de cela quatorze ans à peine, et c'est de l'histoire ancienne. On peut aujourd'hui faire un voyage de plusieurs jours dans la province des zéribas sans rencontrer la piste d'un éléphant. Cet animal, rempli d'intelligence, paraît connaître d'une manière certaine les endroits qui lui offrent toute sécurité. Il vit fort longtemps [1]; aussi je ne mets pas en doute que le plus âgé de tous n'ait été souvent poursuivi par l'homme et que beaucoup de ses pareils n'aient essuyé le feu des chasseurs.

En divers endroits du pays des Dincas, dans la forêt des Alouadjs, par exemple, il y a encore des éléphants pendant la saison pluvieuse; mais, lorsque j'ai demandé aux Khartoumiens pourquoi ils n'allaient pas s'emparer de l'ivoire qui se trouvait là, ils m'ont répondu : « Ce serait une jolie chasse! nous tirerions sur les éléphants, et les indigènes tireraient sur nous. »

Le 1er janvier 1870, à Caffouloucou sur l'Ouôco, on me présenta un chef du nom de Goggo, qui voulut bien me permettre de faire son portrait. Il n'était pas coiffé de sa propre chevelure, pas même de cheveux d'emprunt; sa perruque, artistement faite, se composait de fils tressés, imbibés d'ocre jaune et répandant une forte odeur de graisse.

Nous apprîmes à Couragghéra, qu'Abd-es-Sâmate, avec toute sa bande, était campé au bord de l'Ouôco, à douze kilomètres plus au sud. Suivi de deux cents

1. « Fixer la vie d'un éléphant serait une chose un peu hasardeuse, dit Jules Poncet, page 158 de ses Notes; je crois néanmoins qu'elle est de deux à trois cents ans. Un jeune mâle de vingt ans n'a pas plus de dix à douze livres d'ivoire; et, pour arriver à en porter deux cents livres et plus, il faut qu'il atteigne dix à quinze fois cet âge. » Nous avons déjà vu estimer à trois siècles environ la durée de la vie de l'éléphant, non plus d'après la croissance de l'ivoire, mais d'après celle de l'animal, qui n'arriverait à l'âge adulte qu'à cinquante et quelques années. — H. L.

cinquante soldats et de plus de trois mille porteurs indigènes, il avait mis tout le pays à contribution depuis le Rohl jusqu'aux environs de la frontière des Niams-Niams. Beaucoup de chefs s'étaient soumis au Kénousien et avaient acquitté l'impôt volontairement ; les autres, qui d'abord s'étaient montrés hostiles, avaient fini par mettre toutes leurs récoltes à la discrétion de l'ennemi. La campagne s'était d'ailleurs accomplie sans effusion de sang ; et le pays était si riche qu'on se demandait s'il y aurait assez de bras disponibles pour transporter les produits de la taxe.

Enfin, le 7 janvier, arriva Abd-es-Sâmate avec la plupart de ses hommes, porteurs et soldats. Il voulut se montrer à mes yeux dans toute sa gloire, et commanda un grand festival qui eut lieu en plein jour. Tout son peuple, divisé par groupes de cinq cents hommes répartis suivant leurs tribus, reçut l'ordre d'exécuter des danses guerrières dignes de leur souverain.

Le Kénousien lui-même prit une part active à la fête. Il poussa la représentation, ce que pas un de ses compatriotes n'eût voulu faire, jusqu'à s'habiller en sauvage. Il semblait être partout à la fois : ici avec la lance et le bouclier, là-bas avec un arc et des flèches ; prenant le tablier des Niams-Niams, le quittant pour le costume des Mombouttous, allant d'un groupe à l'autre, dansant avec les Mittous, ensuite avec les Bongos, et conduisant la fantasia en maître des cérémonies aussi habile qu'infatigable.

Le lendemain, Abd-es-Sâmate convoqua les chefs des nouveaux tributaires et leur exprima ses intentions. J'assistai à la séance, qui fut caractéristique; et, comme le drogman traduisit le discours phrase à phrase avec beaucoup d'habileté, pas un des mots de l'orateur ne m'échappa.

Sâmate commença par dépeindre sous les plus noires couleurs les châtiments effroyables qui attendaient les réfractaires, mêlant à ses menaces des imprécations terribles, et, d'autre part, faisant valoir sa magnanimité :

« Écoutez-moi, leur dit-il; je ne veux ni de vos femmes, ni de vos enfants; je ne veux pas non plus de votre grain; mais vous porterez mes provisions, et vous le ferez sans retard; j'y insiste, parce que si j'attendais on mourrait de faim à la zériba.

« Toi, Couragghéra, va dans tes villages, réunis vieux et jeunes, hommes et femmes; prends tous les garçons qui peuvent porter quelque chose, toutes les filles qui vont chercher de l'eau à la fontaine, et donne à tous l'ordre d'être ici demain à la première heure du jour : ils auront à porter le grain à Déragô. Les ballots sont de tous les volumes; chacun sera chargé selon sa force.

« Mais, s'il en est un qui jette son fardeau et qui s'enfuie, écoute-moi : je t'arracherai les yeux; si un paquet est volé, je te couperai la tête ! »

Et Sâmate brandit vivement son énorme sabre au-dessus de la tête du chef. Puis, se tournant vers un autre :

« A toi, Caffouloucou, je ne dirai que cela : Les gens de Poncet ont tué ici, il y a peu de jours, deux éléphants; je le sais. Comment les ont-ils découverts? Qui leur a dit de venir? C'est toi qui, pour avoir leurs présents, les as renseignés. Et toi, Goggo, pourquoi l'as-tu permis?

« Si les gens de Poncet reviennent chez vous, tirez sur eux. Pareil fait ne doit pas se reproduire, ou vous le payerez de la vie. Et, si l'un d'entre vous porte de l'ivoire à un établissement étranger, il sera brûlé vif. Vous savez maintenant ce que vous avez à faire. Passons à autre chose.

« Il est possible que, voyant un de mes Turcs se promener seul, les gens du pays se cachent dans l'herbe et lui envoient des flèches. A quoi bon? Les rats creusent la terre et s'y cachent; les grenouilles et les crabes ont leurs trous; mais il y a moyen de les découvrir. Les serpents se glissent dans la paille; mais on brûle la paille.

« Mettrez-vous le feu à la savane au moment de notre passage? Moi aussi je dispose du feu, et cette trahison vous coûterait cher. Fuirez-vous, comme vous l'avez déjà fait, aux cavernes de Déragô? Je chargerai mes fusils à éléphant avec du *chitéta* (poivre de Cayenne), je tirerai sur vous; et, à demi suffoqués, vous serez trop heureux de sortir en criant grâce. Ou bien, dans le ruisseau presque tari, jetterez-vous de mauvaises racines, pour que les Turcs boivent et qu'ils meurent? Mais avez-vous les ailes des oiseaux pour échapper à ma vengeance? »

Et ainsi de suite, toujours sur le même ton.

Avant notre départ, je fus encore témoin d'une scène amusante, motivée par la réquisition des porteurs. Dire le nombre voulu était facile, le faire comprendre était malaisé. Comme beaucoup d'Africains, les Mittous ne savent compter que jusqu'à dix, et toutes les combinaisons digitales se dépensèrent en pure perte pour exprimer le surplus. A la fin, de menus roseaux furent liés par dizaines, bottelés par dizaines de dizaines, et bien que l'intéressé ne pût en dire le chiffre, il en connut parfaitement l'exigence. Couragghéra, pour sa part, avait à fournir quinze cent trente porteurs : « As-tu compris? » lui demanda-t-on. Il fit un signe affirmatif, prit son énorme fagot et s'en alla gravement.

Le lendemain, nous partions, suivis de deux mille porteurs des deux sexes et de tous les âges.

En revenant à Sabbi, nous devions traverser Ghiguy, la malheureuse bourgade hantée par les lions, et mes gens témoignaient d'une frayeur encore plus grande que celle qu'ils avaient montrée à notre premier passage. Je ne résistai pas au désir de m'enamuser. Lors donc que nous fûmes parvenus au point où la forêt était le plus obscure, le sentier le plus inextricable, je me mis à crier de toutes mes forces : « Un lion ! un lion ! » En un clin d'œil les porteurs eurent jeté leurs fardeaux ; et mes Nubiens gagnèrent les arbres les plus proches, dont l'escalade fut non moins rapide que celle des mâts sur un navire qui sombre. « Aussi lâches que bandits ! m'écriai-je en riant. Voilà de fameux héros ! »

Le lendemain, 15 janvier, nous rentrâmes à Sabbi, où je fus accueilli avec joie par les serviteurs que j'y avais laissés, et presque étouffé sous les caresses de mes chiens. Ma course, dont la durée avait été de vingt-quatre jours et l'étendue d'environ quatre cents kilomètres, m'avait fait explorer le territoire d'un peuple qui, jusqu'alors était à peu près inconnu, même de nom, et sur lequel j'ai pu recueillir quelques données positives.

Ne trouvant pas chez lui de terme collectif pour désigner les tribus dont il se compose, tribus parlant la même langue, à très-peu de chose près, et n'ayant entre elles que de légères différences de costumes, je suivrai l'exemple des Khartoumiens qui appellent ce peuple les Mittous. L'ensemble de leur territoire qu'ils nomment Moro, ainsi que je le tiens de leur propre bouche, est situé entre le Roâ et le Rohl, et, pour la majeure partie, entre le sixième et le cinquième parallèle au-dessus de l'équateur.

Si par leurs habitudes les Mittous ont une grande ressemblance avec les Bongos, sous le rapport physique ils leur sont très-inférieurs. Leur teinte est plus sombre, leur corps moins robuste, leur énergie beaucoup moins grande.

Je n'ai jamais pu m'expliquer cette faiblesse. Agriculteurs industrieux, ils ont dans leurs champs des céréales, des tubercules, des légumineuses, des plantes oléifères d'espèces variées ; leur sol est extrêmement fécond. C'est un grenier d'abondance où puisent largement les zéribas de la région stérile.

Les Mittous, pas plus que les Bongos, n'élèvent de gros bétail, ce qui les fait aussi désigner par les Dincas sous le nom méprisant de *diours*, c'est-à-dire sauvages; mais, outre les chèvres et les poules, ils élèvent des chiens, dont ils font des bêtes de boucherie.

Sous le rapport du costume, le groupe entier des Mittous se distingue de ses voisins par certaines décorations. Le trait le plus remarquable de la toilette des femmes est l'abominable usage qu'ont ces dernières de se déformer la bouche, plus encore que les femmes des Bongos. Elles semblent lutter à qui se défigurera le plus complétement. Non-seulement elles s'introduisent un pendentif qui a six centimètres de long dans la lèvre inférieure; mais l'élongation de la supérieure dépasse trois centimètres et, lorsque l'élégante qui porte cette parure a soif, elle est obligée de relever sa lèvre supérieure avec ses doigts et de se verser le breuvage dans le gosier.

Les femmes des rives du Chiré se décorent la bouche de la même manière; seulement, au lieu d'une plaque, elles font usage d'un anneau qu'elles nomment *pélélé*, et qui n'a d'autre objet que de distendre la lèvre [1].

Ainsi que les Bongos du Nord, les Mittous font peu de cas de leurs cheveux, qu'ils portent coupés de très-près. Cela n'empêche pas les hommes de tenir à

1. Cette distension a aussi pour but d'embellir celle qui l'obtient. (Voy. Livingstone, *Explorations du Zambèse et de ses affluents*, p. 108, et notre édition abrégée des *Explorations dans l'Afrique australe*, par D. et Ch. Livingstone, p. 151). — Les femmes des Bongos et de plusieurs autres tribus de l'Afrique septentrionale, se déforment également leurs lèvres. On retrouve encore cet usage dans l'Amérique du Nord, chez les Babines, à la droite de l'Orégon, et chez les Indiens du Paraguay, dans l'Amérique du Sud. (Voir sir J. Lubbock, *l'Homme avant l'histoire*, p. 422 et 435). — J. B.

être coiffés élégamment. Nous avons vu que Goggo portait une perruque, artistement faite; Ngama, un autre chef, avait un bonnet qui rappelle la toque d'un mandarin ou le chapeau d'un cocher russe. Ici, le couvre-chef est à l'usage des hommes. Ils aiment à se mettre derrière la tête une plaque de fer garnie d'une quantité de pointes auxquelles s'attachent des rangs de perles et des touffes de poil. Il y a encore, dans la tribu des Madis, un autre bonnet très-joliment orné de grains de verre de couleur et qui s'ajuste comme une calotte.

C'est seulement parmi les hommes que le tatouage joue un rôle important. Le plus répandu de tous leurs dessins consiste en deux lignes qui partent de l'abdomen et qui se dirigent vers les épaules, comme les boutons de certains uniformes. Les femmes se bornent à se parer de rangées de points sur le front et sur les tempes et à s'arracher les cils et les sourcils.

Les Mittous ont à peu près le même outillage et les mêmes procédés industriels que les Bongos. Très-inférieurs à ceux-ci comme forgerons, ils n'en attachent pas moins une extrême importance à la fabrication de leurs flèches, dont ils savent varier les barbelures de vingt manières; ils font, en outre, preuve d'une adresse très-inventive à l'égard de leurs ornements, qui, soit en cuivre soit en fer, offrent une incroyable diversité. Pour montrer leur fortune, pour affirmer leur rang social, les Mittous des deux sexes portent des chaînes de la grosseur du doigt; à ces chaînes, alourdies par toute la ferraille qu'ils peuvent y joindre, et descendant par trois et quatre sur la même poitrine, s'ajoutent des anneaux de cuir d'une force à retenir un lion. Il en résulte la rigidité d'encolure que donnaient à nos pères les hautes cravates qui nous étonnent dans leurs portraits. Lorsqu'un seigneur mittou, décoré de ses chaînes et de ses carcans, passe, tout fumant d'huile et de graisse, à côté de la plèbe, il n'est pas moins rempli de son importance que le diplomate européen, chamarré d'ordres, qui, aussi bouffi que raide, traverse nos salons sans desserrer les lèvres.

Ces colliers sont mis une fois pour toutes ; la décapitation ou le désagrégement du squelette leur permettent seuls de changer de place. Je n'ai pas eu la chance d'assister à l'opération énigmatique de leur soudure et ne sais rien à cet égard. Tout ce que je peux dire, c'est que, pour river les anneaux dont les mêmes personnages se décorent les bras et les chevilles, on place un morceau de bois sous le métal afin de protéger les chairs.

L'usage prépondérant, chez eux, de l'arc et des flèches, donne aux Mittous une certaine supériorité militaire sur les Dincas. Ce sont d'excellents archers, qui, d'après leurs voisins, seraient encore plus adroits que les Bongos. Leur arc est d'une forme ordinaire et a plus d'un mètre trente centimètres de longueur. Ainsi que les Mombouttous, ils se servent de flèches en bois d'une longueur d'un mètre, dont la moitié seulement pour le trait, le reste pour la pointe.

Les Mittous dédaignent la protection gênante du bouclier, mais attachent beaucoup de prix à une poignée de fortes javelines.

Sous le rapport musical, ils dépassent infiniment leurs voisins. Sans doute, toutes les peuplades de cette région sont passionnées pour la musique ; mais leurs chants ne sont que des récitatifs et des allitérations ; tandis que j'ai entendu des mélodies chez les Mittous.

CHAPITRE IV

LES NIAMS-NIAMS OU ZANDÉS.

Le drapeau de l'Islam demande du sang. — Première entrevue avec les Niams-Niams chez Ngagné. — Chanteurs ambulants. — Je passe pour invulnérable. — Possessions directes d'Abd-es-Sâmate chez les Niams-Niams. — Réserve des femmes et affection qu'elles inspirent. — Sourour. — Ndouppo. — Ce sont mes cheveux qui étonnent le plus les Africains. — Origine de l'hostilité d'Ouando. — Bonne réception de Rikété. — Magnifique forêt sur les rives du Lindoucou. — La ligne de séparation des eaux africaines passe entre le Lindoucou et le Mbrouolé, par mille mètres d'altitude. — Arrivée chez Ouando. — Ici le cuivre et le fer servent de monnaie. — La traite de l'ivoire couvre à peine les frais des Khartoumiens. — Affabilité d'Ouando. — Mon revolver y a contribué. — Galeries sylvestres. — Visite d'Ouando. — Les Niams-Niams s'appellent eux-mêmes les Zandés. — Tatouage. — Vêtement. — Coiffure. — Parures et ornements. — Armes : lance, troumbache, bouclier. — Les hommes sont chasseurs et les femmes agricoles. — Manger de la viande est leur grande passion. — Cannibalisme. — Despotisme de leurs princes. — Chasse aux éléphants. — Habileté à travailler le bois, l'argile et le fer. — Devoirs de la femme. — Instruments de musique.

La caravane, préparée à Sabbi pour visiter les Niams-Niams et composée de huit cents personnes, se mit en marche le 29 janvier 1870. La force armée, divisée en trois corps, avait pour chefs Bédri, Amed et Abd-es-Sâmate ; celui-ci commandait la troisième division et devait nous quitter momentanément afin d'aller chez les Mittous augmenter le nombre de ses porteurs. Son drapeau, celui des Turcs, portait le croissant et l'étoile sur fond rouge. La bannière de Ghattas, bien que celle d'un chrétien, offrait le même symbole, mais le portait rouge sur fond blanc.

Le sacrifice propitiatoire d'un mouton est ici le préliminaire obligé de toutes les entreprises, qu'il s'agisse d'une affaire de commerce ou de pillage, d'une expédition au pays des Niams-Niams ou d'une razzia chez les pasteurs. Il eut lieu à l'entrée de la zériba au moment où la caravane allait sortir de l'enceinte.

L'offrande accomplie selon les rites, le porte-drapeau inclina l'étendard au-dessus de la victime, et le pencha de telle sorte que la frange en fût ensanglantée; puis on commença le marmottage des prières. Ainsi le drapeau rouge de l'Islam est à la lettre un drapeau sanglant. C'est du sang qui le consacre, et du sang que demandent les paroles dont il est chargé: guirlande religieuse d'où s'exhale un fanatisme implacable : « Au nom du Dieu clément et miséricordieux, guerre à tous ceux qui ne croient pas au Dieu unique, et ne reconnaissent pas que Mahomet seul est son prophète. Ceux-là doivent être supprimés d'entre les peuples et disparaître de la terre, » etc., etc.

Nous gagnâmes la plaine. Je ne faisais aucune attention à la chaleur, parce que, ainsi qu'à mon départ de Khartoum, dans cette nuit où la lune éclairait mon premier sillage sur le Nil Blanc et où l'émotion me retenait éveillé, je commençais un nouveau chapitre de mes voyages, et que ce chapitre pouvait être bien plus important que les autres.

Suivant l'usage, notre première étape fut seulement de quelques kilomètres. Je passai le reste du jour dans le lit desséché du Tonduy, à l'ombre d'un taillis qui déployait au-dessus de ma retraite ses branches chargées de fleurs et son épais feuillage.

Le lendemain, désireux de gagner le village d'un chef appelé Ngoli, nous fîmes une longue étape. Plus d'une heure avant le lever du soleil, la diane fut sonnée par les tambours et les trompettes; on mangea les restes du repas de la veille, car on ne devait pas s'arrêter pour déjeuner, et la bande se mit en file indienne. Nous marchions encore sur les terres d'Abd-es-Sâmate. Le pays était charmant et ressemblait à un parc arrosé de ruisseaux. Vers Ngoli, un espace de quatorze ou quinze kilomètres carrés était orné de bouquets de bois, entièrement formés de badamiers ou terminaliers macroptères. Ils rappelaient nos bois de chênes et étaient d'autant plus remarquables qu'il est rare de trouver, dans cette région, des massifs composés d'une seule essence.

Le 2 février, j'étais à l'arrière-garde, et marchais en compagnie d'Amed, suivi de quelques traînards. Nous avions franchi deux lits de torrents desséchés, ravins profonds dont les rives étaient couvertes d'un épais taillis, lorsque nous trouvâmes au bord du chemin un Mittou déjà épuisé par la marche. Le pauvre homme était décharné; il semblait être poitrinaire et près de rendre l'âme. Ses camarades lui avaient pris son fardeau, lui avaient dit quelques paroles encourageantes, et, ne pouvant faire davantage, l'avaient abandonné à son triste sort. En un jour de marche soutenue, il lui était possible de regagner sa demeure, si toutefois il évitait les lions; car ces animaux ont un flair remarquable pour découvrir les gens affaiblis, les malades ou les blessés qui restent seuls.

Nous passâmes. Tout en marchant, mes compagnons se demandèrent si le pauvre diable allait réellement s'éteindre là, ou s'enfuir comme un lièvre dès que nous serions à quelque distance. « Soyez sûrs, dit alors Amed, que, si nous avions été plus avancés d'une étape, il n'aurait pas quitté sa compagnie, de peur d'aller cuire dans la marmite d'un Niam-Niam. »

Cette observation changea le cours de l'entretien, et le fit tomber sur le cannibalisme des peuplades que nous allions voir, cannibalisme dont je doutais encore.

Quelques heures plus tard, vers midi, nous atteignîmes la résidence ou mbanga d'un chef, ami d'Abd-es-Sâmate et nommé Ngagné.

En un clin d'œil, je fus entouré d'un flot d'indigènes, qui se pressaient pour voir l'homme blanc, dont ils avaient beaucoup entendu parler. C'était la première fois que je me trouvais avec des Niams-Niams en grande tenue : ils avaient pour draperies des peaux de bête, ainsi qu'il convient à un peuple éminemment chasseur, et leur corps était tigré de noir avec le suc du fruit d'un gardénia ; leur chevelure, savamment échafaudée et ornée de cauris, était surmontée de bonnets de paille garnis de plumes, et retenus par de grandes épingles de fer ou de cuivre.

Vers la fin du jour, je me rendis près de Ngagné, dont la résidence consistait en un groupe de cases de différentes dimensions, où logeaient ses gardes du corps, ses femmes, ses enfants et les gens de son intimité. La mbanga d'un prince se reconnaît aux nombreux boucliers que portent les arbres ou les poteaux du voisinage, ainsi qu'aux hommes d'élite qui, en costume de guerre, montent la garde sur la place, et qui à toute heure du jour et de la nuit sont aux ordres du maître.

Celle de Ngagné était d'ailleurs fort modeste, et les demeures qui la composaient ne différaient guère des habitations des autres naturels. Je trouvai le prince assis au milieu d'une douzaine de ses femmes, qui, avec quelques esclaves, cultivaient le domaine royal. Il avait pour siége un banc, et pour vêtement un petit tablier de peau ; il était sans armes, sans aucun insigne de sa haute position, et paraissait goûter vivement la scène champêtre à laquelle il assistait. A part les vingt-cinq ou trente guerriers qu'il avait dans sa cour, rien autour de lui n'indiquait le rang suprême.

La conversation fut longue et fort intéressante. Au moyen de mes deux interprètes, Ngagné me parla de sa famille, ce qu'il fit sans réserve, et me donna une foule de détails sur l'administration du pays. L'amitié d'Abd-es-Sâmate pour moi m'avait gagné sa confiance. Celui-ci le regardait comme son suzerain, et lui payait chaque année un tribut qui l'approvisionnait de cuivre, de grains de verre et d'étoffe. En échange, Ngagné conservait, pour ne le vendre qu'à Sâmate, tout l'ivoire qu'il avait pu recueillir.

Tandis que nous étions en conférence, le chef cannibale et moi, assis vis-à-vis l'un de l'autre, avec toute la gravité qui sied aux représentants de deux grands peuples, mes gens se régalaient d'un rôti de buffle qui leur était servi dans un plat de bois, orné de jolies sculptures. Rien de ce qui fut apporté ne me parut être mangeable. D'ailleurs, je m'étais imposé la règle de ne partager aucun mets des indigènes ; et, bien que plusieurs chefs se soient laissé traiter par moi, jamais je n'ai été leur hôte.

Le présent que je fis à Ngagné consistait en une grande quantité de verroterie d'un rouge grenat, pareille à celle qui est en vogue sur les marchés de l'Inde. Ma collection de grains de verre, ayant été formée, non pas au point de vue de l'échange, mais exclusivement pour faire des cadeaux, ne renfermait que des sortes complétement nouvelles dans le pays. Ngagné, voulant m'être agréable, porta la riche parure dont je lui avais fait présent ; mais, d'habitude, ainsi que tous les chefs de cette région, il n'a sur lui aucun article de provenance étrangère.

Le lendemain, à la chute du jour, notre camp fut égayé par la grotesque apparition d'un chanteur indigène, qui arriva coiffé d'un chapeau mirobolant. Battant la mesure avec sa tête, il eut bientôt mêlé ses longues tresses aux paquets de plumes de sa coiffure :

énorme ébouriffade qui lui donna l'aspect de Méduse. Ces chanteurs de profession, appelés *nzangas*, sont aussi économes de leur voix qu'une prima donna usée; il est impossible de les entendre si l'on n'est pas à côté d'eux. Pour instrument, ils ont la guitare du pays, dont le maigre zigne-zigne est en parfait rapport avec le murmure nasillard de leur récitatif. Du reste, chez les Niams-Niams, l'exécution musicale, loin d'être bruyante comme chez leurs voisins, a l'air d'un chuchotement d'amoureux.

Comme je longeais, le lendemain, la rivière Rei, nous remarquâmes que, sur les deux bords, tout le pays était bien cultivé. Des fermes, composées chacune d'un certain nombre de cases, s'élevaient dans toutes les directions. On ne trouve pas ici non plus de villages dans la véritable acception du mot. Chaque famille demeure sinon au milieu de ses champs, du moins à la lisière. L'insécurité des biens est si grande que les gens se résignent à une foule d'inconvénients, tels que de vivre loin des cours d'eau, loin du bois de chauffage ou en lutte avec les fourmis blanches, plutôt que de renoncer à la surveillance continuelle de leurs moissons.

A notre approche du mont Goumango, tous les habitants avaient pris la fuite, abandonnant leurs cases et leurs greniers fort bien remplis. Eu égard au nombre de fermes, la quantité des provisions était remarquable, surtout pour la saison; car c'est en avril que l'on allait commencer à faire les semailles. En moyenne, chaque demeure avait trois greniers : deux renfermant de l'éleusine à l'état naturel; le troisième rempli du même grain sous forme de malt, pour faire de la bière [1].

1. L'*éleusine coracana* est la céréale que cultivent le plus les Niams-Niams. Elle leur sert à faire la meilleure bière de l'Afrique, au nord de l'équateur. — J. B.

Hameau de Niams-Niams. (Page 100.)

Partout se voyaient des témoignages de la fécondité exceptionnelle du sol ; la patate, l'igname et la colocasie [1] formaient des tas nombreux, sur lesquels nos porteurs affamés tombèrent comme en pays conquis. Les greniers, dont le toit pointu se lève comme un couvercle, furent pillés en quelques minutes.

Dans chaque hameau, deux familles, trois au plus, se réunissent. Il en résulte un groupe de huit à douze cases, rangées en cercle autour d'une place commune, toujours très-propre, et au centre de laquelle s'élève un poteau chargé des trophées de chasse. On y voit des têtes d'animaux les plus rares, de superbes cornes de buffles et d'antilopes ; et aussi des crânes, des pieds et des mains d'hommes.

Immédiatement derrière les huttes et les greniers, sur un terrain uni, se trouve un rang circulaire de *roccos*, genre de figuiers qu'on ne rencontre que dans les cultures, et dont l'écorce fournit la matière d'un vêtement beaucoup plus estimé que la plus belle peau de bête. Après eux, s'étend une ceinture de bananiers ; puis un large cercle formé par les plantations de maïs et de manioc ; enfin l'éleusine, dont les champs vont jusqu'au hameau voisin.

Le 6 février, j'eus avec les soldats d'Abd-es-Sâmate une vive altercation, qui fut la première et la dernière de tout le voyage. Leur conduite envers les indigènes m'indignait de plus en plus, et un incident vint à se produire qui épuisa le reste de ma patience. Pouvais-je me contenir en voyant un de ces Nubiens frapper son porteur jusqu'à lui ensanglanter le visage, et cela parce que le pauvre homme lui avait brisé une calebasse très-ordinaire ? Prendre le parti des nègres me faisait naturellement fort bien venir de ceux-ci, mais m'aliénait l'affection des Nubiens, dont le bon vouloir

1. Plantes herbacées dont les racines charnues servent de substance alimentaire. — J. B.

m'était indispensable. « Pour toi, me disaient ces derniers avec amertume, la parole d'un païen a plus de valeur que celle de dix musulmans. » Je résolus de me tenir neutre désormais.

Le hasard voulut que ce même jour une balle vînt siffler à mon oreille. Déjà, tandis que j'étais à Fachoda, la négligence que les Nubiens apportent dans le maniement du fusil m'avait mis en danger. Ici, quelques jours plus tard, je manquais, pour la troisième fois, d'être tué par une balle tirée à l'aventure.

Un groupe de soldats s'était arrêté au bord du chemin; l'un des hommes dont il était composé examinait le fusil d'un de ses camarades. Comme je passais, défilant avec la bande, le coup partit dans ma direction. J'en fus averti par le cri d'effroi du soldat, qui ne pensait pas que le fusil fût chargé. Mes serviteurs épouvantés accoururent et m'entourèrent; mais je continuai ma route sans détourner la tête : ce sang-froid produisit sur tous nos gens une vive impression; d'autant plus que je ne revins pas sur le fait, auquel je parus être indifférent. Il en résulta que chacun de nos hommes crut à ma bonne étoile, et se figura qu'attenter à mes jours ne serait pas moins inutile que sacrilége.

Le 7 février, avant le lever du soleil, nous traversions le Diour, qu'on appelle ici Soué. Ensuite, notre longue colonne défila à travers un bois charmant qui, bien que dépourvu de grands arbres, n'en était pas moins imposant par l'épaisseur et par la dimension du feuillage.

Après avoir passé le Houhou, petit affluent du Diour, nous nous reposâmes pendant une heure que nous employâmes à faire du thé et à dépecer un cala (*antilope leucotis*) que j'avais tué le matin. En même temps, dans la grande plaine qui se développait du côté de l'est, des troupeaux de buffles animaient le paysage et nous divertissaient par leurs manœuvres.

On les voyait en masses pressées, tournoyer par groupes d'une centaine de bêtes, sur un terrain que leurs pas avaient creusé à l'époque où le sol était mou, et dont la sécheresse avait pétrifié le sillonnement inextricable.

Dans cette région, les divers territoires des chefs particuliers, ainsi que ceux des tribus de races différentes, ont, comme frontières, de grandes solitudes qui, évidemment, jouent le rôle de remparts, et qui, au moyen de gens armés placés en sentinelle, mettent à l'abri d'une surprise. Lorsque la guerre est ouverte, il n'y a pas besoin de vedettes, car, en vrai chasseur, chaque Niam-Niam passe alors tout son temps à l'affût.

Aussi notre caravane eut-elle à faire en pleine solitude une marche de trois jours pour atteindre les fermes de Coulencho, qui étaient les premiers établissements Niams-Niams possédés directement par Abd-es-Sâmate, et, durant ce temps, elle dut être nourrie par les habitants de l'endroit vers lequel nous nous dirigions. Or il n'était pas facile, dans une région aussi faiblement peuplée, de pourvoir à la nourriture d'un millier d'hommes. Nos repas avaient lieu dans la soirée et le matin avant le lever du soleil. Toute la bande était divisée par groupes, auxquels les gnérés ou chefs de village distribuaient les aliments. Du grain mesuré par jointées, comme on fait pour les chameaux et pour les ânes, et un morceau de pain d'éleusine concassée mais non blutée, cuite dans l'eau à consistance de pâte, formaient la ration ordinaire et composaient un menu qui, chez nous, ne serait pas donné au bétail. Comparé à cette provende, un tourteau de son et de colza paraîtrait une friandise et aurait été reçu avec joie par nos Bongos et par nos Mittous. La bouillie d'éleusine arrivait dans des corbeilles, d'où la sortaient les indigènes ; et en comptant les grosses mottes, soigneusement enveloppées de feuilles vertes, on pouvait, d'après le nombre des livraisons, estimer celui des familles que possédait la localité.

Chaque fois que le permettaient les circonstances, nos gens avaient des légumes; ces derniers, accompagnés de sauce d'un horrible aspect, étaient déposés dans des centaines de gourdes, de pots et d'écuelles autour de la montagne de pâte d'éleusine. Ces plats, très-appréciés des Bongos, consistaient en un mélange d'herbes aromatiques, d'eau claire, de graisse animale ou végétale, et de sel de soude. Les graines de sésame et d'hyptis, réduites en bouillie, formaient la base des sauces les plus recherchées; tandis que pour les autres c'était l'huile de zahoua (lophire ailé) et celle de termite qu'on employait. Les sauces piquantes devaient leur saveur au poisson conservé qui, par l'effet du climat, devient une substance de très-haut goût. Ni les Bongos, ni les Niams-Niams ne voudraient toucher au piment, qu'ils regardent comme vénéneux, et ils cherchent dans le fumet du poisson fermenté l'équivalent des propriétés excitantes de ce condiment.

Il nous fallut faire douze étapes pour parvenir aux possessions d'Abd-es-Sâmate. A leur tête, il avait mis un prince du sang royal des Niams-Niams, Sourour, frère de Ngagné, et il avait élevé dans cette province, qui pouvait mettre quarante mille hommes sous les armes, une grande zériba et trois succursales, faisant l'office de places fortes. Chacun des établissements secondaires était commandé par un chef indigène et avait pour garnison un détachement de quelques hommes.

Les rapports des Niams-Niams avec leur seigneur sont beaucoup moins serviles que ceux des autres peuplades. Une partie des charges qu'ont à subir les vassaux des Khartoumiens leur était bien imposée: ils devaient accourir à l'appel, qu'il s'agît de guerre ou de chasse, pourvoir à la nourriture des caravanes qui traversaient le pays, fournir les matériaux des bâtiments du maître et faire certaines corvées accidentelles ; mais ils n'étaient jamais employés comme porteurs et jouissaient de plus de considération que les Bongos. En somme, ils étaient moins opprimés que les autres.

Leurs chefs naturels eux-mêmes ont un pouvoir restreint. Chez un peuple d'un caractère indépendant et qui est passionné pour la chasse, l'autorité a nécessairement peu d'empire. Ici elle n'a pas d'autres fonctions que de veiller à la défense du territoire et de faire l'appel des hommes valides pour tous les services publics.

La zériba, où je séjournai une quinzaine, depuis le 10 février jusqu'au 26 du même mois, se trouvait à côté de la mbanga de Sourour. Elle était située à cent soixante-sept kilomètres de Sabbi, dans l'angle formé par la jonction du Nabambisso et du Boddo, petites rivières frangées de grands arbres et dont les bords sont, par intervalles, couverts de fourrés d'une épaisseur excessive. Je me trouvais aussi bien sur cette terre lointaine que j'aurais pu l'être chez moi.

Le paysage était charmant. Les deux rivières, d'une limpidité de cristal et abondamment pourvues d'eau en toute saison, traversaient de hautes futaies, décorées de lianes disposées avec une grâce qui aurait fait l'ornement des serres arrangées avec le plus d'art et de goût.

Je passais la plus grande partie de mes journées herboriser dans le bois, et parfois, chemin faisant, je rencontrais des femmes ; mais, invariablement, je les voyais faire un détour, regarder d'un autre côté, et attendre que je fusse loin d'elles pour continuer leur route. Cette extrême réserve vient-elle d'une plus grande sujétion ou de la jalousie dont elles seraient l'objet? C'est possible; car l'un des traits qui honorent le plus les Niams-Niams est l'amour qu'ils ressentent pour leurs épouses. Il n'est pas de sacrifice auquel un mari ne consente pas pour ravoir la femme qu'on lui a prise. Les traitants ne l'ignorent point et en abusent.

Après chacune de nos courses, je me rendais à la mbanga de Sourour, où je trouvais toujours quelque chose de nouveau. En ma qualité d'hôte et d'ami d'Abd-es-Sâmate, j'étais reçu avec grand honneur; les bancs et les tabourets les plus remarquables m'étaient donnés pour siéges. Sourour avait un approvisionnement inépuisable de ces produits de l'art indigène.

Sur ces entrefaites, Abd-es-Sâmate, accompagné de ses fidèles Niams-Niams, arriva du pays des Mittous, et l'on se disposa à partir pour le sud. D'après l'agent de Ghattas, il n'aurait pas été prudent à une seule bande de continuer la route avant de s'assurer des dispositions pacifiques d'Ouando, chef dont nous devions traverser le territoire.

Le 25 février, tous les préparatifs étant achevés, on put se remettre en marche. Composée d'un millier d'individus, la caravane se déployait sur une longueur d'environ huit kilomètres; et à la fin des petites étapes, l'avant-garde était déjà en train de construire ses cabanes de feuillage et d'herbe, que les derniers de la bande n'avaient pas encore perdu de vue la fumée du camp de la veille.

Nous allions vers l'ouest. Après avoir franchi le Nabambisso et deux autres rivières, nous nous arrêtâmes, n'ayant fait que huit kilomètres. Nous étions alors à la limite des terres cultivées soumises à Abd-es-Sâmate, et avant de passer outre il fallait se procurer des vivres.

Le lendemain, un de nos Bongos mourut empoisonné par du manioc qui n'avait pas été purgé de sa matière vénéneuse; quelques jours après, un autre porteur fut saisi par un lion à côté de l'un des feux du bivac.

Ces deux morts ont été les seules du voyage. Nul

doute que la salubrité de l'air ne fût pour beaucoup dans la résistance que la caravane opposait à la fatigue et aux privations de toute sorte qu'elle eut à supporter; mais ce résultat n'en fait pas moins l'éloge du chef. Sans cesse occupé des porteurs, Abd-es-Sâmate s'étudiait à les ménager; il surveillait lui-même la distribution des vivres, et reprenait sévèrement tout soldat qui injuriait un de ses hommes.

Le 27 mars, après avoir franchi le lit profond de l'Youbbo, nous rencontrâmes les messagers que Ndouppo nous envoyait pour nous souhaiter la bienvenue. Ce prince était frère d'Ouando; et, bien qu'il gouvernât le district au nom de celui-ci, les deux frères n'en étaient pas moins fort mal ensemble : raison de plus pour que Ndouppo, qui avait besoin de l'amitié de Sâmate, nous fît bon accueil.

Le soir, j'allai trouver Abd-es-Sâmate qui était en conférence avec lui. La mésintelligence entre Ndouppo et son frère en était venue à ce point que notre hôte tremblait constamment pour ses jours, et non sans motif, car il fut assassiné peu de temps après notre passage.

Ma personne excita le plus vif intérêt chez ce prince et chez les hommes de sa suite. Leur curiosité paraissait insatiable, et ils ne se lassaient pas de me questionner sur mon origine. Pendant tout le reste du voyage, je devais provoquer la même surprise et entendre les mêmes exclamations : « D'où cet homme vient-il? Avec son poil de chèvre sur la tête, il ne ressemble à aucun habitant de ce monde! Est-il tombé des nuages? Est-ce un homme de la lune? A-t-on jamais vu son pareil? »

Ce qui partout causait le plus de surprise, c'étaient mes cheveux droits et lisses. Je les avais laissés croître dans toute leur longueur, afin d'être reconnu immédiatement au milieu des Nubiens, dont la peau ressemble parfois à celle d'un blanc

D'après les renseignements que nous avions reçus, Ouando avait déclaré que, cette fois, Mbali, c'était ainsi qu'il nommait Abd-es-Sâmate, n'échapperait pas à sa colère : lui et ses gens seraient exterminés ; je devais moi-même partager leur sort. Et cependant, deux années auparavant, la meilleure entente régnait entre lui et son gendre. Seulement, dans cet intervalle, Abd-es-Sâmate ayant confié une expédition commerciale à Ndouppo, celui-ci en avait profité pour entrer à main armée chez son frère. Il y avait eu récrimination, puis meurtre et pillage des deux parts ; et la fureur d'Ouando était montée au comble.

S'il avait résolu de nous attaquer, son armée tout entière se trouverait le lendemain sur notre passage et nous fermerait la route ; si, au contraire, notre marche avait lieu sans encombre, c'est que la paix serait maintenue, au moins provisoirement.

Il se pouvait que la réunion de la bande de Ghattas avec la nôtre, ce qui nous donnait une force de trois cents fusils, eût fait comprendre à Ouando que le moment n'était pas opportun pour nous attaquer; peut-être aussi avait-il pensé qu'il aurait plus d'avantages à nous écraser à notre retour.

A tout hasard, la caravane s'était mise sur le pied de guerre. Les troupes avaient été divisées en trois corps, et nous étions partis dans l'ordre suivant : première file de soldats, bannière en tête ; puis les porteurs de marchandises (ballots de cotonnade, cuivre en barre et verroterie) ; deuxième corps de Nubiens, avec la masse des munitions (cartouches, poudre et capsules) ; ensuite les femmes chargées de la batterie de cuisine et des bagages de leurs maîtres ; enfin l'arrière-garde, formée du troisième corps. L'ordre avait été donné de ne permettre à aucun traînard de rester en arrière du dernier drapeau. Malgré cela, obligée par la nature du sentier de marcher en file indienne, la caravane, si compacte qu'elle fût, ne s'en déployait pas moins sur une énorme longueur ; mais indépendamment des troupes régulières, plusieurs escouades de Bongos et de Niams-Niams, parfaitement dressés, faisaient des reconnaissances dans les bois sur les deux flancs de la caravane.

Après deux heures de cette marche, comme nous avions déjà franchi trois ruisseaux, nous en trouvâmes un quatrième, qui, de même que les autres, se dirigeait au sud-est ; il passait à côté des derniers villages de Ndouppo. Nous nous arrêtâmes sur ses bords pour déjeuner. Aussitôt les porteurs de fouiller les champs pour en soulever les patates que l'on cultive dans ce district, où pour la première fois nous trouvions également des plantations de manioc d'une certaine étendue. Ce fut une scène joyeuse de la noble vie des camps africains, où les champs saccagés et le mobilier des fugitifs mis au pillage (paniers, vaisselle, mortiers, urnes à serrer le grain, tabourets, nattes et outils), dispersé à tous les vents, formaient un tableau d'une désolation complète.

Enfin, après plusieurs collines abruptes, des gorges étroites et des ravins profonds, nous arrivâmes chez Rikété, autre frère d'Ouando. Contrairement à nos craintes, nous y fûmes accueillis au son du tambour et des trompes, et un envoyé vint nous porter la bière de réconciliation.

Nous nous établîmes sur un terrain qui était encore en jachère ; car les semailles n'étaient pas commencées. Derrière la résidence du chef, un ruisseau nommé l'Atasilli coulait entre des rives chargées d'un bois superbe. Sâmate se rendit immédiatement chez Rikété. Il le trouva dans les meilleures dispositions : non-seulement prêt à lui vendre de l'ivoire, mais à lui fournir des vivres pour la caravane. Dans la soirée, une ambassade nous apporta les compliments d'Ouando, qui, en témoignage de ses intentions pacifiques, nous envoyait un nouveau présent de bière. J'engageai

Rikété à souper avec nous. De tous les produits civilisés, celui qui étonna le plus mon noble convive, ce fut un morceau de sucre. Il ne comprenait pas comment cette pierre pouvait fondre et avoir la même saveur que le jus d'une plante de son pays. En effet, la canne à sucre est cultivée chez les Niams-Niams des districts méridionaux.

Avant de goûter à la bière qui lui était offerte, Sâmate en fit donner une gourde à chacun des envoyés d'Ouando, procédé qui mit la joie dans les deux camps. Les Nubiens passèrent la nuit à chanter en s'accompagnant de la tarabouca; et les Bongos et les Mittous, à danser et à s'enivrer au bruit des trompes et des tambours.

Rien ne s'opposait plus à la séparation des deux bandes.

Les arrangements que nécessitait le nouvel état de choses demandaient un jour de halte. Je l'employai à explorer les environs, et je trouvai sur les rives du Lindoucou la plus belle vue de forêt que j'eusse encore rencontrée.

Partout des arbres géants formaient des strates de feuillage et enlaçaient leur ramée pittoresque, en une espèce de chaos touffu, où folâtrait tout un monde de singes : des cercopithèques de différents genres, des galagos à l'œil nocturne, des colobes brillamment revêtus d'une housse argentée. Ils franchissaient, comme au vol, les abîmes que laissaient entre elles les branches inférieures, ou ils fuyaient le long des rameaux les plus voisins du faîte. Si nombreux qu'ils fussent, je n'en pus pas abattre un seul ; mes balles n'atteignaient point la hauteur où ils se livraient à leurs jeux. Quant aux pintades, dont la robe emperlée se détachait sur la verdure, elles m'offrirent comme toujours une proie abondante, mais pour la plupart elles tombèrent dans des fourrés impénétrables.

Je n'eus qu'à me féliciter de mes Niams-Niams, qui

me rendirent les plus grands services ; non-seulement ils secondèrent mes recherches avec une extrême ardeur, escaladant les arbres dont je voulais avoir les feuilles ou les fruits, mais ils m'apprirent les noms indigènes des plantes et m'apportèrent des échantillons, qui, sans eux, auraient échappé à mes regards.

Bien que la rivière coulât dans une gorge de trente mètres de profondeur, la cime des arbres qui croissaient sur ses bords était au niveau du sol déchiré par ce ravin. Comme dans les fentes de nos montagnes, les racines qui faisaient saillie le long des pentes servaient d'échelons ; et, de même que dans nos ravins alpestres, de gracieuses fougères, infiniment variées, croissaient en grand nombre aux flancs de cette gorge.

En passant près de la résidence de Rikété, je renouvelai ma visite, ainsi que je l'avais fait chez Sourour. Les femmes du chef étaient assises devant leurs cases, où elles se livraient à divers travaux de ménage; mon intrusion parut leur causer un profond malaise, et mes interprètes, dont les visages prirent un air consterné, gardèrent un silence de mauvais augure. J'ouvrais mon album pour reproduire la scène, quand arriva Rikété. Il m'adressa de vifs reproches, voulut savoir ce que je faisais parmi ses femmes, et demanda comment j'osais me présenter chez lui sans y être autorisé, sans même l'avoir prévenu de ma visite. Quant aux épouses, elles restèrent complétement passives, se montrant aussi calmes, aussi réservées que si leur éducation avait été faite dans le harem d'un Turc. Rikété lui-même s'apaisa promptement.

Pour nous rendre chez Ouando, nous avions à faire une longue marche, où les cours d'eau seraient d'un passage difficile. De nombreux indigènes accompagnaient la caravane pour lui montrer le chemin. Afin de se préserver du froid qui les aurait saisis en traversant les hautes herbes couvertes de rosée, ces guides portaient de grands tabliers de peau de bête suspendus au cou et descendant à mi-jambe : ce qui leur composait une toilette du matin des plus remarquables. Ainsi revêtus les Niams-Niams sont superbes, ils ont, d'ailleurs, en qualité de peuple chasseur et guerrier, la démarche noble, un certain air chevaleresque qui ne les abandonne jamais. On pourrait les faire paraître sur un de nos théâtres sans préparation : pas une de leurs poses ne laisserait à désirer.

A l'endroit où le Lindoucou est assez voisin de l'Youbbo, petit affluent du Mbrouolé, je constatai, malgré l'avis contraire de nos guides, que ces deux cours d'eau coulaient dans des sens absolument opposés. D'autre part, le terrain devenait très-tourmenté et contrastait vivement par ses accidents avec celui que nous avions parcouru jusqu'alors. C'est que le Lindoucou est la dernière rivière qui, de ce côté, soit comprise dans le bassin du Nil, et que le terrain qui le sépare de l'Youbbo est une portion de la ligne du partage des eaux africaines. Ainsi j'étais le premier Européen qui eût eu le bonheur de la franchir.

Ce fait, l'un des plus mémorables de ma vie, ne me fut révélé que plus tard, et, ce jour-là, je ne me doutais nullement de l'importance du coin de terre où s'attardaient mes pas. Le passage de la ligne de faîte ne m'apparut que lorsque j'eus la preuve que le Mbrouolé tombait dans l'Ouellé. Quant à celui-ci, l'énigme persistait ; je savais maintenant qu'il ne pouvait avoir de rapport avec le Diour par aucun de ses tributaires ; mais la question que je me posais depuis le commencement du voyage continuait à m'obséder : Où allait-il ?

A l'exception de la chaîne de hautes collines situées au nord du Lêsi, le pays depuis la rivière des Gazelles ne nous avait offert aucune différence notable dans la configuration du sol. Mais, après le Lindoucou, nous ne rencontrâmes que montées et descentes, gorges étroites et sommets assez élevés pour dominer les ondulations voisines. Partout celles-ci étaient rouges : preuve certaine que ces vagues terrestres appartenaient à la croûte ferrugineuse de la région précédente. Les coupoles et les rampes qui les surmontaient, saillies de gneiss de formation beaucoup plus ancienne, étaient les débris de quelque chaîne primitive dont les pics altiers, rongés par le temps, se trouvaient maintenant réduits à l'état de mamelons.

Après avoir quitté le Lindoucou, nous longeâmes un affluent qui débouchait par une cascade, et nous arrivâmes au véritable point de partage, dont l'altitude, d'après mon anéroïde qui pendant quatre ans n'a point varié, serait de mille mètres.

On doit faire environ sept kilomètres pour aller du Lindoucou au Mbrouolé ou rivière d'Ouando, ainsi que l'appellent les Nubiens. Il avait alors vingt-sept mètres de large, et pas un de profondeur, avec un courant tellement faible qu'on eût dit une eau morte.

Chemin faisant, les gens de Sâmate me racontèrent qu'un chimpanzé avait été tué dans les bois qui bordaient la rivière; évidemment, c'était pour eux une chose exceptionnelle. Ces bois, extrêmement épais et formés de grands arbres, offraient certainement toutes les conditions des retraites préférées par ces animaux; mais, pour moi, le fait indiqué avait cela de frappant que c'était au bord du premier cours d'eau coulant hors du bassin du Nil, que m'était signalée la première trace de cette espèce de singe.

Une marche de plusieurs kilomètres nous conduisit à une plaine découverte; et, quelque temps après, à une vallée remplie d'un grand bois, dont le passage nous prit au moins une demi-heure. C'était un fond marécageux, où dormait une eau stagnante et où des pandanus, représentants de la flore de l'ouest [1], don-

1. Le pandanus ou baquois pousse aussi à l'est, dans l'Arabie, l'Inde, les Iles Mascareignes et Madagascar. — J. B.

naient une nouvelle preuve du changement de bassin fluvial; car on n'a pas encore trouvé de pandanus dans les pays du Nil.

Le lendemain, au lever du soleil, nous nous remettions en route. Une marche de deux kilomètres à travers la savane nous fit gagner le Diagbé. Quand tout le monde eut passé la rivière, on s'arrêta : nous arrivions près d'Ouando. Avant de camper définitivement, Sâmate voulait avoir parlé au chef; il m'emprunta mon revolver, ce qu'il avait déjà fait plusieurs fois, et, accompagné des faroucs qui composaient sa garde noire, il se dirigea vers la mbanga, marchant tellement vite que ses jeunes servants d'armes avaient de la peine à le suivre. C'est l'un des traits caractéristiques des Nubiens de hâter le pas autant que possible, toutes les fois qu'ils vont traiter d'une affaire grave.

Sâmate revint au bout d'une heure, satisfait de l'entrevue, et fit dresser le camp à l'endroit qui lui était désigné, à une portée de flèche du mur de feuillage qui s'élevait au bord de l'eau.

Chacun s'étant mis à l'œuvre, on eut bientôt élevé un grand nombre de jolies cabanes faites avec de l'herbe fraîche; et, dès que l'installation fut complète, on s'occupa d'affaires. De belles dents d'éléphant, apportées par les indigènes, furent vendues et achetées avec plaisir; la cotonnade et les grains de verre, largement distribués, engagèrent les habitants à offrir de nouvel ivoire, et mirent tout le monde en bonne humeur.

Pour les échanges, les seules valeurs qui aient cours dans le pays sont le cuivre et le fer, toujours acceptés en paiement. Le cuivre anglais, mis en barre d'une épaisseur de deux centimètres, et qui est apporté par les marchands de Khartoum, est le plus estimé des indigènes; néanmoins ils emploient également les lingots pesant 250 grammes, qui sortent des mines du Dar-Four. Dans tout le pays que j'ai traversé, les habitants ne paraissent pas connaître le cuivre d'autre provenance, bien que jadis les produits du Congo aient pu s'écouler dans cette direction. Afin d'avoir une petite monnaie pour solder les menus achats, les compagnies à destination du pays des Niams-Niams ont toujours dans leurs rangs un certain nombre de forgerons, qui transforment les barres ou les lingots de cuivre en anneaux de toutes les grandeurs, depuis le cercle pouvant entourer le bras jusqu'à la bague la plus étroite.

Ici, comme on doit s'y attendre, l'ivoire n'est pas cher. Tandis que, sur la côte de Guinée, il faut des marchandises de toute espèce, de l'étoffe, des fusils, des couteaux, des miroirs, etc., le Niam-Niam se contente, pour le prix d'une défense, de la moitié d'une barre de cuivre, dont la valeur est de quinze à vingt-cinq francs. On y ajoute, il est vrai, un présent d'étoffe ou de grains de verre, et le transport doit entrer en ligne de compte; mais le prix d'achat ne dépasse pas cinq pour cent du prix de vente sur les marchés d'Europe, où la livre d'ivoire, abstraction faite de la qualité, a une valeur moyenne de dix francs. Sur la côte occidentale, la dent d'éléphant, rendue au port, coûte de quatre-vingts à quatre-vingt-cinq pour cent de ladite valeur [1].

Malgré cette énorme différence, les marchands de Khartoum ont, dans l'entretien de leur force armée, une si lourde charge, le résultat de leurs expéditions

1. Voici d'après le marquis de Compiègne (*Okanda*, p. 236 et suiv.), de quoi se compose le paiement d'un paquet d'ivoire au Gabon : avec chaque fusil, 2 barils de poudre de 2 à 4 kilos, 2 neptunes ou grands bassins de cuivre, 4 brasses d'étoffe, 4 bouteilles de rhum et 1 de genièvre, du tabac, des perles, des couteaux, des matchettes, de petites barres de cuivre, du plomb, des marmites, 1 chaudron en cuivre, 1 plein chaudron de sel, de la parfumerie, des pierres à fusil, des ciseaux, des rasoirs ; en somme 140 articles. Au Gabon, l'ivoire se paie 75 o/o de ce qu'il vaut en France. — J. B.

est tellement précaire, les risques sont si grands, les bénéfices si modestes, que la traite de l'ivoire, dans cette partie de l'Afrique, n'est rien moins que florissante.

Cependant l'activité la plus grande et l'intelligence la meilleure régnaient dans nos transactions avec les indigènes. Ceux-ci avaient l'air d'être nos meilleurs amis, et Ouando lui-même vint nous trouver en robe d'indienne à longues manches. Elle lui avait été donnée par Sâmate et il l'avait mise uniquement par déférence pour celui-ci; car, nous le répétons, il n'est pas ici de chef qui ne préfère à tout autre le costume national.

Ce roi d'anthropophages, dont nous avions si grand peur depuis quelques jours, avait l'air du plus inoffensif des hommes, et semblait on ne peut mieux disposé pour Sâmate, avec lequel il se promenait bras dessus, bras dessous. Évidemment ils avaient bu à la santé l'un de l'autre.

Toutefois, quand nous fûmes seuls, j'appris que mon revolver avait joué un certain rôle dans l'entrevue du matin. Sâmate, arrivant de ce pas rapide que nous avons mentionné, était allé droit à Ouando, et lui avait reproché hardiment sa conduite équivoque. Ouando n'avait rien répondu; mais, à peine Sâmate venait-il d'entrer dans la case princière, qu'il s'était vu entouré d'un cercle de lances, dont le fer se dirigeait vers lui. Alors il avait armé son pistolet, et, le tenant à deux mains : « Pour avoir ma vie, s'était-il écrié, il vous en coûtera mille! » Immédiatement les lances s'étaient relevées, le ton s'était adouci, et l'affaire avait pris une bonne tournure.

Nous passâmes quatre jours en cet endroit, depuis le 2 jusqu'au 6 mars; pour moi, quatre jours de ravissement. Je trouvais là, au bord du Diagbé, dans toute leur gloire, ces bois riverains des cours d'eau, que Piaggia, avec la finesse d'observation qui se révèle dans ses notes trop brèves, a désignés sous le nom de *galeries*. Le terme est si juste que je n'en cherche pas d'autre, et je souhaiterais qu'on l'adoptât.

Essayons de bien faire comprendre l'aspect et la nature de ces bois.

Le pays des Niams-Niams, qui, nulle part, n'est à moins de six cent soixante-dix mètres au-dessus du niveau de la mer, ressemble à une éponge dont l'eau ruisselle de tous côtés. C'est un agrégat de sources vives, donnant lieu à des rivières sans nombre, profondément encaissées, et que le drainage des terrains supérieurs fait couler en toute saison : de là une végétation incomparable. Les plantes qui, au nord de cette contrée, disparaissent au moment de la sécheresse, deviennent ici permanentes et s'ajoutent à la flore de l'équateur; d'où résulte une splendeur indicible, d'un caractère spécial. C'est l'étonnante richesse de la flore de Guinée et du bas Niger; et néanmoins l'ensemble conserve les traits qui caractérisent la végétation de cette contrée.

Sur les bandes élevées qui séparent les rivières, on voit encore l'aspect familier du sol rouge, les taillis buissonnants, les arbrisseaux distribués comme dans un parc, et les plantes à grand feuillage. Mais, dès qu'on a eu passé le Houhou, on a vu finir l'alternance monotone des plaines herbues et des bois ondulés.

Dès lors, les canaux sont encaissés. Des arbres énormes, plus élevés que tous ceux de la région précédente, croissent en lignes épaisses sur leurs rives toujours humides, et abritent des tiges moins élevées, dont les cimes s'échelonnent sous leur ombre. Vus du dehors, ces bois ressemblent à un mur de feuillage; l'enceinte franchie, on se trouve dans une avenue, ou plutôt dans un temple dont la colonnade soutient la triple voûte. Les piliers de cette nef ont, en moyenne, trente à trente-cinq mètres de hauteur; les plus bas arrivent à vingt mètres. Des galeries moins grandes s'ouvrent à droite et à gauche, donnant accès à des bas côtés, remplis, comme l'avenue principale, des murmures harmonieux du feuillage.

Ordinairement, le ruisseau coule à une si grande profondeur que la futaie de ses bords ne s'élève guère au-dessus du niveau de la plaine qu'il traverse. L'extérieur n'a donc rien d'imposant; mais c'est dans ces bois engloutis qu'existent les galeries que nous décrivons.

La voûte est formée par les cimes des arbres gigantesques. Les buissons épineux pullulent à leurs pieds. Partout des lianes, s'élançant de branche en branche, y suspendent leurs festons. Il en résulte un sous-bois qui se ramifie, se mêle, s'enlace, et dont l'énormité de feuillage rend plus épaisse l'ombre de la galerie. Enfin, près du sol, tous les vides sont remplis par un fourré souvent inextricable, dont les tiges pressées et rigides vous arrêtent, ou ne vous livrent passage que pour vous faire tomber dans le marais d'où elles s'élèvent. Des fougères merveilleuses, non pas arborescentes, mais ayant des feuilles qui parfois atteignent de quatre à cinq mètres de longueur, et qui, par leur délicatesse, forment le plus ravissant contraste avec le feuillage massif des alentours, jettent sur les plantes basses le voile si varié de leurs frondes. Beaucoup plus haut, certaines plantes à tiges sarmenteuses, aux feuilles également légères et pennées, en reproduisent la symétrie et la grâce; tandis qu'une autre fougère attache ses nœuds à dix-huit ou vingt mètres d'élévation, en compagnie des longues barbes grises de l'usnée. Les troncs d'arbre, que ne surchargent pas les fougères de différentes espèces sont entourés, pour la plupart, des grappes corallines du cubèbe.

Là, aussi loin qu'il puisse atteindre, l'œil n'aperçoit que verdure. Les étroits sentiers, qui se déroulent sous les fourrés ou qui les tournent, sont composés de marches, formées par les saillies des racines retenant la terre spongieuse. Des troncs d'arbre couverts de mousse, et plus ou moins vermoulus, vous arrêtent à chaque pas. Ce n'est plus la chaleur des steppes inondés de soleil, ni l'air des bosquets ombreux; c'est l'atmosphère étouffante d'une serre chaude : pas plus de vingt-cinq à trente degrés centigrades; mais une chaleur moite et saturée d'eau par l'exhalation du feuillage.

J'avais déjà fait connaissance avec les fils d'Ouando, lorsque je fus honoré de la visite de celui-ci. Les nombreux guerriers de son escorte se rangèrent en cercle autour de ma tente, où je fis entrer mon visiteur.

Ce chef était d'une taille au-dessous de la moyenne, avec un énorme développement musculaire et beaucoup de graisse. Sa tête était presque sphérique, et les traits de son visage offraient une régularité si parfaite que, dans leur genre, ils avaient une beauté réelle.

Je fus extrêmement surpris du calme plein de noblesse avec lequel Ouando entra chez moi et prit la chaise qui ne m'avait pas encore quitté depuis les bords de Ghazal. Il se croisa les bras, mit une jambe sur l'autre et se pencha en arrière, tellement en dehors du centre de gravité que je craignis un instant que le dossier de ma chaise, dont les craquements étaient sensibles, ne répondît pas à ce qu'on attendait de lui.

Ouando était, dit-on, l'ennemi déclaré du cannibalisme. J'appris de différentes parts que des indigènes des territoires voisins, trop gras pour se trouver en sûreté chez des anthropophages, étaient venus se réfugier près de lui. Toutefois les sentiments du chef n'avaient aucune influence à cet égard sur ses sujets.

Sa visite me fournissait l'occasion de reprocher à Ouando la façon inhospitalière dont il nous recevait.

Pour mieux le lui faire sentir, je lui racontai les actes généreux des Nubiens, lui assurant que mes chiens étaient mieux traités dans les zéribas que je ne l'étais moi-même chez lui, bien qu'il fût roi. Une fois monté, je lui parlai des menaces qu'il avait proférées contre nous, et lui dis ce que j'en pensais, frappant du poing, à chacune de mes phrases, sur la table qui était devant lui, et de façon à faire vibrer les plats et les verres. Toutefois mes Nubiens, Mohammed-Amine et Rikhane, l'ancien serviteur de Petherick, savaient mieux que moi ce qu'il fallait dire à ce sauvage. Me désignant à Ouando, ils lui firent comprendre ce qui l'attendait s'il permettait que leur maître essuyât le moindre mal. « Rappelle-toi que c'est un Franc, s'écrièrent mes fidèles. Tu ne connais pas sa puissance; tu ignores qu'il est en son pouvoir de fendre la terre, et de faire jaillir de chaque ouverture des torrents de flammes qui dévoreraient ton royaume et vous détruiraient tous. » En entendant ces paroles que les interprêtes lui transmettaient mot pour mot, Ouando en vint à un degré d'épouvante qu'un nègre seul est capable d'atteindre, et courut chez lui pour nous envoyer des provisions.

Il fait partie d'une race qui vaut la peine d'être étudiée.

Le mot *niam-niam* sous lequel nous la connaissons est emprunté à l'idiôme des Dincas et signifie « mangeurs, » ou plutôt « grands mangeurs, » allusion manifeste au cannibalisme des gens qu'il désigne. Ce terme est si généralement entré dans la langue arabe du Soudan que je ne crois pas devoir le remplacer par le nom de *Zandés*, qui est celui que les Niams-Niams se donnent à eux-mêmes.

La plus grande partie des régions qu'ils habitent est comprise entre le quatrième et le sixième degré de latitude nord, et s'étend peut-être sur six degrés de longitude, ce qui lui donnerait une aire d'environ quatre-vingt-neuf mille kilomètres carrés, dont la population, en l'évaluant d'après les parties que j'ai pu connaître, s'élèverait à deux millions.

L'aspect de ces hommes est saisissant. Quand on se trouve pour la première fois au milieu d'eux, les naturels qu'on a vus jusqu'alors dans la province du Ghazal, où, sur un terrain uniforme, se mêlent tant de races diverses, semblent dénués d'intérêt. Les signes caractéristiques de ce peuple remarquable sont tellement prononcés qu'ils les font reconnaître, à première vue, parmi tous les autres.

Comme marques de leur nationalité, les Zandés se font, par le tatouage, des carrés remplis de points et placés indifféremment sur le front, les tempes ou les joues; ils ont, en outre, sous la cavité pectorale, une sorte de cartouche en forme d'X, pareil à celui d'une momie. Leurs signes individuels consistent en tatouages sur la poitrine et le haut des bras : lignes, rangées de points ou zigzags. Ni les hommes ni les femmes ne se déforment le corps; mais, ainsi que d'autres peuples de l'Afrique centrale, les Niams-Niams se liment les incisives en pointe, afin de mieux saisir le bras de l'adversaire dans le combat ou dans la lutte.

Quelquefois un lambeau d'étoffe, faite avec l'écorce d'un figuier, leur sert de vêtement. En général, leur costume est une peau de bête qui, attachée à la ceinture, forme autour des reins une sorte de draperie d'aspect pittoresque. Les peaux les plus belles et les mieux marquées sont choisies pour cet usage; aucune n'est plus estimée que celle de la genette ou du colobe guéréza [1]; ils laissent pendre au vêtement la longue queue noire de l'animal. Les chefs seulement et les personnages de sang royal ont le privilége de se couvrir ou de s'orner la tête de fourrure, et c'est la peau du serval qui a généralement cet honneur.

1. Genre des singes, voisin des semnopithèques. — J. B.

Quant aux fils des chefs, ils portent leur draperie relevée d'un côté, de façon à laisser toute la jambe à découvert.

Les hommes se donnent beaucoup de mal pour accommoder leur chevelure, tandis que la coiffure des femmes est aussi simple et modeste que possible. On aurait de la peine à trouver un genre de nattes, de touffes, de coques ou de torsades qui ne fût pas connu et employé par les hommes de cette race. Ordinairement leurs cheveux sont partagés par le milieu; près du front on les divise en forme de triangle; une mèche, ramenée en arrière et attachée à la nuque, fait une espèce de crête, le long de laquelle les cheveux sont disposés, de part et d'autre, en rouleaux semblables aux côtes d'un melon. Sur les tempes, des touffes, liées en nœuds, laissent tomber des mèches tressées ou tordues qui pendent en grappes autour du cou; trois ou quatre des plus longues tresses descendent sur la poitrine ou sont rejetées sur les épaules. Les femmes se coiffent d'une façon à peu près analogue, mais sans torsades ni longues nattes.

La coiffure la plus singulière que j'aie vue dans le pays appartenait à quelques hommes venus du territoire de Kifa. Elle rappelle la description que Livingstone a donnée de celle des Balondas qu'il a rencontrés pendant son premier voyage [1]. La tête est entourée d'un cercle de rayons, rappelant l'auréole d'un saint; ces rayons sont formés de la chevelure elle-même, divisée en une multitude de petites tresses tendues sur un cerceau orné de cauris; le cerceau est fixé au bas d'un chapeau de paille à l'aide de quatre fils de fer que l'on retire avant de se coucher. La coiffure peut ainsi se plier à volonté; elle demande une grande

1. *Explorations dans l'intérieur de l'Afrique australe*, par D. Livingstone, p. 494.

attention, et les gens du pays de Kifa y consacrent chaque jour beaucoup de temps.

Les hommes seuls ont un couvre-chef : ils portent un chapeau cylindrique, chapeau sans bords, carré au sommet et toujours empanaché de plumes ondoyantes. Ce chapeau est fixé au moyen de longues épingles en fer, en cuivre ou en ivoire, surmontées de croissants, de tridents, de boules et d'autres objets de forme diverse.

La parure la plus recherchée est faite de dents d'animaux ou de dents humaines. Une de leurs décorations favorites est un chapelet de canines de chien, placé sous les cheveux et retombant sur le front comme une frange. Les dents de divers rongeurs servent aussi à composer des colliers qui ressemblent à des rangées de corail. Souvent ils se parent d'une rivière de morceaux d'ivoire taillés de façon à imiter les canines du lion, et s'irradiant sur la poitrine; les lamelles blanches qui se détachent sur la peau brune font avec elle un contraste frappant.

Ils ont pour armes principales la lance et le troumbache. Ce dernier mot, qui est entré dans le dialecte arabe du Soudan, est le terme généralement employé au Sennaar pour désigner toutes les armes de jet dont se servent les noirs. Mais, à proprement dire, c'est un projectile de bois, plat et tranchant, sorte de boumerang, qu'on emploie pour tuer les oiseaux, le lièvre et le menu gibier; quand le troumbache est en fer, on l'appelle *koulbéda*. Celui des Niams-Niams consiste en plusieurs lames tranchantes et pointues : j'en ai vu au moins de cinq sortes différentes.

Les troumbaches sont toujours placés à l'intérieur du bouclier, qui est en rotin, d'une forme elliptique allongée, et qui couvre les deux tiers du corps. Ce bouclier, orné de croix blanches et noires ou d'autres dessins de même couleur, est si léger qu'il ne gêne en aucune façon les bonds prodigieux des combattants. Un Niam-Niam adroit évite, par un de ces bonds, l'arme volante que son adversaire lui a décochée en le visant aux jambes.

La lance d'une main, le grand bouclier et le troumbache de l'autre ; le cimeterre à la ceinture, les reins drapés d'une peau de bête, où pendent les queues de différents animaux ; la poitrine et le front ornés de chapelets de dents, trophées de bataille ou de chasse ; sa longue chevelure flottant sur les épaules ; ses grands yeux étincelant sous d'épais sourcils, ses dents blanches et pointues brillant entre ses lèvres ouvertes, le Niam-Niam s'avance d'un pas ferme et d'un air hautain. L'étranger qui le contemple retrouve dans cet enfant de l'Afrique indomptée tous les attributs de la sauvagerie la plus effrénée qu'ait pu évoquer une ardente imagination.

Les Niams-Niams doivent-ils être considérés comme un peuple chasseur, ou comme un peuple agricole ? C'est ce qu'il est difficile de déterminer : car, si les hommes se consacrent entièrement à la chasse, les femmes se livrent à la culture du sol.

Il est vrai que chez eux l'agriculture, comparée à celle des Bongos, ne demande pas beaucoup de travail. Les limites plus restreintes de la terre labourable, le plus grand nombre d'habitants établis sur chaque kilomètre carré, la richesse supérieure du sol, dont la fertilité dans certains districts est sans égale : tout contribue à rendre la culture extrêmement facile. En outre, le pays est éminemment riche en produits spontanés de toute sorte, pouvant servir à l'alimentation de l'homme.

Le bétail n'existe pas dans ce pays ; les seuls animaux domestiques qu'on y trouve sont des poules et des chiens. Ces derniers, qui sont de petite taille, ressemblent au chien-loup, mais avec le poil ras et lisse.

Pour les Niams-Niams, le comble des jouissances

terrestres est de manger de la viande ; aussi, dans les endroits et dans la saison où le gibier abonde, n'ont-ils pas d'autre idée que de s'en emparer.

On les accuse de cannibalisme et l'accusation est malheureusement bien fondée ; mais il y a des exceptions : Ouando, nous l'avons dit, éprouvait une répugnance invincible à l'idée de manger de la chair humaine.

Mais, en somme, les Niams-Niams, généralement, sont sans aucun doute anthropophages, et ils le sont complétement et sans réserve, à tout prix et en toute circonstance. Loin de cacher leur passion, ils se parent avec ostentation de colliers faits des dents de leurs victimes, et ils mêlent à leurs trophées de chasse les crânes des malheureux dont ils se sont nourris. Chez eux, la graisse d'homme est d'un usage général.

En temps de guerre, ils dévorent des victimes de tous les âges, mais surtout les vieillards, qui, en raison de leur faiblesse, sont une proie plus facile ; et dans tous les temps, lorsqu'un individu meurt dans l'abandon sans laisser de parents qui s'y opposent, il est mangé dans le district même où il a vécu. Bref, tous les cadavres qui, chez nous, seraient livrés au scalpel de l'anatomiste, servent ici de viande de boucherie.

Si les princes niams-niams dédaignent l'ostentation et les cérémonies pompeuses, leur autorité n'en est pas moins souveraine : eux seuls décident de la paix ou de la guerre, et pas un de leurs sous-chefs n'oserait, sans leur ordre, se mettre en lutte avec un voisin, accepter une trêve ni déposer les armes. Sûrs de leur prestige, ces princes n'ont d'autre signe de leur dignité qu'une démarche impérieuse, et il en est qui, par leur majesté et par la noblesse de leurs mouvements, rivaliseraient avec n'importe quel monarque.

La crainte qu'ils inspirent à leurs sujets est incroyable ; on affirme que, dans le simple but de rappeler le droit de vie et de mort dont ils sont investis, ils simulent des accès de fureur, choisissent une victime dans la foule, lui jettent un lazzo autour du cou et lui abattent la tête de leur propre main.

Si belliqueux que soient les Niams-Niams, il se passe néanmoins chez eux ce fait très-singulier que jamais, un jour de bataille, les chefs ne se mettent à la tête de leurs hommes[1] ; ils attendent avec anxiété dans les environs de leur mbanga, prêts, si l'affaire tourne mal, à se sauver avec leurs femmes et leurs trésors dans les marais les plus inaccessibles, ou à aller se cacher dans les grandes herbes des steppes. Au fort du combat, chaque décharge de projectiles est accompagnée de cris de guerre forcenés, et chaque homme, en frappant, vocifère le nom de son chef. Dans l'intervalle des différents assauts, les combattants se retirent prudemment à distance, grimpent sur le premier monticule venu, ou sur des demeures de fourmis blanches, qui atteignent parfois une hauteur de quatre ou cinq mètres, et se mettent à injurier leurs adversaires de la façon la plus grotesque, les accablant, pendant des heures, de toutes les invectives et de tous les termes de mépris et de défi qu'ils peuvent imaginer.

A proximité de chaque groupe de hameaux, et ordinairement au seuil de la principale résidence des chefs de district, on voit un énorme tambour fait d'un tronc d'arbre creux et monté sur quatre pieds. Les parois de cet instrument sont d'épaisseur inégale, en sorte qu'on peut, en le frappant, lui faire rendre deux sons distincts. D'après la façon dont on en joue,

1. Cette règle doit avoir aussi ses exceptions ; du moins nous semble-t-il en trouver une dans la guerre d'Abou-Gouroun et de ses alliés contre Ndôrouma. Voir notre chap. VII. — J. B.

ce tambour donne trois appels différents : l'un pour la guerre, l'autre pour la chasse, le troisième pour une fête. Partis de la mbanga du chef, les signaux sont en quelques instants répétés sur tous les tambours de la province, et en un clin d'œil des milliers d'hommes courent au lieu du rendez-vous, armés, s'il en est besoin.

Des éléphants ont été aperçus dans le voisinage : le signal est donné, les hommes se réunissent, et poussent les éléphants vers un coin de steppe qui a été préservé tout exprès de l'incendie annuel. Armés de torches, les chasseurs entourent l'enceinte, le feu s'étend bientôt de tous côtés, et les pauvres bêtes, asphyxiées et couvertes de brûlures, tombent devant leurs destructeurs, qui les achèvent à coups de lance. Comme ils ne se contentent pas de tuer les mâles, et qu'ils massacrent également femelles et jeunes, il est facile de comprendre comment, d'année en année, ce noble animal devient de plus en plus rare. L'avarice des chefs, qui n'ont jamais assez de cuivre, et la gloutonnerie de leurs compagnons, qui n'ont jamais assez de viande, rendent tous les Niams-Niams passionnés pour cette chasse. Je les ai vus souvent revenir à leurs cases chargés de gros fagots, que je prenais pour du bois à brûler, mais qui étaient, en réalité, leur part de viande d'éléphant.

L'habileté de main et le bon goût de ces sauvages se révèlent dans leur manière de travailler le fer et le bois, dans la confection de leur vaisselle, de leurs paniers, et dans tous les détails de leur architecture. Leur poterie est remarquable ; ils font de jolis petits gobelets, d'énormes jarres d'une régularité parfaite, et apportent le plus grand soin à l'ornementation de leurs pipes, qu'ils décorent avec autant de symétrie que de délicatesse. Mais, pas plus que les autres habitants de cette partie de l'Afrique, ils ne savent pas donner à leur terre la consistance voulue, en la débarrassant par le lavage de ses parcelles de mica et en y mêlant un peu de sable.

Ils se servent de rubiacées qui ont le bois tendre pour fabriquer des tabourets, des bancs, des coupes et de grands plats dont la forme et les sculptures offrent une grande diversité. J'ai vu de ces petits meubles et de ces ustensiles de ménage qui, par la science du dessin, étaient de véritables objets d'art.

Le mariage ne dépend en aucune façon de la fortune du prétendant. Ici, quand un homme veut se marier, il en exprime le désir au souverain, ou au chef de son district, qui aussitôt lui cherche une épouse convenable. Malgré ce qu'il y a de prosaïque dans cette manière d'agir, malgré la polygamie sans bornes qui règne dans le pays, les liens du mariage sont sacrés, et toute infidélité est punie de mort.

La ménagère a pour principaux devoirs de cultiver la ferme, de préparer les repas, de peindre le corps et d'arranger les cheveux de son mari.

Mais les Niams-Niams ont des jouissances d'un ordre plus élevé que la mangeaille, plus douces que la chasse et le combat : ils possèdent l'amour instinctif de l'art. Passionnés pour la musique, ils ont un instrument favori qui tient de la harpe et de la mandoline.

Quant à leur musique, elle est des plus monotones, et l'on y découvrirait avec difficulté un semblant de mélodie. C'est toujours l'accompagnement d'un récitatif chanté d'une voix plaintive, pour ne pas dire gémissante, et d'un timbre décidément nasal. J'ai vu maintes fois des amis s'en aller, bras dessus, bras dessous, en musiquant de la sorte, battant la mesure d'un mouvement de tête et se plongeant mutuellement dans une extase prolongée.

CHAPITRE V

LES MOMBOUTTOUS ET LES ACCAS.

Ouando a fait tuer son frère Ndouppo. — Chasse aux chimpanzés près du Diamvonou. — Premier conflit avec les Bangas. — L'allumette chimique. — Production du feu chez les sauvages. — Hostilités des Bangas. — Nemmebé. — Entrée solennelle chez Isingherria. — L'Ouellé n'est plus dans le bassin du Nil et doit appartenir à celui du Chari. — Ma réception à la cour de Mounza. — La grande salle. — Le roi et sa parure. — Son portrait. — Divertissements. — Discours. — Mounza m'envoie une maison en rotin. — Le blond prince Bounza. — Le palais et l'arsenal. — Un chien pour un pygmée. — Mounza nous empêche d'aller plus loin dans le sud. — Le roi danse devant toute sa cour. — Un plat royal pour faire ma lessive. — Importance des Momhouttous. — Leur alimentation. — Anthropophagie. — Ces sauvages sont redoutables à la guerre. — Prérogatives royales. — Les Mombouttous paraissent se rapprocher des races sémitiques. — Toilette des femmes. — Coiffure. — Ornement. — Ils surpassent en industrie, les musulmans du nord. — Les seuls métaux connus d'eux sont le fer et le cuivre. — Poterie. — Construction. — Les pygmées accas. — Leur danse guerrière. — Un de leurs régiments. — Leur crâne. — Leur méchanceté. — Ils ressemblent aux Boschimens.

Le 6 mars, au lever du soleil, nous quittâmes le village d'Ouando. Une quantité d'indigènes, que le chef avait mis à notre disposition, accompagnaient la caravane et lui servaient de guides. Au moment de partir, nous avions appris la mort de Ndouppo, le frère ennemi d'Ouando, que celui-ci avait fait tuer. Les femmes et les enfants de la victime s'étaient réfugiés dans la zériba d'Abd-es-Sâmate, où ils avaient reçu un généreux accueil, et où plus tard on leur donna les cases et les champs qui leur étaient nécessaires.

En arrivant à un hameau baigné par le Diamvonou, je remarquai à l'entrée un arbre où, suivant l'usage, étaient exhibés, pendus à ses branches, des massacres d'antilope, des têtes de sanglier, de singe, de chimpanzé et d'homme. Près des huttes, on voyait, dans les débris de cuisine, des os humains qui portaient des traces évidentes de la hache ou du couteau; et aux arbres voisins étaient accrochés des mains et des pieds à moitié frais, qui répandaient une odeur révoltante. Il était peu agréable de recevoir l'hospitalité en pareil endroit; toutefois, surmontant notre répugnance, nous nous installâmes du mieux possible dans de jolies petites cases, et je commençai immédiatement mes recherches crâniologiques. Dans son zèle à seconder mes désirs, Abd-es-Sâmate grimpa aux arbres votifs pour me procurer des têtes de chimpanzé. Son action étonna vivement les indigènes, dont tous les regards étaient fixés sur nous. « Vous avez des masses d'esclaves, s'écriaient-ils, et vous travaillez de la sorte! Vous, de grands chefs! Comment n'êtes-vous pas honteux? » Il y avait dans ces paroles de l'ironie, mais aussi du reproche pour notre façon peu légale de nous emparer de leur bien. Mais, prenant un air de munificence, je fis de si grandes largesses d'anneaux de cuivre que la plus haute considération nous fut bientôt rendue.

En somme, j'ai trouvé dans ces hameaux du Diamvonou, un nombre de crânes de chimpanzé vraiment extraordinaire. Ce jour-là, comme, la nuit venue, je savourais à la rouge clarté d'une torche de résine, qu'on trouve dans toutes les cases, mon repas du soir, composé de manioc et de bananes, je vis entrer plusieurs naturels qui m'en apportaient de fort beaux. Je payai ces gens avec de larges anneaux de cuivre, et ils me dirent que les grands singes de cette espèce étaient très-nombreux dans les galeries sylvestres des environs; mais qu'ils étaient fort difficiles à tuer. Pour cette chasse il faut vingt ou trente hommes déterminés, qui ont à gravir des arbres de trente à trente-cinq mètres de hauteur, à courir de branches en branches après ces animaux non moins agiles que rusés, et à lutter avec eux de vitesse et d'audace jusqu'à ce qu'ils les aient fait tomber dans des filets. Une fois enveloppés, les chimpanzés sont aisément tués à coups de lance; mais parfois aussi on les a mal pris; alors ils se défendent avec rage : acculés dans un coin, ils arrachent les armes des mains des chasseurs et en usent contre eux à leur tour. De plus, la morsure de leurs crocs puissants et l'étreinte de leurs bras nerveux sont des plus redoutables.

Le surlendemain, un achat d'ivoire obligea le Kénousien de s'arrêter une journée au bord de l'Assica. J'en profitai pour explorer les galeries voisines, où, moyennant quelques anneaux de cuivre, les indigènes, qui étaient des Bangas soumis à Ouando, voulurent bien m'accompagner. Ils me rendirent de grands services en me procurant des objets que, sans eux, je n'aurais pu obtenir. Jamais, je n'ai vu d'hommes si agiles. Adroits et légers comme des singes, ils prenaient la branche d'un arbre peu élevé, la courbaient obliquement, s'élançaient, attrapaient une liane et gagnaient les cimes gigantesques, dont les fûts, de douze mètres de circonférence, n'avaient pas une seule ride, et s'élevaient à dix-sept mètres de hauteur avant de jeter le premier rameau.

Cependant, dès la veille, nous avions eu avec eux un conflit. Bien que la caravane fût accompagnée de

Collo et de Bakinda, chefs d'un district que nous avions pillé, le propriétaire d'un hameau, près duquel nous voulions nous reposer quelques minutes, se précipita en brandissant sa lance et en s'écriant avec colère : « Dehors, les Turcs ! Que viennent-ils faire ici ? Nous ne voulons pas qu'ils souillent nos cases. » La bataille semblait imminente, lorsque Abd-es-Sâmate, suivant l'avis de Collo, se dirigea vers les huttes en paille qui servaient de greniers et fit mine d'y mettre le feu. Rien ne peut rendre la stupeur des indigènes à la vue de cette flamme subite, qui, pour eux, sortait de la main de l'étranger. Plus besoin de combattre : chacun était à nos ordres. Une allumette avait fait ce miracle. C'est pour cela que, en arrivant au bord de l'Assica, nous avions trouvé tous les habitants disposés à nous bien recevoir.

Faire pleuvoir et faire jaillir le feu à volonté ! deux facultés qu'ils attribuaient à l'homme blanc, et qui, pour eux, étaient des miracles que rien n'avait égalés depuis le commencement du monde ! En effet, leur manière de se procurer du feu est des plus primitives. On place un bâtonnet verticalement sur une autre baguette mise à angle droit, et l'on fait mouvoir la première avec rapidité, jusqu'à ce que le frottement produise une étincelle qui est recueillie dans de l'herbe sèche broyée d'avance, et qu'on agite pour produire un courant d'air par laquelle elle est enflammée. Ce procédé remonte à la plus haute antiquité et me paraît, surtout lorsqu'il fait du vent, plus merveilleux que la magie de nos allumettes.

Cependant, les intentions hostiles des Bangas ne tardèrent pas à redevenir évidentes. Déjà, en herborisant au bord de l'Assica, des flèches parties du fourré étaient venues tomber à côté de moi. Le 11 mars, Gyabir, l'aîné de mes interprètes niamsniams, reçut dans le bras une flèche qui lui fit prendre la fuite en poussant le cri d'alarme. Plusieurs des

Bongos qui m'accompagnaient, reçurent aussi des flèches. Aucun d'eux n'avait de blessure sérieuse ; mais ils n'en arrivèrent pas moins en poussant des hurlements.

La rentrée au camp de Gyabir, blessé, avait déjà produit une vive émotion ; le soir, ce fut bien pis, et des cris perçants jetés par les femmes nous annoncèrent de plus graves malheurs. Sur neuf esclaves qui étaient allées chercher de l'eau à la rivière, trois avaient été blessées à mort ; et l'on n'avait pas retrouvé les autres, évidemment enlevées par les indigènes. Ainsi, la guerre était ouverte. De nouvelles cartouches furent distribuées aux soldats, les postes furent doublés, et un détachement de faroucs ou soldats noirs eut l'ordre de faire des patrouilles dans le voisinage pendant toute la nuit.

Le lendemain, au point du jour, Abd-es-Sâmate divisa ses forces en plusieurs compagnies, et les envoya battre les environs avec ordre de s'emparer de quelques otages, que l'on échangerait contre les femmes qui nous avaient été prises. Nos soldats trouvèrent les cases désertes. Ils avaient provisoirement respecté les huttes et les bananiers : dans le cas d'une rupture complète, les naturels du voisinage ayant plus à perdre que les gens éloignés, nous espérions qu'ils useraient de leur influence pour nous faire restituer les captives. Vers midi, en effet, plusieurs chefs des bourgades voisines vinrent trouver le Kénousien, pour s'entendre avec lui. Sâmate leur déclara nettement que, si avant le coucher du soleil les femmes n'étaient pas rendues, toutes les cases seraient en feu et les champs dévastés. Peu de temps après, la restitution était faite.

Le lendemain, l'orient blanchissait à peine, que nous quittions cette rive inhospitalière, où, à notre retour, le combat devait être inévitable.

Deux ou trois jours plus tard, en traversant un

vrai labyrinthe de ruisseaux, de marais, de lianes et de buissons, nous parvenions chez Nemmebé, un lieutenant de Degberra, roi des Mombouttous orientaux. Ceux de l'occident ont un chef beaucoup plus puissant, nommé Mounza.

La résidence de Nemmebé est au bord d'un ruisseau limpide et profondément encaissé, qu'on appelle Coussoumbo et qui va tomber dans le Câpili. Nous le passâmes et nous nous établîmes sur un terrain légèrement onduleux, entouré de buissons. Nos hommes y construisirent avec l'herbe des cabanes entièrement à l'épreuve de l'averse. J'étais à peine arrivé que Nemmebé, accompagné de plusieurs de ses épouses, venait dans ma tente me faire une visite et m'apporter des volailles.

Quatre étapes de plus nous conduisirent, une après-midi, chez Isingherria, frère et lieutenant de Mounza. Nous fîmes là une entrée solennelle. Des deux côtés du chemin, la foule se pressait pour nous voir. Les gens de la cour, en grande tenue, la toque ornée de plumes, avaient derrière eux leurs porte-boucliers, et s'étaient fait suivre de leurs bancs, afin de jouir sans fatigue du merveilleux tableau que nous leur offrions, et de s'en extasier à leur aise.

Le soir, Abd-es-Sâmate et moi, nous nous dirigeâmes vers la demeure d'Isingherria. Nous trouvâmes le chef assis en plein air et entouré d'une douzaine de ses gardes du corps; ces derniers étaient en armes. Sachant que, dans ce pays, on regarde comme une inconvenance de s'asseoir par terre, à la façon des Turcs et des Arabes, et que tous les gens de bonne famille ne vont nulle part sans être suivis de leurs bancs, j'avais emmené l'un de mes serviteurs qui portait ma chaise de canne. Je la fis placer en face d'Isingherria; et, par l'entremise d'un indigène qui pouvait s'entendre avec Gyabir, nous parvînmes, malgré les inconvénients de ce double canal, à échan-

ger nos paroles jusqu'à une heure avancée de la nuit. De rafraîchissements, il ne fut pas question; mais le tabac fut consommé sans réserve.

Le 19 mars, une marche d'environ huit kilomètres droit au sud, à travers des plantations de bananiers, où s'apercevaient des cases habilement faites avec de l'écorce et du rotang, nous conduisit au bord de l'Ouellé. Jamais je n'oublierai cet instant de ma vie : mon émotion ressemblait à celle qu'éprouva Mungo Park, lorsque, le 20 juillet 1796, il posa le pied pour la première fois sur la rive du Niger, et trancha la grande question géographique d'alors, celle de savoir si le fleuve mystérieux coulait à l'est ou à l'ouest. Depuis mon départ de Khartoum, je me demandais quelle était la direction de l'Ouellé. Si les eaux, dont le bruit frappait maintenant mon oreille, se dirigeaient vers l'est, le problème, jusqu'alors inexpliqué, de la plénitude du lac Albert était résolu. Si elles coulaient à l'ouest, ce qui était plus vraisemblable, elles n'appartenaient plus au système du Nil. Enfin, je pus voir le cours de l'eau : il portait au couchant des flots sombres et profonds. L'aspect de l'Ouellé me rappela le Nil-Bleu à Khartoum, et, bien que la rivière fût au plus bas, elle avait encore deux cent soixante-cinq mètres de large sur quatre ou cinq de profondeur.

D'après la configuration de cette partie de l'Afrique, et d'après les renseignements obtenus sur les routes qui vont du Cordofan au lac Tchad, ou sur le pays situé au sud de cette ligne, l'Ouellé doit faire partie du bassin du Chari [1]. En effet les Mombouttous et les Niams-Niams du territoire de Canna, avec une concordance qui ne s'est jamais démentie, donnent à l'Ouellé une direction ouest-nord-ouest. Plusieurs d'entre eux l'ont suivi pendant des jours et des jours, jusqu'à un

1. Affluent du lac Tchad. — J. B.

endroit où il s'élargit au point que les arbres de l'autre rive ne sont plus visibles, et que finalement on n'aperçoit plus que l'eau et le ciel. A ce témoignage unanime, d'où il résulte que la rivière débouche dans un lac, s'ajoutent des récits détaillés sur les riverains de la partie inférieure : gens vêtus d'une étoffe blanche, et qui se mettent à genoux comme les Turcs pour dire leurs prières. Ce sont donc des musulmans qui habitent les bords du bas Ouellé; et ce renseignement, joint à la direction et à la distance de leur demeure qui est à vingt jours de marche, indique la province sud-occidentale du Baghirmi [1].

Les bateliers que nous avait envoyés Mounza déployèrent tant de vigueur et d'habileté au passage de l'Ouellé qu'au bout de trois heures le dernier de nos hommes avait atteint l'autre rive. La caravane avait été transportée sur de grandes pirogues, creusées dans un tronc d'arbre, et qui, pour la solidité aussi bien que pour la forme, étaient supérieures à tout ce que j'avais vu jusque-là. Quelques-unes n'avaient pas moins de dix mètres de long, sur un mètre trente-trois centimètres de large, et auraient porté aisément des chevaux et des bœufs.

A deux kilomètres au sud de l'Ouellé, des envoyés extraordinaires vinrent nous souhaiter la bienvenue de la part du roi Mounza, qui, en même temps, les avait chargés de s'enquérir des actes et des intentions du merveilleux étranger.

Le lendemain, nous nous dirigions vers la demeure royale. Rien de plus charmant que la promenade de ce dernier jour de marche. Les plantations de bananiers se mêlaient à des groupes d'élaïs avec une telle harmonie que la contrée tout entière ressemblait à un jardin. Des fougères sans nombre, couvrant les tiges des palmiers, rehaussaient le charme de ces bos-

1. Région située à l'est et au sud-est du lac Tchad. — J. B.

quets des tropiques. Devant chaque maison, d'énormes figuiers déployaient leurs cimes que ne traversait pas un rayon de soleil.

Enfin, dans les profondeurs de la verdure, apparut la résidence royale. Nous avions atteint une large vallée entourée de plantations et ombragée d'arbres gigantesques, derniers vestiges de l'ancienne solitude. Un ruisseau limpide y serpentait; mais nous nous arrêtâmes sur la première pente, dans un endroit dépourvu d'arbres, où le camp fut établi. En face de nous, sur une aire inclinée, qui n'avait pas d'herbe et dont le sol était rouge, se voyaient de nombreuses huttes; derrière elles, et les dominant d'une grande hauteur, s'élevaient, au milieu de cours imposantes, les vastes bâtiments de la demeure royale; ils ne ressemblaient à rien de ce que nous avions vu depuis notre départ du Caire.

Une heure après l'arrivée, notre camp était installé au centre d'un magnifique paysage. Ma tente, qui commençait à porter les marques trop visibles des intempéries, fut plantée au milieu de nos cases, non pas dans une solitude désolée, comme elle l'avait été souvent, mais vis-à-vis d'un palais. Pour la première fois, elle fut décorée de mon drapeau qui flotta au-dessus d'elle, en réjouissance de notre arrivée chez un puissant monarque.

Mounza nous attendait avec impatience; ses magasins regorgeaient d'ivoire et il désirait vivement échanger ce produit de la chasse de toute l'année contre des objets du nord, ou contre le cuivre rouge dont nous allions l'enrichir.

C'était la troisième fois qu'Abd-es-Sâmate venait dans la contrée. Aux motifs d'intérêt qui poussaient le roi à lui faire un chaleureux accueil, se joignait la sincère affection que Mounza éprouvait pour lui; car ils étaient unis par le pacte fraternel, scellé par l'échange du sang. D'ailleurs, le Kénousien avait gagné ici tous les cœurs en portant le costume des Mombouttous. On l'avait vu souvent ainsi vêtu, passer des heures entières assis près de Mounza, buvant avec lui, et lui racontant les merveilles de la civilisation, ou lui reprochant son cannibalisme. Leur affection était mutuelle.

A peine arrivé, Sâmate, laissant à ses lieutenants le soin de nous établir, s'était hâté d'aller voir Mounza et lui avait offert ses présents : c'étaient, pour la plupart, de grands plats de cuivre, destinés, dans ce coin du globe, non pas à orner la table, mais à servir d'instruments dans l'orchestre du roi. Nous étions déjà installés et la nuit approchait, lorsque Sâmate revint, précédé triomphalement de cors et de timbales, et suivi de plusieurs milliers d'indigènes portant les provisions que le roi avait fait réunir. Il m'annonça que j'étais invité à une audience royale pour le lendemain matin, et qu'il y aurait, en mon honneur, grande réception à la cour.

Le 22 mars 1870 fut le jour de ma présentation. Longtemps avant mon réveil, le Kénousien était allé trouver Mounza. Soulevant la portière de ma tente, je vis qu'une activité insolite régnait sur la grande place qui séparait les halles du roi des maisons de ses gardes. De véritables foules débouchaient par toutes les issues; des groupes nombreux couraient çà et là, et, de temps à autre, le son bruyant des timbales parvenait jusqu'à nous. Mounza, à la tête de ses dignitaires, passait en revue ses chasseurs d'éléphants, tandis que les chefs de famille arrivaient de toutes parts pour offrir de l'ivoire à Sâmate et pour s'entendre avec lui au sujet des vivres dont il avait besoin.

J'attendais avec impatience le moment où je serais appelé devant le roi. Il était plus de midi lorsqu'on vint me dire que tous les préparatifs étaient achevés et que je pouvais me mettre en marche. Sâmate m'avait renvoyé sa garde noire pour me servir d'escorte, et il avait ordonné à sa fanfare de m'introduire à la cour en sonnant la diane turque. Je m'étais revêtu pour la circonstance du solennel habit noir, et j'avais pris mes chaussures de montagne, lourdes bottines lacées qui donnaient quelque poids à mon léger personnage. Chaîne et montre avaient été mises de côté, car je ne voulais laisser voir sur moi aucun ornement de métal.

Je partis et cheminai le plus gravement possible, accompagné de trois officiers noirs qui portaient mes armes, carabines et revolver, et suivi d'un quatrième qui était chargé de ma chaise de canne. Venaient ensuite mes Nubiens vêtus de leurs habits de fête d'une blancheur immaculée, saisis d'une crainte respectueuse qui les frappait de mutisme, et tenant à la main les présents que j'apportais de si loin au roi des Mombouttous.

Il nous fallut une demi-heure pour nous rendre au palais.

A notre approche, les tambours et les trompes firent vacarme; et la foule, se pressant pour nous voir, ne nous laissa qu'un étroit passage. Nous nous dirigeâmes vers un immense édifice ouvert aux deux extrémités. Sur le seuil m'attendait l'un des dignitaires de la cour, qui devait remplir les fonctions de maître des cérémonies, car je le vis plus tard présider aux divertissements. Cet officier me prit par la main et me conduisit dans l'intérieur de la salle. Je trouvai là des centaines de hauts personnages placés comme pour un concert et d'après le rang qu'ils avaient dans l'État; chacun d'eux, en grande tenue, c'est-à-dire en armes, occupait son siége qu'il avait fait apporter. A l'autre bout de l'édifice, on voyait le banc royal, qui ne différait en rien des autres, mais qui était posé sur une natte : une pièce de bois s'élevant d'un trépied, et munie de deux projections parallèles, formait le dossier et les bras du fauteuil ; ce complément du siége royal était constellé de clous et d'anneaux de cuivre. Je demandai qu'on mît ma chaise à quelques pas du trône ; et j'allai y prendre place, tandis que mes serviteurs et mon escorte se rangeaient derrière moi.

La plupart de mes gens avaient des fusils ; toutefois, ne s'étant jamais vus face à face avec un pareil potentat, ils semblaient fort peu à l'aise ; plus tard, ils avouèrent qu'ils n'avaient pu s'empêcher de trembler en pensant que Mounza n'aurait eu qu'un signe à faire pour qu'on nous mît tous à la broche.

J'attendis ainsi pendant longtemps. Le roi, qui avait assisté au marché en petite tenue, était rentré chez lui ; et, voulant paraître à mes yeux dans toute sa splendeur, il était en train de se faire pommader, coiffer et décorer par ses femmes. Un bruit assourdissant et continuel se faisait autour de moi ; et souvent les trompes ébranlaient de leurs sons éclatants la voûte de l'édifice.

La salle en elle-même était digne de remarque : cinquante mètres environ, d'un bout à l'autre, sur vingt de large et seize de haut. Achevée tout récemment, elle devait à la fraîcheur de ses matériaux, naturellement bruns et lustrés, le brillant que lui aurait donné une couche de vernis.

Eu égard au pays où elles se trouvent, de telles constructions peuvent être classées, à juste titre, parmi les merveilles du monde. Sauf la baleine, je ne sais pas quels matériaux ayant à la fois assez de force et de légèreté nous pourrions employer pour élever des édifices de cette dimension, capables de soutenir le choc d'ouragans tels que ceux des tropiques. Trois longues rangées de piliers faits de troncs d'arbres, parfaitement droits, soutenaient la voûte qui nous abritait et dont la charpente, composée d'une infinité de pièces, était fabriquée avec les pétioles du raphia vinifère[1]. Une couche d'argile rouge, aussi dure et aussi unie que l'asphalte, constituait le parquet. De chaque côté s'élevait une muraille à hauteur d'appui, laissant entre elle et la toiture, qui descendait fort bas, un espace assez large pour permettre à l'air et à la lumière de pénétrer librement. Au dehors, une foule énorme, la vile multitude, qui n'avait pas de place à l'intérieur, se pressait contre le petit mur et jetait dans la salle des regards avides.

J'étais plongé depuis une heure dans ma contemplation lorsque le bruit, qui jusque-là n'avait pas cessé, redoubla tout à coup et me fit présumer que le cortége royal arrivait. Je me trompais : le roi était encore aux mains de ses femmes, qui achevaient de le peindre et de le décorer. On enfonçait, dans la terre, des pieux qui furent ensuite reliés par de longues perches placées horizontalement. Cet échafaudage servit de carcasse à une panoplie de lances et de javelines en cuivre pur, de toutes les formes et de toutes les grandeurs. L'éclat du rouge métal, qui réflétait les rayons d'un soleil ardent, donnait à ces rangées de lames étincelantes l'aspect de torches enflammées, et formait un fond splendide sur lequel se détachait le trône. Ce déploiement de richesses, d'une valeur incalculable dans un pareil pays, était vraiment splendide et dépassait toutes mes prévisions.

Le trophée est complet ; le roi a quitté sa demeure. Agents de police, hérauts d'armes, maréchaux du palais vont et viennent en courant. Les masses du dehors se précipitent vers la porte ; le silence est réclamé. Des trompettes font vibrer leurs cornets d'ivoire ; des sonneurs agitent leurs énormes

1. Ce palmier croît au bord de tous les cours d'eau du pays des Mombouttous. Ses frondes ont une longueur qui varie de huit à douze mètres ; le pétiole de ces énormes feuilles est d'une belle couleur brune et sert communément de bois de charpente dans toute l'Afrique centrale. — G. S.

cloches; le cortége s'avance; et, d'un pas ferme et allongé, ne regardant ni à droite ni à gauche, l'air sauvage, mais pittoresque dans son attitude et dans sa mise, arrive le brun césar, suivi d'une file d'épouses favorites. Sans m'accorder même un regard, il se jette sur son banc et reste immobile, les yeux fixés à terre. Abd-es-Sâmate, qui s'est joint au cortége, s'assied en face de moi, de l'autre côté du trône. Il s'est également paré pour la circonstance et porte l'imposant uniforme d'un chef de corps d'Arnautes.

Ma curiosité peut enfin se satisfaire; je regarde avidement le fantastique attirail de ce souverain, qui, dit-on, fait sa nourriture de chair humaine. Avec tout le cuivre dont ses bras, ses jambes, sa poitrine et sa tête sont décorés, il brille d'un éclat qui, pour nous, rappelle trop la batterie d'une cuisine opulente; du reste son accoutrement a, au plus haut degré, le cachet national. Tout ce qu'il porte est de fabrique indigène : aucun objet de provenance étrangère n'est jugé digne de parer le roi des Mombouttous.

Suivant la mode du pays, le chignon royal est surmonté d'un bonnet empanaché, qui s'élève d'un demi-mètre au-dessus de la tête. Ce bonnet est cylindrique, fait d'un tissu de roseaux très-serré, orné de trois rangs de plumes de perroquet, d'un rouge vif, et couronné d'une touffe du même plumage. Une plaque de cuivre, en forme de croissant, est attachée sur le front, d'où elle se projette comme la visière d'un casque. Tout le personnage est enduit d'une pommade qui donne à la peau, naturellement brune et luisante, la couleur du rouge antique des salles de Pompéi. Le vêtement ne se distingue de celui des autres Mombouttous que par une finesse exceptionnelle; il se compose d'un grand morceau d'écorce de figuier, teinte en rouge. Des cordelières rondes en cuir de bœuf, fixées à la taille par un nœud colossal, et terminées par de grosses boules de cuivre, retiennent cette draperie.

Autour du cou, le roi porte une rivière de lamelles de cuivre, taillées en pointe, qui s'irradient sur la poitrine. A ses bras nus se voient de singuliers ornements, ayant un faux air d'étuis de baguettes de tambour et terminés par un anneau. Des spirales de cuivre enserrent les poignets et les chevilles du monarque. Trois cercles brillants, ressemblant à de la corne, mais taillés dans une peau d'hippopotame et historiés de cuivre, lui entourent l'avant-bras et les jarrets. Enfin, en guise de sceptre, il tient de la main droite le cimeterre national, qui a la forme d'une faucille, et qui, dans cette occasion n'étant qu'une arme de luxe, est en cuivre pur.

Mounza était un homme d'environ quarante ans, d'une belle taille, à la fois mince et vigoureux, se tenant droit jusqu'à la raideur, comme le font tous ses compatriotes. Bien qu'il eût de beaux traits, sa figure était loin d'être engageante. Le profil était presque droit; la barbe, assez épaisse; le nez, parfaitement caucasien, formait, avec sa bouche lippue et saillante de nègre, un contraste frappant. Dans ses yeux brûlait le feu sauvage d'une sensualité animale; et ses lèvres indiquaient un mélange de cupidité, de violence et de raffinement cruel, qui ne devait se fondre en un sourire qu'avec une extrême difficulté.

Mounza fut longtemps sans regarder l'homme pâle, aux cheveux longs, au vêtement noir et serré, qui paraissait devant lui pour la première fois. Je tenais mon chapeau à la main et n'avais pas encore adressé la parole au monarque. Lors de l'entrée de Mounza, voyant que chacun restait assis, j'avais fait de même et j'attendais que le roi me parlât. Le vacarme continuait toujours. Près du trône avaient été placés deux petits guéridons chargés de noix de cola, de bananes sèches, de bouteilles, de cassave et de farine de banane, soigneusement couvertes de serviettes en écorce de figuier. Mounza goûtait souvent à ces friandises; de temps à autre, il levait les yeux comme pour examiner l'assistance et en profitait pour jeter sur moi des regards furtifs qui, peu à peu, satisfirent sa curiosité

A la fin il m'adressa des questions que le drogman de la cour transmit couramment en niam-niam à mon interprète, et que celui-ci me traduisit en arabe. Ces questions étaient d'ailleurs des plus insignifiantes : pas un mot ne s'en rapportait au but de mon voyage ni à mon pays natal. Rien ne semblait émouvoir le monarque ; et, dans les visites que je lui fis plus tard, sans aucune étiquette, il se montra toujours aussi réservé [1].

Mes serviteurs déposèrent à ses pieds les présents que je lui apportais : d'abord une pièce de drap noir, un télescope, un plat d'argent et un vase en porcelaine ; le métal du plat fut pris pour du fer-blanc et la porcelaine pour de l'ivoire. Il reçut ensuite un objet d'ivoire sculpté, comme échantillon de l'emploi qu'on fait en Europe de cette matière ; puis un livre doré sur tranche, un double miroir grossissant d'un côté, rapetissant de l'autre ; enfin trente colliers de perles de Venise, c'est-à-dire plus de mille grains de verre de premier ordre.

Le roi examina tous ces cadeaux avec une extrême attention, mais sans témoigner ni joie ni surprise. Il n'en fut pas de même de ses cinquante épouses, assises derrière son trône. Leurs exclamations à demi étouffées exprimaient l'étonnement ; le double miroir surtout, qu'elles se passèrent de main en main, finit par leur arracher des cris d'enthousiasme.

Après avoir regardé ce qui lui était offert, Mounza revint à ses friandises, prenant quelques tranches de noix de cola et les mâchant après avoir fumé.

1. Comparer cette réception avec celle de Speke par le roi Mtésa. (*Les sources du Nil*, p. 264 et suiv. ; et notre abrégé, p. 168 et suiv., Hachette, 1864 et 1867). — J. B.

Je demandai si je pouvais avoir une noix de cola; le roi répondit à mon désir en me passant lui-même un de ces fruits à la coquille rosée. Me tournant alors vers Abd-es-Sâmate, je lui exprimai l'étonnement que j'éprouvais en voyant ce fruit de l'ouest dans le pays des Moubouttous, et lui dis qu'il était extrêmement apprécié dans le Bornou, où comme épice il valait son pesant d'argent. Mais, plus tard, j'ai appris que la noix de cola [1] se trouve ici à l'état sauvage. Les Moubouttous l'appellent *nangoué* et en mangent des tranches tout en fumant.

Bientôt commencèrent les divertissements. Deux sonneurs de trompe s'avancèrent et exécutèrent des solos à tour de rôle; c'étaient, dans leur genre, des artistes fort habiles, maîtres de leur instrument, sachant donner à leurs sons une telle étendue, une telle souplesse, qu'après les avoir fait retentir à l'égal des rugissements d'un lion, ou des cris d'un éléphant en fureur, ils les modulaient jusqu'à les rendre comparables aux soupirs de la brise ou aux doux chuchotements d'une voix amoureuse.

Vinrent ensuite des chanteurs et des bouffons. Parmi ces derniers était un petit homme dodu, qui se mit à faire des sauts et des culbutes avec tant d'agilité que ses membres tourbillonnaient comme les ailes d'un moulin à vent. Couvert des pieds à la tête de touffes de poil et de queues de sanglier, et portant à la ceinture un sabre de bois, il était d'un comique si achevé, qu'à la grande satisfaction de Mounza, je ne pus m'empêcher d'éclater de rire. Ses bons mots et ses farces paraissaient inépuisables. Tout lui était permis, et il en usait effrontément. Ainsi il approchait du monarque en lui tendant la main ; et, au moment où ce dernier allait la prendre, il faisait

1. D'après Liebig, la noix de cola contient plus de caféine que le meilleur café. — G. S.

en arrière un saut de carpe qui le rejetait bien loin de Sa Majesté. Les épis de maïs sortant du four, les premiers de la saison, avaient été mis devant moi; avec les gestes les plus drôles, le bouffon me fit comprendre qu'il voulait en avoir. Je détachai quelques grains des épis et les lui jetai un à un dans la bouche; il les reçut chaque fois avec un claquement de mâchoire si bizarre, et les mangea avec des grimaces si plaisantes, que des applaudissements frénétiques s'élevèrent de tous les points de la salle.

Un eunuque parut alors, qui servit de plastron à toute l'assemblée. Comment le roi avait-il eu cette créature? Je l'ignore. Obèse et grotesque, il se mit à chanter et produisit l'effet d'un babouin qui grogne. Comme par dérision des Nubiens, Mounza l'avait affublé d'un fez rouge: c'était le seul de tous les indigènes qui, dans son costume, eût quelque chose d'étranger.

Mais la partie la plus importante du programme était réservée pour la fin: tandis que chacun restait assis, le roi se leva, desserra son gilet, s'éclaircit la voix et prit la parole. Pour moi, son discours fut lettre close; mais évidemment l'orateur visait à la pureté du langage. Il se reprenait souvent et s'arrêtait après chaque phrase à effet. Les applaudissements éclatèrent; et, la musique y prenant part, le vacarme devenait infernal. Parfois, comme pour stimuler les applaudissements, le roi proférait un *brrr* d'une telle puissance que la toiture en vibrait, et que les hirondelles, nichées à l'angle des solives, s'enfuyaient avec terreur.

Le discours terminé, les timbales et les trompes jouèrent un morceau d'un rhythme plus entraînant. Mounza conduisit la symphonie avec toute la solennité d'un chef d'orchestre de profession.

Son discours avait duré une grande demi-heure. Pendant ce temps-là, j'avais fait le portrait du roi [1].

1. Ce portrait a été inséré dans le *Tour du Monde*, n° 718 en 1874, 2e vol., p. 233. — J. B.

Les réjouissances paraissaient vouloir se prolonger, mais la faim m'obligea à prendre congé du monarque. Au moment où je le quittais, Mounza me dit : « Je ne sais pas ce que je pourrais te donner en échange de tes présents. Je regrette d'être si pauvre et de n'avoir rien à t'offrir. » Touché de sa modestie et croyant que, dans sa munificence, il me destinait des présents magnifiques, je lui répondis : « Ne parlons pas de cela ; je ne suis pas venu ici pour les dons qui pourraient m'être faits. Nous achetons de l'ivoire aux Turcs et nous leur donnons en échange du plomb et du fer ; quant aux fusils, à la poudre et aux étoffes dont nous avons besoin, nous les fabriquons nous-mêmes. Je ne te demande que deux choses : un chimpanzé et un potamochère. — Tu les auras certainement, » reprit Mounza. Mais je ne reçus jamais ni l'un ni l'autre.

Comme je sortais de la salle, Mounza commençait un nouveau discours. Pour moi, j'étais si fatigué de tout ce bruit que je passai le reste de la journée enfermé dans ma tente.

Le lendemain, je fus réveillé de bonne heure par mes gens ; ils m'appelaient pour me faire voir ce que m'envoyait le roi. J'aperçus de loin un groupe d'indigènes qui, avec beaucoup d'efforts et de cris, faisaient monter la côte à quelque chose de lourd.

Sur ces entrefaites, Abd-es-Sâmate m'apprit qu'il avait fait observer à Mounza que mes bagages étaient exposés à la pluie prochaine ; en conséquence, le roi m'envoyait une maison pour les serrer. Je crus qu'il plaisantait ; mais bientôt je vis approcher la muraille qu'on m'apportait ainsi que sa toiture. Peu de temps après, l'édifice était adossé à ma tente. Construite en rotin, cette maison avait exactement l'air d'un énorme panier dont le toit représentait le couvercle ; elle mesurait près de sept mètres carrés et formait un abri très-commode pour mes provisions.

C'est de cette façon que je devins propriétaire chez

les Mombouttous. Dès lors, une foule considérable ne cessa plus d'entourer ma demeure ni de suivre d'un regard avide le moindre de mes mouvements ; les gens bien nés faisaient même apporter leurs siéges.

Quelque intéressantes que fussent ces visites, elles ne tardèrent pas à devenir importunes. Le lendemain de mon arrivée, je fus obligé de faire entourer ma tente d'une haie d'épines ; l'obstacle n'arrêta pas la foule. Je jetai de l'eau sur les fâcheux, je fis éclater des bombes ; tout cela inutilement. J'eus recours à Abd-es-Sâmate ; il me donna des soldats, pour garder ma porte ; mais à peine étais-je dehors que la foule m'entourait. Les femmes surtout, étaient exaspérantes : elles me suivaient pas à pas, m'empêchaient d'herboriser, écrasaient les fleurs rares que j'avais recueillies à grand'peine. Le long des ruisseaux, à travers les vallées, j'en traînais cent derrière moi. A chaque ferme, à chaque hameau, leur nombre augmentait. Combien me semblait préférable, en comparaison, le réserve où se tiennent les femmes des Niams-Niams.

Parmi les portraits que je réussis à esquisser, était celui du prince Bounza, un des fils du roi. Il avait tous les caractères de l'albinisme, au même degré qu'on l'observe chez la plupart des blonds de souche arabe ou juive. Ses yeux paraissaient craindre la lumière et avaient une expression vague ; sa tête branlait sur un col amaigri, ou s'arrêtait dans une position anormale. D'ailleurs, comme beaucoup de ses compatriotes, il me paraissait porter l'empreinte d'une origine sémitique, et particulièrement dans la ligne nasale, qui ne ressemble en rien au profil du nègre.

Souvent je trouvais le roi chez lui ou dans ses greniers, distribuant des provisions à ses intendants. Un jour il me permit de visiter le palais avec Abd-es-Sâmate. Le Kénousien était au courant de tous les détails et se trouvait en mesure de me faire remarquer tout ce qui en valait la peine.

Ce que j'appelle le palais est un groupe isolé d'habitations, de halles et de hangars entourés d'une palissade, où ne peuvent entrer que le roi et les gens de sa maison. Toutes les affaires publiques sont traitées dans des salles extérieures.

Du palais, je fus conduit à l'arsenal. Il renfermait toutes les variétés d'armes fabriquées dans le pays, surtout des lances et des lames de sabre. J'étais invité à faire un choix parmi ces objets, le roi voulant me rendre l'équivalent de ce que je lui avais apporté; mais les intendants, sitôt que je choisissais une arme rare, refusaient de me la livrer, se réservant, pour cette pièce remarquable, d'en référer au roi. Je dois ajouter qu'en rentrant je trouvai, dans ma tente, un assortiment considérable d'armes de toute espèce.

Un jour, le roi me reprocha brusquement de ne pas lui avoir donné assez de cuivre. Je connaissais la rapacité des chefs africains et je n'étais surpris que d'une chose : c'était que Mounza ne m'eût pas déjà harcelé de ses réclamations. Il me rappela la quantité de cuivre qu'il avait reçue d'Abd-es-Sâmate. Je lui répondis que je ne lui avais pas acheté d'ivoire, et il accepta cette excuse ; mais bientôt il me fit demander mes chiens.

C'étaient deux bêtes que j'avais amenées du pays des Bongos. Bien qu'elles fussent de petite taille, elles paraissaient grandes auprès des chiens mombouttous et niams-niams, qui sont de race minuscule. Mounza n'avait jamais vu de chiens pareils et il voulait absolument les avoir; non pas pour les manger, disait-il, mais pour les garder. Je lui répondis que j'aimais ces animaux comme mes enfants et que je ne consentirais à aucun prix à me séparer d'eux.

Le roi s'était dit qu'il aurait mes chiens; et tous les jours il réitérait sa demande en l'appuyant de nouveaux dons. Un matin, son message me fut apporté par deux esclaves, un homme et une femme qui étaient deux Accas ; et je résolus de troquer un de mes chiens contre un spécimen de ce petit peuple. Mounza fut enchanté. Il m'envoya ses nains, y joignant ce message plein de malice : « Tes chiens, m'as-tu dit, sont tes enfants ; que penserais-tu si je te répondais que je suis le père des Accas ? »

J'acceptai le plus petit des deux, un garçon d'une quinzaine d'années, avec l'espoir de le conduire en Europe comme la preuve vivante de l'existence des pygmées, fait que nous avions traité de mythe pendant tant de siècles. Mon Acca s'appelait Nsévoué et il trouva en moi un véritable père.

Du reste, il était temps de céder à Mounza ; car on ne lasse pas impunément la patience d'un césar cannibale.

Ce troc me rendit la faveur du roi ; et la défense qui avait été faite aux habitants de me vendre les produits et les curiosités du pays fut levée le jour même.

Lorsque Mounza n'eut plus d'ivoire en magasin, Abd-es-Sâmate voulut partir pour le sud, où il prétendait s'ouvrir de nouveaux marchés. J'entrai dans ses projets avec enthousiasme. « N'as-tu pas dit que nous irions au bout du monde? m'écriai-je : ainsi donc, en avant ! » Mais le roi, qui tenait à conserver le monopole du cuivre, s'opposa à nos desseins de la manière la plus formelle. Néanmoins, voulant savoir à quoi s'en tenir, Abd-es-Sâmate envoya en avant une petite troupe avec son neveu. Après trois jours de marche au sud-est, elle atteignit le Nomâyo, tributaire de l'Ouellé ; chez Moummériri, un lieutenant de Mounza. A moitié chemin, elle avait fait halte chez un autre gouverneur de district appelé Nouma. Les deux chefs étaient frères du roi et n'avaient voulu rien vendre sans son ordre. La petite caravane fut donc obligée de revenir sur ses pas.

Désappointement cruel ! J'étais forcé de renoncer

au plus beau de mes rêves à l'instant qu'il était près de se réaliser !

Cependant nos journées passaient rapidement chez les Mombouttous ; nous avions de temps à autre la visite de Mounza et les fêtes se succédaient toujours. La plus belle fut donnée à l'occasion de l'arrivée de Moumméri, qui, après avoir fait chez les Momvous une fructueuse campagne, venait mettre aux pieds du roi la part de butin qui lui était due, c'est-à-dire de l'ivoire, des esclaves et des chèvres. Comme le roi donnait déjà l'hospitalité à un nombre considérable d'étrangers, il décida que Moumméri, dont la suite était fort nombreuse, ne passerait qu'une nuit au palais ; et les réjouissances furent commandées pour le lendemain.

Malgré un temps froid et pluvieux, les cris d'allégresse nous annoncèrent de bonne heure que la fête était commencée. Vers midi, on vint m'avertir que l'animation était au comble et que le roi lui-même dansait devant toute la cour. J'y courus et je vis une scène d'un caractère unique. Autour d'un carré spacieux et vide étaient quatre-vingts épouses du roi, assises sur leurs petits tabourets et peintes avec le plus grand soin ; des guerriers, en grand costume, formaient derrière elles une haie compacte, hérissée de lances. Tous les instruments dont on pouvait disposer avaient été requis. Le reste de la salle était rempli des personnes de la cour, et au milieu de tout ce monde dansait le roi.

Se montrer à leurs sujets sous un costume nouveau est pour ces monarques africains une joie sans égale. Or Mounza, qui avait une maison tout entière encombrée de fourrures et d'ornements, pouvait se procurer ce plaisir autant que bon lui semblait. Cette fois il avait sur la tête une peau de babouin, surmontée d'un bouquet de plumes flottantes ; on eût dit qu'il était coiffé d'un bonnet de grenadier. Des queues de genette lui pendaient aux bras, des touffes de queues de potamochère lui entouraient les poignets, des queues de différente espèce lui formaient un épais tablier, et de nombreux anneaux décoraient ses jambes nues, qui en faisaient sonner le métal.

Mais son costume n'était rien en comparaison de sa danse, véritable délire. Tandis que ses bras se lançaient dans toutes les directions, sans jamais cesser de battre la mesure, ses jambes tantôt s'allongeaient parallèlement au sol, tantôt prenaient la verticale, comme celles d'un clown; le tout avec une rapidité, une furie sans pareille, et au bruit d'une musique assourdissante.

Depuis combien de temps cela durait-il? Je l'ignore. Tout ce que je peux dire, c'est qu'à mon arrivée Mounza gambadait et pirouettait avec l'affolement du plus ivre des derviches. Je m'attendais sans cesse à le voir chanceler et tomber, l'écume à la bouche, pris d'un accès d'épilepsie : mais la force nerveuse est grande chez les hommes de cette région. Au bout d'une demi-heure, Mounza fit une légère pause; puis il se remit à bondir et à se disloquer avec plus d'entrain que jamais.

Enfin, au-dessus du tumulte des hommes gronda celui des éléments : l'orage éclatait avec la violence particulière aux tourmentes des tropiques. D'abord l'assemblée ne parut pas s'en émouvoir; mais la tempête déchaînée fouetta l'averse jusqu'au milieu de la salle; les roulements du tonnerre couvrirent ceux du tambour; le roi, qui dansait avec tant de fougue, disparut; et ce fut un sauve-qui-peut général.

Je consacrais les matinées et les dernières heures de l'après-midi à mes recherches botaniques. Le milieu du jour était employé chez moi aux travaux du ménage, qui se faisaient sous ma surveillance. Lorsque arriva l'époque de la lessive, je ne savais où trouver un baquet pouvant contenir tout le linge accumulé.

Abd-es-Sâmate eut l'ingénieuse idée d'aller emprunter le grand plat du monarque; un plat vraiment royal, une auge plutôt qu'un objet de table : presque deux mètres de long, d'un seul morceau, et capable de contenir un corps d'homme.

Dès mon arrivée dans les zéribas, j'avais été frappé de l'importance qu'avaient les Mombouttous dans les entretiens des chefs d'expéditions : c'était à qui ferait de leur pays le plus grand éloge.

Naturellement, j'avais dès lors conçu un vif désir de les visiter.

Leurs possessions sont divisées en deux royaumes : d'Orient et d'Occident. Mounza qui gouverne le second est fils de Tikibo, dont le pouvoir s'étendait sur toute la contrée, et qui fut assassiné en 1865 ou 66 par son frère Degberra, aujourd'hui roi de la partie orientale, beaucoup moins grande que l'autre. Au nord et au nord-ouest, les Mombouttous sont limités par les Niams-Niams, séparés d'eux, suivant la coutume, par des solitudes qu'on ne peut franchir qu'en deux jours de marche; au midi, ils sont entourés par un demi-cercle de tribus nègres qu'ils appellent les Momvous.

La région qu'ils occupent produit sur le voyageur l'effet d'un paradis terrestre. D'innombrables bosquets de bananiers y couvrent les ondulations du sol; des élaïs d'une beauté sans pareille et d'autres monarques des forêts déploient leurs cimes au-dessus d'une végétation favorisée et surmontent d'une voûte ombreuse les demeures rustiques des habitants.

Bien que leur nombre les ait contraints à multiplier les défrichements, on ne saurait qualifier les Mombouttous d'agriculteurs. Ils font entrer, il est vrai, les fruits et les légumes dans leur alimentation, et pour une large part, mais la culture des céréales leur est antipathique.

La patate, le manioc et la banane forment sans

doute une précieuse ressource pour eux; mais le sésame, l'arachide et le tabac de Virginie sont les seules plantes qu'ils se donnent la peine de soigner; encore ne les cultivent-ils que dans des limites fort restreintes.

L'élève du bétail leur est complétement inconnue. Leurs seuls animaux domestiques sont des poules et des chiens de petite race niame-niame. Une espèce de cochon, le *potamocherus*, est chez eux à demi privée; et les razzias qu'ils font chez les Momvous leur procurent d'énormes quantités de chèvres. Toutefois ils préfèrent le sanglier, le buffle et les grandes antilopes, à la chair de ces animaux, et, bien que leur pays soit trop peuplé pour être aussi giboyeux que les solitudes de la contrée des Niams-Niams, la grosse bête y est assez abondante pour fournir à leurs besoins.

Ce serait donc une erreur de prétendre que les Mombouttous sont devenus anthropophages par suite du manque de nourriture animale. Car, en plus des animaux que je viens de nommer, ils ont l'éléphant; et, si j'en juge d'après la quantité d'ivoire que j'ai vue dans les magasins du roi et qui provenait uniquement de la chasse des indigènes, la viande seule de ces pachydermes tués dans le pays aurait suffi à l'approvisionnement du peuple. Il y a encore le gibier à plume qui est abondant; et le poisson qui entre pour une part considérable dans l'alimentation publique.

Cependant, ici, l'anthropophagie est des plus habituelles. Les Mombouttous, entourés, au sud, de noires tribus d'un état social inférieur, et qu'ils tiennent en profond mépris, ont chez ces peuplades un vaste champ de combat, ou, pour mieux dire, un terrain de chasse et de pillage, où ils se fournissent de bétail et de chair humaine. Les corps de ceux qui tombent dans la lutte sont immédiatement répartis, découpés en longues tranches, boucanés sur le lieu même et emportés comme provisions de bouche. Conduits par bandes, ainsi que des troupeaux de moutons, les prisonniers sont réservés pour plus tard et égorgés les uns après les autres, suivant l'appétit des vainqueurs. Les enfants, d'après tous les rapports qui m'ont été faits, sont considérés comme friandise et réservés pour la cuisine du roi. Pendant notre séjour chez les Mombouttous, le bruit courait que presque tous les matins on tuait un enfant pour la table de Mounza.

Cette race est redoutable à la guerre, et les Khartoumiens l'avaient bien appris à leurs dépens. Lorsque Abou Gouroun, qui se trouvait dans le Kifa, avait voulu pénétrer chez les Mombouttous, il avait rencontré au nord de l'Ouellé une armée résolue à lui barrer le passage. Tikibo, père de Mounza, régnait alors, et c'était sa fille, Nalengbé, qui commandait l'armée. Des témoins oculaires m'ont raconté comment cette amazone, ayant pris le vêtement d'écorce, la lance et le bouclier des gens de guerre, avait brillamment conduit ses troupes, et comment ses soldats, qui, pour la première fois, se trouvaient en présence d'armes à feu, avaient fait éprouver aux Nubiens des pertes considérables et forcé Abou Gouroun, renommé pour sa bravoure, d'abandonner tout projet d'invasion. Enfin ce n'est que sur l'appel même de Mounza que des relations d'affaires ont pu être nouées avec eux, depuis 1867, par Abd-es-Sâmate.

Chez les Mombouttous, les souverains jouissent de prérogatives bien autrement étendues que celles des chefs niams-niams. Au monopole de l'ivoire, ils joignent le revenu de contributions régulières prélevées sur les produits du sol. Outre leur garde du corps, ils ont un entourage considérable; et de nombreux fonctionnaires civils les représentent sur tous les points du territoire.

Les trois frères de Mounza administrent les provinces, en qualité de vice-rois, et ont sous leurs ordres les gouverneurs des districts. Immédiatement après ceux-ci viennent les grands officiers de la couronne, choisis d'ordinaire parmi les membres de la famille royale et qui sont au nombre de cinq : le conservateur des armes, le maître des cérémonies, le surintendant des magasins, l'intendant de la maison des épouses du roi, et le drogman en chef pour les relations diplomatiques.

Mounza ne quitte jamais sa résidence sans être accompagné de plusieurs centaines de gens, et précédé d'une longue file de tambours, de trompettes et de coureurs qui font sonner des cloches de fer.

Les Mombouttous ont la peau moins foncée que la plupart des nations qu'on connaît dans l'Afrique centrale; généralement le fond de leur teint a la nuance du café en poudre; et même, à en juger par les milliers d'individus qui ont frappé mes regards pendant les trois semaines que j'ai passées chez Mounza, un vingtième de la population au moins est d'un blond pâle et cendré qui rappelle le ton de la filasse de chanvre. Ces cheveux, qui d'ailleurs sont crépus et de la même nature que ceux du nègre, accompagnent toujours un teint de la nuance la plus claire que j'aie vue en Afrique, à partir de la basse Égypte. Tous les individus chez lesquels on remarque cette coloration de la peau et des cheveux ont la vue mauvaise, le regard incertain, presque louche, et offrent des signes marqués d'albinisme. Chez aucun peuple du nord de l'Afrique on ne trouve d'individus au teint clair et à la chevelure blonde, excepté toutefois parmi les Berbères du Maroc, entre lesquels les blonds sembleraient être communs.

Par la forme du crâne et les traits du visage, surtout par la longueur et par la courbe du nez, les Mombouttous diffèrent des nègres et se rapprochent des races sémitiques; mais ce sont leur costume et leurs usages, plus encore que la couleur de leur teint et que leurs caractères physiques, qui les distinguent, au premier coup d'œil, de leurs voisins. Le figuier qui leur fournit le liber avec lequel ils font l'étoffe de leurs vêtements est appelé par eux *rocco ;* mais, pendant que les hommes sont habillés avec plus de soin que ceux des peuplades que j'ai rencontrées depuis le Ghazal, les femmes ont ici pour tout vêtement un lambeau de feuille de bananier ou de feutre d'écorce grand comme la main. En revanche, elles se peignent sur le corps des dessins noirs faits avec le suc du fruit d'un gardénia. Ces dessins, d'une grande régularité, ont l'air d'être variés à l'infini : ce sont des étoiles, des croix de Malte, des abeilles, des fleurs, des lignes, des zigzags, des rubans, des nœuds, etc. L'une est rayée comme un zèbre, l'autre tachetée comme un léopard. J'en ai vu qui présentaient tantôt les veines du marbre, tantôt les carrés d'un damier. Dans une fête, c'est à qui d'elles aura un nouveau dessin ; celui-ci est porté pendant deux jours, puis soigneusement enlevé et remplacé par un autre. A ces dessins éphémères se joignent ceux du tatouage, qui servent de marque distinctive individuelle, et qui sont formés de lignes ou de bandes tracées horizontalement sur la poitrine et sur le dos.

L'arrangement de la chevelure est le même pour les deux sexes. Les cheveux du sommet et du derrière de la tête forment un chignon cylindrique qui s'élève obliquement et en arrière, et que soutient une carcasse en roseau. Des nattes, des torsades très-minces, composent sur le front un bandeau qui va rejoindre le chignon. Les hommes mettent sur ce chignon un bonnet de paille, également cylindrique, mais à fond carré. Il est orné d'un panache de plumes d'aigle ou de faucon, ou bien d'une touffe de plumes rouges empruntées au perroquet et qui a la forme d'une boule. Si j'ajoute à ces détails que la conque de l'oreille est percée de manière à recevoir un bâtonnet de la dimension d'un cigare, j'aurai décrit tout ce que la mode permet aux Mombouttous. Personne n'est libre d'y rien changer.

Pour l'armement, à la lance et au bouclier, ils joignent l'arc et les flèches, réunion qui se rencontre rarement en Afrique. Ils ont en outre, à la ceinture, des sabres à lame recourbée comme celle d'une faucille, ou des poignards, des couteaux et des hachettes de formes et de dimensions très-variées; mais le troumbache, l'arme de jet des Niams-Niams, n'est pas en usage parmi eux.

Comme forgerons, les Mombouttous surpassent tous les peuples dont j'ai traversé le territoire. Il en est ainsi dans toutes les branches de leur industrie, où ils se montrent supérieurs même aux Nubiens et aux musulmans du nord de l'Afrique.

L'opération de la fonte est chez eux tout aussi primitive que chez les autres Africains; mais leurs produits sont d'une qualité incomparable.

Eux seuls, dans cette région, ont une enclume en fer, toute petite, il est vrai, mais substituée à la pierre dont se servent les autres. Sur cette enclume minuscule, chacune de leurs armes est taillée au ciseau et battue jusqu'à ce qu'elle ait le tranchant nécessaire; puis elle est aiguisée et polie avec un morceau de grès ou de gneiss très-fin. Ce n'est pas en barre, mais en lingots de la grosseur du poing, que le fer est livré aux forgerons, et la promptitude avec laquelle les artisans transforment cette masse brute en fers de bêche ou de lance est réellement merveilleuse. Cependant l'habileté de ces forgerons ne se montre pas uniquement dans les armes qu'ils fabriquent : leurs chefs-d'œuvre sont des colliers qui, pour l'élégance, la délicatesse et le fini, rivalisent avec nos plus belles chaînes d'acier. Ils ne connaissent pas la trempe, mais par un battage prolongé ils rendent leur fer très-pur et très-homogène, et de plus ils lui donnent toute la dureté voulue.

Non-seulement presque tous leurs ornements sont en cuivre, ce qui explique pourquoi ce métal est si recherché ; mais encore c'est en cuivre pur que sont faites les armes de parade.

Il s'ensuit que le fer et le cuivre, seuls métaux qu'ils emploient, ont pour les Mombouttous la même valeur qu'ont pour nous l'or et l'argent, qui leur sont inconnus.

Les Nubiens, à titre d'objets curieux, ont donné quelques fragments de plomb et d'étain à des gens du pays; jusque-là les Mombouttous n'avaient vu ni l'un ni l'autre métal; quant au platine, il paraît avoir été trouvé dans leur pays.

En fait de poterie, l'habileté des Mombouttous dépasse beaucoup celle des Bongos. Leurs produits, fabriqués simplement à la main, comme dans toute cette région, sont à la fois plus réguliers et d'une meilleure pâte. Les vases des Africains rentrent tous dans la catégorie des urnes : ils sont de forme ronde, et n'ont pas d'anses. Ceux des Mombouttous présentent, sous ce dernier rapport, un avantage réel : des ornements en relief, dessins géométriques ou figures décoratives, les rendent plus faciles à manier et les empêchent de glisser dans la main [1]. Les cruchons surtout destinés à contenir l'eau sont faits avec beaucoup d'art, et pourraient être comparés aux vases les plus estimés de l'ancienne Égypte.

Pourtant, c'est principalement dans l'art de bâtir que se révèlent tout entières la science et l'habileté des Mombouttous. On ne s'attendrait jamais à trouver au cœur de l'Afrique ces grandes halles du palais de Mounza, qui, à leurs dimensions imposantes (cinquante mètres de long, vingt de large et seize de

1. Ce détail a été donné, presque dans les mêmes termes, à l'occasion de la poterie fabriquée par les Bongos. V. ch. III, p. 68. — J. B.

haut), joignent de la manière la plus complète l'élégance et la force. Nous avons dit que les matériaux employés dans ces constructions à la fois légères et solides sont les pétioles du raphia, dont le poli naturel, le brillant et la jolie teinte brune, donnent à l'édifice un éclat et des charmes dont on est frappé.

En somme, on peut dire que les Mombouttous, hors de tout contact avec les chrétiens et les musulmans, sont parvenus à un haut degré de civilisation [1].

Un matin, entendant des exclamations, je m'informe et j'apprends qu'Abd-es-Sâmate s'est emparé d'un nain de la suite du roi, et qu'il me l'apporte. Je vois en effet arriver le Kénousien ayant sur l'épaule une étrange petite créature qui se débat, dont la tête s'agite convulsivement et qui jette partout des regards pleins d'effroi. Il dépose son fardeau sur le siége d'honneur et l'interprète royal s'approche.

Sans perdre de temps, je commence son portrait, pendant qu'à grand'peine on le fait rester tranquille. Je n'y parviens qu'en étalant devant lui en toute hâte la masse de présents qu'il doit recevoir. Je le presse de questions; mais l'interroger est plus facile que d'obtenir la réponse. Dans ma crainte fiévreuse de ne pas retrouver pareille occasion, je gagne l'interprète pour qu'il le rassure. Nous y arrivons si bien qu'au bout de deux heures le pygmée est esquissé, mesuré, festoyé, comblé de cadeaux et soumis à un minutieux interrogatoire.

Son nom est Adimocou ; il est chef d'une petite colonie établie à deux kilomètres de la résidence royale. J'apprends de lui-même que le peuple auquel il appartient s'appelle Acca.

Ce peuple habite, au sud des Mombouttous, une grande province située à peu près entre le premier et

1. Voir nos réserves dans notre introduction. — J. B.

le deuxième degré de latitude nord. Une partie de la nation reconnaît l'autorité de Mounza qui, jaloux d'accroître la splendeur de sa cour par tous les moyens possibles, a contraint plusieurs familles d'Accas à venir demeurer auprès de lui.

« Où est ton pays? demandai-je à Adimocou.

— Un jour de marche, répondit-il, en montrant le sud-sud-est, et l'on est chez Moumméri; le second jour, on passe le Nâlobé; et le troisième, on arrive au premier village des Accas. »

Tout à coup, ennuyé de la séance, le petit chef exécute un bond prodigieux, qui le lance hors de la tente; mais il tombe au milieu des Nubiens et des Bongos, dont la foule curieuse nous entoure. On l'arrête; de nouvelles cajoleries triomphent de son impatience, et nous finissons par obtenir quelques figures de sa danse guerrière. En dépit de son gros ventre, de ses jambes courtes et arquées; en dépit de son âge, car il paraît être vieux, Adimocou fait preuve d'une agilité qui surpasse tout ce qu'on peut dire; et je me demande si les grues pourraient jamais lutter avec des êtres pareils.

Les bonds du petit chef et sa pantomime, d'une vivacité inouïe, sont à la fois si variés et si burlesques que les spectateurs rient à s'en tenir les côtes.

Il s'en alla chargé de cadeaux. Je lui avais fait comprendre que je verrais avec plaisir tous les gens de sa race; qu'ils pouvaient venir et que je les récompenserais royalement. Il en arriva deux le lendemain : ceux-là étaient jeunes. Une fois la glace rompue, j'eus des Accas tous les jours. Dans le nombre, se trouvèrent des hommes d'une taille plus élevée; mais j'ai toujours fini par découvrir que c'étaient des métis provenant d'unions entre Accas et Mombouttous.

Une rencontre que je fis de plusieurs centaines de guerriers accas ne sortira jamais de ma mémoire. Moumméri, en venant déposer aux pieds du roi le produit d'une expédition chez les Momvous, avait amené un régiment d'Accas. J'ignorais son arrivée; et j'étais allé, ce jour-là, faire une très-longue course. Le soir, comme je passais près de la demeure royale pour rentrer chez moi, je me vis entouré d'une foule de petits bonshommes qui me parurent jouer aux soldats, et que je pris pour des gamins d'une rare insolence. Ils avaient l'arc tendu et me visaient d'un air qui me fit éprouver une certaine irritation. « Ce sont des Tikitîkis, me dirent mes Niams-Niams. Tu les prends pour des enfants; mais ils sont bel et bien des hommes, et des hommes qui savent se battre. »

L'arrivée très-opportune de Moumméri, qui vint me saluer, mit fin à la scène et m'empêcha d'étudier davantage son petit régiment. « Ce sera pour demain, » pensai-je ; mais je comptais sans mon hôte : le soleil n'était pas levé, que déjà Moumméri avait décampé avec ses pygmées.

Ce qui surtout caractérise cette race, c'est la tête : forme et physionomie; car il serait difficile d'admettre que les conditions de l'existence, climat, nourriture, ou tout autres, pussent changer la forme du crâne. Or, chez les Accas, on est frappé tout d'abord de son prognatisme. Les deux individus dont j'ai fait le portrait offraient un angle facial de soixante et de soixante-six degrés. La mâchoire s'y projette en museau d'autant plus accusé que le menton est fuyant. Le crâne est large, presque sphérique et présente un creux profond à la racine du nez. Ces particularités sont communes aux Accas et aux Boschimens, et leur importance rend insignifiantes les différences de détail qui peuvent exister entre les deux peuples.

Sous le rapport de l'acuité des sens, de la dextérité et de la ruse, les Accas sont supérieurs aux Mombouttous. Leur finesse toutefois n'est que la manifestation d'un mouvement intérieur qui leur fait trouver du plaisir dans la méchanceté. Nsévoué aimait à voir souffrir : il torturait les animaux. L'un de ses amusements particuliers était, durant la nuit, de lancer aux chiens ses flèches dangereuses. Pendant les combats que nous eûmes plus tard avec les Niams-Niams, mes Nubiens étaient sous le coup d'une épouvante qui les mettait hors d'eux-mêmes. Mais Nsévoué jouait avec les têtes des Bangas décapités ; et lorsqu'il me vit faire bouillir ces crânes, sa joie n'eut plus de bornes. Il courait et gambadait en riant : « Bakinda (c'est un surnom dérisoire) Bakinda est dans la marmite ! »

En fait d'animaux domestiques, les Accas ne possèdent que des volailles ; et j'ai été frappé, en regardant, au musée de Naples, une mosaïque de Pompéi qui représentait un village de pygmées, de voir toutes les demeures de ces nains entourées de poules.

On sait que les peuples du midi de l'Afrique ont en exécration les Boschimens, qui, pour eux, ne sont nullement supérieurs aux singes de la pire espèce. Bien que ne valant guère mieux, les Accas vivent en bonne intelligence avec leurs puissants voisins.

CHAPITRE VI

ABD-ES-SAMATE COMBAT LES NIAMS-NIAMS.

Départ de chez Mounza. — Épouvante de Nsévoué. — Déclaration de guerre d'Ouando. — Des guides perfides tentent d'assassiner Abd-es-Sâmate. — Leur pays est mis à feu et à sang. — Sâmate défie ses ennemis. — Ils sont mis en fuite. — Faroucs et Nubiens. — Une partie de l'ivoire de Sâmate est retrouvée. — On fait des prisonnières; mais presque jamais de prisonniers. — Rentrée dans les domaines d'Abd-es-Sâmate. — Construction d'une zériba nouvelle. — Hospitalité de Ghitta et de Merdyâne. — Nuit d'orage dans la forêt. — Zériba de Touhâmi détruite par les Baboucres. — Source du Diour. — Mont Baghinzé. — Bravoure de Mbio. — Expédition de ravitaillement aux dépens des Baboucres. — Les Khartoumiens tolèrent le cannibalisme et n'essayent pas de convertir les païens au mahométisme. — Je pars pour rentrer chez les Bongos. — Désastreuses nouvelles. — Amed a été mangé par les Niams-Niams de l'ouest. — Défaite et délivrance des Nubiens. — La caravane passe le Tondj sur un pont de lianes.

Notre départ avait été fixé au 12 avril 1870, après trois semaines de séjour chez Mounza. C'était avec le cœur bien gros que je me voyais contraint de reprendre la route du nord. Je laissais derrière moi la seule chance que j'eusse eue de résoudre quelques-unes des importantes questions que je m'étais posées; et mes regrets s'augmentaient de la pensée qu'un voyage relativement court m'aurait pu faire atteindre les sources des trois grandes rivières de l'ouest, les seules qui, au-dessus de leur embouchure, nous soient absolument inconnues : la Bénoué, l'Ogovouai et le Congo. Huit cent cinquante kilomètres, tout au plus, me séparaient de l'endroit où s'est arrêté Livingstone [1]. D'où j'étais alors, mon esprit voyait au sud-ouest un chemin frayé qui m'eût conduit sur les rives du Zaïre et chez Mouata-Yamvo. Pour résoudre le problème, je n'avais pas à franchir plus d'espace que pour retourner au fleuve des Gazelles ; mais j'étais forcé de revenir sur mes pas, laissant au cœur de l'Afrique son secret, tandis que j'aurais pu le lui arracher.

Il était midi quand la caravane put s'ébranler. La séparation de ceux qui partaient et de ceux qui restaient fut touchante. Les Nubiens se jetèrent dans les bras les uns des autres ; et, tandis que les porteurs, silencieux et indifférents comme toujours, se mettaient en marche, la foule jaseuse, qui se pressait autour du camp, regardait avec curiosité nos soldats, échangeant mille gestes d'adieu.

Pendant ces effusions, mon Tikitîki, c'est ainsi que les Niams-Niams appellent les Accas, était pris d'un accès de désespoir ; il poussait des hurlements si lugubres que je doutais qu'il me fût permis de l'emmener. Mais sa douleur n'était que de l'épouvante : il se croyait à la veille d'être mangé. Les Mombouttous ne faisant pas commerce d'esclaves et

1. A l'époque où M. Schweinfurth était chez Mounza, il ignorait, comme tout le monde, ce qu'était devenu D. Livingstone, que Stanley cherchait. Ce dernier n'est rentré à Zanzibar que le 7 mai 1872, et c'est alors seulement qu'on a su l'heureuse issue de son voyage. Livingstone s'est avancé, sur terre et sur le lac Tanguégnica, jusqu'au 3e degré de latitude sud, et les États de Mounza, touchent au 3e degré de latitude nord. Schweinfurth n'était donc séparé de l'endroit où s'est arrêté l'illustre voyageur écossais, que par six degrés ou six cents kilomètres environ en ligne droite. — J. B.

ne cédant aux Nubiens mêmes un prisonnier de guerre que fort rarement, Nsévoué se demandait pourquoi on m'aurait fait présent d'une créature humaine, sinon pour alimenter ma cuisine? La tunique de soie dont je l'avais paré, si brillante qu'elle fût, ne calmait par son effroi ; mais des friandises l'apaisèrent.

En suivant la route que nous avions prise pour venir, nous arrivâmes chez Nemmébé, où les huttes de notre ancien bivouac étaient encore en bon état. Mais nous avions alors en face de nous les états d'Ouando. Comment franchir ce pays hostile? Abd-es-Sâmate était d'avis de gagner sa zériba du Nabambisso en faisant un détour au levant, et de revenir avec des forces suffisantes recouvrer l'ivoire qu'il avait confié à Ouando. Mais ce plan nous obligeait à repasser le Kibali et à prendre une voie détournée pour franchir la partie orientale du pays des Mombouttous, attendu qu'entre les rois Degberra et Mounza existe une telle animosité qu'il est impossible d'entrer chez l'un directement en venant de chez son rival.

Dans une vallée, nous sommes rejoints par les envoyés de Coubbi, qui demeure de l'autre côté du Kibali, et qui est un des lieutenants de Degberra. Ces gens viennent de la part de leur maître offrir de l'ivoire à Sâmate. Leur proposition paraît n'avoir pour objet que de couvrir d'un semblant de bienveillance des sentiments hostiles ; car tous les chefs africains, avant de prendre un parti, cherchent à savoir si la paix ne leur sera pas plus profitable que la guerre.

Arrivés au bord du Kibali, nous voyons de nombreuses pirogues glisser rapidement d'un îlot à un autre, mais aucune ne vient à nous. Il est évident qu'on veut nous interdire le passage : les gens de Poncet, devenus ceux de Ghattas, ont une zériba chez Coubbi ; et, pour garder le monopole de l'ivoire,

ils ont obtenu du chef que la province ne soit pas ouverte à Sâmate. Nous attendons jusqu'au lendemain fort inutilement.

Si Abd-es-Sâmate l'avait voulu, je suis persuadé qu'il aurait pu nous faire passer le Kibali. Les Nubiens, avec leur fusil sur la tête, n'avaient qu'à traverser la rivière à la nage, et dans le fourré de l'autre bord ils auraient trouvé les grandes pirogues, trop pesantes pour que les indigènes les eussent emportées.

Le lendemain, nous reprîmes le chemin qui conduisait chez Nemmebé ; et peu s'en fallut que nous n'eussions une affaire dès ce premier jour de route. Depuis longtemps déjà, la caravane était à la ration de disette ; or, en passant près d'un champ qui venait d'être planté en manioc, quelques porteurs ne purent résister à la tentation de déterrer un certain nombre de racines. Ce que voyant, les femmes tombèrent sur les maraudeurs, en jetant les hauts cris et en les accablant de malédictions. La caravane s'arrêta. Ne sachant pas ce qui arrivait, Abd-es-Sâmate quitta l'arrière-garde et accourut avec ses faroucs. Informations prises, il pensa qu'il fallait faire un exemple capable de produire bon effet sur les naturels. Empoignant donc les voleurs de manioc, il leur fit vigoureusement sentir son courbatche, à la grande satisfaction des femmes qui, riant et gesticulant, se moquaient des battus.

Quand nous rentrâmes chez Nemmebé, nous vîmes brûler nos anciennes huttes, auxquelles les habitants avaient mis le feu pour nous montrer qu'ils ne voulaient plus nous recevoir. Sans faire de halte, nous passâmes le Coussombo ; et à la chute du jour nous atteignîmes le dernier village des Mombouttous, où je m'installai avec mes gens et mes paquets sous un vaste hangar.

Là, nous apprîmes qu'Ouando avait juré notre perte.

Malheureusement, sans provisions et sans guides, Abd-es-Sâmate ne pouvait réaliser le plan qu'il avait formé d'abord de tourner par l'est le territoire ennemi. Nous n'avions plus qu'à continuer de suivre l'ancienne route.

Des averses réitérées ayant grossi les rivières, il fallut à la caravane un temps si long pour franchir le ruisseau qui sépare le pays des Mombouttous de celui des Niams-Niams, que je pus à loisir dessiner une vue de la forêt. Mon esquisse était beaucoup trop restreinte et ne rendait pas les splendeurs qu'elle rappelle ; mais elle pouvait donner un aperçu des fourrés de bananiers qui croissent à l'ombre des galeries. Les énormes tiges des arbres sont revêtues d'un épais manteau de poivre sauvage, aux baies corallines. De longues touffes d'usnée chargent les branches, où elles se mêlent à une curieuse fougère que j'ai appelée oreille d'éléphant. Dans la ramée, à une grande hauteur, sont des villes de termites. Des arbres morts, entièrement couverts de festons de verdure, dominés par une voûte de feuillage impénétrable, forment, sous leurs amas, des retraites spacieuses où règne une nuit profonde. C'est en de pareils endroits qu'habite le chimpanzé.

Le soleil était encore à une grande hauteur quand nous nous arrêtâmes dans cette solitude pour dresser le camp.

Le surlendemain, l'horizon commençait à peine à blanchir que nous étions en marche. Nous devions ce jour-là entrer chez Ouando, et l'attente d'un accueil hostile nous rendait impatients. Vers midi nous trouvâmes la déclaration de guerre. Près du sentier, sur la frontière même, et placés de manière à être vus de tous les passants, trois objets étaient suspendus à une branche d'arbre : un épi de maïs, une plume de coq et une flèche. Nos guides nous expliquèrent aisément le sens de ces emblèmes : cela signifiait que celui

d'entre nous qui toucherait à un épi de maïs ou qui prendrait une volaille tomberait frappé d'une flèche.

Ce ne fut donc pas sans une certaine inquiétude que nous franchîmes le ruisseau servant de frontière. Avant de s'engager dans le fourré, notre chef ordonna de faire halte, et envoya plusieurs détachements pour reconnaître les lieux.

Dès qu'il fut certain que le passage était libre, les trompettes sonnèrent et la colonne se remit en marche. Les femmes réunies au centre, en un groupe serré, poussaient des cris aigus; les soldats juraient et les chefs hurlaient leurs commandements.

Nous débouchâmes sans encombre dans une savane où l'on s'arrêta de nouveau. Ici l'éclair d'une lance ou une tête laineuse qui s'apercevait dans l'herbe, et ailleurs l'ondulation d'un panache, révélaient la présence de l'ennemi. Ce dernier formait un large demi-cercle qui embrassait tout le front de notre champ de halte. Néanmoins, par sa conduite, il semblait avoir le désir d'entrer en pourpalers. Précédé de ses interprètes et de son clairon, le Kénousien s'avança. Les indigènes, tout en ne perdant pas de vue les fusils des Khartoumiens, firent quelques pas au-devant de lui. Toutefois, pendant la conférence, nous les vîmes se rapprocher, ce qui nous donna de l'espoir.

Les parlementaires agissaient au nom des Nabandas-Yourous, section la plus voisine des Bangas. Bien que sujets d'Ouando, ils ne partageaient pas, disaient-ils, son animosité à notre égard, et ne voulaient que défendre leurs champs et leurs demeures contre les risques de la guerre. Sâmate crut devoir reconnaître la justesse de leurs observations.

Sur ces entrefaites, arrivèrent d'autres belligérants qui nous offrirent leur protection. Avec eux, nous traverserions le pays en toute sûreté. De plus, ils connaissaient la place où l'ivoire du Kénousien avait été caché, et ils nous pressaient de les accepter pour guides. Je dis à Sâmate qu'il ferait mieux de prendre ces gens-là comme otages que de se fier à leur parole ; mais il n'ajouta pas foi à mes craintes, affirmant que les indigènes avaient peur de la guerre et que tout finirait bien.

Sans plus tarder, les parlementaires nous conduisirent à leur village, de l'autre côté du ruisseau. Malgré l'absence suspecte des femmes et des enfants, nous fûmes rassurés par l'abondance des provisions que l'on nous donna. J'eus pour ma part quelques bons morceaux d'une antilope tuée par nos hôtes le jour précédent. Si empressés qu'ils fussent à nous accueillir, ces gens-là méritaient un châtiment exemplaire : car c'était chez eux que nos trois esclaves avaient été massacrés lors de notre premier passage. Mais Sâmate, espérant retrouver son ivoire et partir sans être inquiété, crut qu'il fallait à ce sujet faire preuve d'indulgence.

La nuit fut tranquille. Nous nous remîmes en marche au lever du soleil et ne fîmes halte qu'un instant pour déjeuner.

Nous venions de repartir. Abd-es-Sâmate nous précédait, accompagné de deux enfants qui portaient ses armes, et suivi de ses gardes du corps. Immédiatement derrière lui marchaient les nouveaux guides. J'avais le pressentiment d'une perfidie et je portais ma carabine, contrairement à mon habitude.

Nous avions fait ainsi à peu près deux kilomètres. J'étais en avant des porteurs et à une centaine de pas d'Abd-es-Sâmate. Tout à coup plusieurs détonations se succèdent et je vois des indigènes passer dans l'herbe à toute vitesse. Un feu rapide est ouvert sur les fugitifs; des cris de douleur prouvent que plusieurs ont été blessés; néanmoins la fuite continue. J'accours et trouve Sâmate porté par ses hommes : une large raie sanglante traverse son vêtement blanc; et près de lui, la face contre terre, se tordent dans

une affreuse agonie les deux petits servants d'armes, chacun d'eux traversé par un coup de lance. Je me précipite sur mon pauvre ami, je déchire ses vêtements afin de le panser au plus vite et du mieux qu'il m'est possible. J'ai sur moi par hasard une boîte d'épingles à insectes. L'eau ne manque pas : nous en avons toujours avec nous. La plaie est lavée; j'en rapproche les bords au moyen d'une demi-douzaine de mes plus fortes épingles que je maintiens avec du fil de coton; et l'écharpe de Sâmate, une écharpe de mousseline, me sert de bandage.

Voici comment la chose s'était passée. L'un des guides brandissant sa lance avait bondi vers Abd-es-Sâmate en criant : « Les hommes de Yourou sont pour la paix; mais nous, nous sommes pour la guerre! » Au même instant ses compagnons tombaient sur les deux servants d'armes. Instinctivement Sâmate s'était détourné, et l'énorme lance qui devait le frapper à la tête n'avait rencontré que les lombes[1]. Par un effort désespéré, le Kénousien avait arraché le fer, l'avait rejeté à l'assassin déjà en fuite, et s'était évanoui.

Surpris par cette attaque, les gens qui suivaient Abd-es-Sâmate avaient tiré sur les fugitifs sans prendre le temps de viser, et leurs chevrotines n'avaient fait que toucher quelques indigènes sans en abattre un seul. Mais immédiatement une battue s'organisa; et pendant que je m'occupais du blessé, un feu roulant de mousqueterie se fit entendre sur toute la ligne de la caravane.

Bientôt les porteurs dispersés se rassemblèrent; ils reçurent l'ordre de déposer leurs charges et de mettre l'ennemi au pillage, ce que nos Bongos affamés désiraient depuis longtemps.

Une preuve que la trahison était résolue d'avance, c'est qu'immédiatement après l'attaque dont Abd-es-

1. Parties de l'abdomen qui couvrent les reins. — J. B.

Sâmate avait été la victime, tous les villageois avaient pris la fuite. Les Nubiens qui cherchaient à capturer des femmes et des enfants pour en faire des esclaves, ainsi qu'ils prétendaient en avoir le droit, ne trouvèrent que des petits garçons qu'ils relâchèrent aussitôt pour se donner le plaisir de les arrêter dans leur fuite à coups de lance et à coups de fusil.

Une demi-heure après, tous les greniers étaient vides et les villages en flammes. Les toits, enlevés en un clin d'œil, couvraient les huttes de notre bivac que protégeait une forte palissade ; et à l'intérieur de cette enceinte, dont les cases détruites avaient fourni les matériaux, était amoncelé l'énorme butin de nos gens.

Tandis que les porteurs s'occupaient de leurs provisions, l'escorte faisait bonne garde et tenait à distance les indigènes, réunis en différents endroits avec l'intention de nous attaquer. Bientôt les soldats qui avaient poursuivi les fugitifs revinrent et mirent aux pieds de leur chef, alors couché sous un arbre, les têtes des Bangas tombés sous leurs coups. Tranchées sous l'empire de la colère qu'avait fait éclater la trahison des guides, ces têtes furent les seules que, pendant toute la campagne, nos hommes détachèrent des corps de leurs ennemis. Les peuplades auxquelles appartenaient les gens de notre caravane ont une horreur superstitieuse de la décapitation, et nos musulmans, s'ils avaient été de sang froid, auraient considéré comme une souillure de toucher le cadavre d'un païen.

Personne n'attachant aucun prix à ces têtes, j'en enrichis ma collection de crânes.

Nous étions alors à une portée de fusil d'un bois arrosé par un ruisseau important qui se dirigeait vers le nord, où, à peu de distance, il rejoignait l'Assica. Sur la rive opposée, beaucoup plus haute que celle que nous occupions, se trouvaient des hameaux éparpillés dans la plaine. Entre ces hameaux allaient et venaient des gens armés, sans que nous pussions comprendre le but de leurs mouvements. Une partie des Nubiens qui nous accompagnaient, les plus courageux de la compagnie, résolurent de s'ouvrir un chemin à travers la jungle, pour passer le ruisseau, et aller attaquer l'une des bourgades. Tout l'ivoire que Sâmate avait acheté lors de son premier passage, et qu'il avait laissé dans le pays, semblait perdu. Le seul moyen de le recouvrer était, d'après nos hommes, d'enlever un certain nombre de femmes et de ne les rendre qu'en échange de notre bien.

Je suivis nos soldats pendant quelque temps et je n'ai jamais eu une meilleure occasion d'observer le tir des indigènes. Généralement accroupis derrière les buissons, ils ne se relèvent que pour lancer leurs flèches et alors, bondissant çà et là en dansant, ils ont l'air de prendre part à une pantomime. La grêle de traits dont ils accueillirent notre approche fut si épaisse que le fourré était couvert de flèches, comme il l'aurait été de brins de chaume si une charretée de paille l'eût traversé pendant un ouragan.

Sur la lisière du bois, au point où débouchait le sentier, quelques braves s'arrêtèrent en face de nos hommes et leur adressèrent des gestes provocateurs. Du hallier qui se trouvait au delà partirent des cris de guerre, tandis qu'au loin résonnaient les tambours. L'un des Bangas fit un bond à notre rencontre et, se couvrant de son bouclier, nous accabla d'injures. Une balle traversa le bouclier et tua l'homme qui le portait. Un second s'avança : il eut le même sort. Les autres disparurent, et le bruissement du feuillage nous annonça leur fuite générale.

C'était le moment de passer; nos gens en profitèrent et gagnèrent les hameaux sans la moindre opposition ; ce qui ne les empêcha pas de continuer leur feu.

Pour moi, la curiosité seule m'avait amené sur le

lieu du combat. Je n'étais animé d'aucune ardeur martiale, d'aucun sentiment de haine contre les naturels et je restais neutre. Mes compagnons, néanmoins, ne se lassèrent pas de raconter mes prouesses. Ils parlaient sérieusement de l'héroïsme dont j'avais fait preuve en me jetant au plus fort de la mêlée. C'est ainsi souvent que s'établit la réputation d'un voyageur.

Les indigènes ne se faisaient pas la moindre idée de la rapidité d'une balle; dès qu'il leur en sifflait une aux oreilles, ils se baissaient vivement : on voyait ainsi des centaines de têtes noires disparaître tout à coup dans l'herbe ou derrière les buissons, comme si elles avaient été mues par un même ressort.

Au coucher du soleil, l'ennemi se trouvait refoulé; tout le pays était libre, et nos porteurs revenaient chargés du riche butin qu'ils avaient fait dans le jour. On plaça des sentinelles, on alluma de grands feux, et la nuit se passa dans un profond silence, interrompu de loin en loin par une détonation isolée.

Mais la blessure d'Abd-es-Sâmate passait, parmi les indigènes, pour être mortelle. Encouragés par les renforts qu'ils reçurent pendant la nuit, ils firent de nouveau retentir les bois de leur cri de guerre, auquel ils mêlaient les insultes les plus outrageantes. Chaque bordée d'invectives se terminait par ces mots, répétés en chœur : « Mbâli à mort! Mbâli, Mbâli! Donnez-nous Mbâli; nous avons besoin de viande. » Mohammed s'irrita de ces injures et, malgré sa faiblesse, résolut de se montrer. Il se fit porter sur une colline de termites, d'où il pouvait être vu de loin et, pendant un quart d'heure, brandissant son cimeterre, il cria à pleins poumons : « Vous voulez Mbâli? Regardez-le, regardez bien! Mbâli n'est pas mort. Mbâli est ici; venez le trouver avec cent lances; venez, si vous l'osez! » Et il leur renvoya leur cri de « viande! viande! » se servant du dialecte niam-niam qu'il parlait couramment.

Le Kénousien était reconnaissable à son chapeau mombouttou, qu'ornait un panache de plumes rouges. Aucun de ses compatriotes n'aurait consenti à porter un costume d'indigène ; mais lui se faisait un plaisir de l'endosser dans les expéditions de ce genre.

Afin que les naturels pussent croire à son entière guérison, Sâmate habilla son neveu des vêtements sous lesquels il venait de paraître et l'envoya, avec un détachement, faire une reconnaissance vers le nord.

Quant à moi, enfermé dans ma tente, je passai toute la journée à faire pour mes gens des cartouches dont nous pourrions avoir besoin si la guerre se prolongeait. J'employai pour les charger des chevrotines, mêlées à de très-gros plombs ; entre les mains de tireurs inhabiles, elles devaient aussi être plus meurtrières que de simples balles.

Comme le jour baissait, nous aperçûmes à quelque distance une bande considérable d'indigènes qui, au lieu de sortir des bois situés au nord, c'est-à-dire en face de nous, arrivaient du sud. Les premiers rangs seuls étaient visibles : le reste de leur troupe nous était caché par les grandes herbes et les buissons ; mais les cris qui nous parvenaient, semblables aux rugissements de la tempête, témoignaient du nombre des agresseurs. La moitié de nos soldats sortirent du camp en ligne serrée et tirèrent sur l'avant-garde. Cinq indigènes tombèrent frappés à mort ; et le changement de ton du cri de guerre annonça que beaucoup d'entre eux étaient blessés, ce qui devait être, la plupart des fusils de nos soldats portant une poignée de chevrotines.

Déconcerté par cette vive attaque, l'ennemi se replia et fut alors poursuivi par nos porteurs qui, à leur départ de chez Mounza, avaient reçu des armes neuves, et dont les lances firent beaucoup plus de mal aux fugitifs que les fusils des Nubiens. Ainsi nos troupes mirent en déroute un corps d'indigènes, dont la force pouvait être de dix mille hommes.

Empêchés dans leur fuite par le nombre et le poids de leurs armes, plus encore par leurs vêtements, les Bangas se dépouillèrent pièce à pièce de ce qui entravait leur course, et boucliers, lances, draperies d'écorce, jonchèrent le sol, même les parures et les faux cheveux, avec les carcasses de roseau qui en soutenaient l'édifice. Vers minuit, nos hommes, agitant au bout de leurs piques les chignons ramassés, revinrent au camp, où ils furent accueillis par des cris de triomphe et des éclats de rire frénétiques. Ils rapportaient assez de provisions pour nourrir la caravane pendant un mois.

Cette attaque fut la plus sérieuse que l'ennemi ait tentée. Les Bangas seuls y avaient pris part; jusque-là pas un Niam-Niam ne s'était montré.

Le lendemain, au point du jour, une forte escouade fut envoyée vers le nord pour épier les mouvements d'Ouando, que nous pensions voir apparaître dans la journée, et pour tâcher d'attraper quelques femmes, avec l'intention de rendre ces captives en échange de l'ivoire de Sâmate. On n'a pas oublié que, pour racheter leurs épouses, les Niams-Niams donnent tout ce qui leur est demandé.

Il y avait environ deux heures que notre escouade était partie, lorsque nous vîmes passer de l'autre côté de la vallée une troupe d'indigènes. A la forme carrée de leurs boucliers, nous reconnûmes que ces naturels étaient des Bangas. Le défilé dura près de trois heures; leur bande devait compter au moins dix ou douze mille hommes. Nous en conclûmes qu'Ouando faisait exécuter cette manœuvre pour nous surprendre pendant la nuit. Au contraire, ces gens se retiraient devant nos quarante soldats. Nous apprîmes en effet par ceux-ci qu'en approchant des villages ils avaient trouvé les Bangas sous les armes, et attendant avec anxiété l'arrivée du chef; mais qu'en les voyant tous ces braves avaient battu en retraite.

Dans la plaine inclinée où se trouvait notre camp, s'élevaient ces forteresses de termites qui ont plus de trois mètres de hauteur. Leurs sommets, d'où l'on dominait les grandes herbes, étaient généralement occupés par les indigènes, qui de là nous accablaient d'injures; mais aussi, parfois, d'un monticule à l'autre, s'engageaient des pourparlers entre nos avant-postes et les vedettes ennemies. Ce fut de la sorte que, grâce aux gardes du corps d'Abd-es-Sâmate, qui comptaient parmi eux une quarantaine de Niams-Niams, nous apprîmes que les Bangas étaient exaspérés contre Ouando, parce que, après les avoir poussés à la guerre, il les avait lâchement abandonnés. Ils ajoutaient que, la réponse de l'augure n'ayant pas été favorable, Ouando était allé se cacher au plus épais des bois, et malgré leurs prières refusait de les secourir.

Le matin du quatrième jour, tous les naturels hostiles avaient disparu.

Durant cette courte campagne, les Nubiens ne brillèrent ni par le courage ni par la discipline. Tout le poids de la guerre retomba sur les soldats noirs ou faroucs. Néanmoins, les premiers sont indispensables aux chefs de caravane. La garde noire tire beaucoup mieux; elle connaît tous les sentiers et n'est pas éprouvée par le climat. Les jours de pluie, tandis que les Nubiens restent grelottants dans leurs cabanes, les faroucs, avec le fusil enveloppé dans ce qui leur sert de vêtement et le corps entièrement nu, vont sous l'averse repousser l'ennemi à travers bois et steppes. Mais leur désertion est toujours à craindre, tandis qu'on peut compter sur les Nubiens. Par contre, ces derniers sont pleins de mollesse, souvent malades, se montrent récalcitrants, et ne font pas toujours preuve de courage. Les nôtres avaient une peur effroyable d'être mangés ; surtout parce qu'ils craignaient d'être privés des rites funéraires qui, d'après le Coran, sont indispensables pour gagner le Paradis.

Comme Abd-es-Sâmate se trouvait beaucoup mieux, il ne voulut pas rester plus longtemps immobile.

Le cinquième jour, au lever du soleil, nous quittâmes donc cet endroit inhospitalier. Vers midi, nous fîmes halte à côté d'un village, et nos Bongos purent donner libre carrière à leurs goûts destructeurs.

Tandis qu'ils saccageaient les huttes, nos gens entendirent caqueter des poules dans un grenier ; ils y pénétrèrent ; et, sous des tas d'éleusine non battue, ils trouvèrent une partie de l'ivoire de Sâmate ; il était facile à reconnaître, le Kénousien l'ayant marqué. En même temps les poules furent prises avec leurs œufs, ce qui me procura un déjeuner fin.

Auprès d'un cours d'eau, nous aperçûmes, devant leurs cases, des indigènes qui, surpris par notre approche, se jetèrent dans le bois comme une harde effarouchée. Deux de leurs femmes qui étaient venues puiser de l'eau, tombèrent entre les mains de notre avant-garde ; et leur capture, après les tentatives infructueuses des jours précédents, fut saluée avec joie par toute la bande. Quant aux deux captives, elles ne semblaient nullement émues ; comme si de rien n'était, elles se mirent à causer avec les femmes de leur race qui ne manquaient pas au milieu de nous, et parurent aussi à leur aise que si elles avaient appartenu à la caravane depuis des années.

La nuit, froide et pluvieuse, ne nous procura pas le repos qui nous eût été si nécessaire. Dans le bois voisin, à travers les hurlements de la tempête, nous entendions les voix lamentables des maris de nos captives ; ils appelaient leurs femmes. Bien qu'ils fussent anthropophages, ils avaient pour leurs compagnes une affection profonde ; et ces appels, criés sans interruption pendant des heures, étaient faits pour toucher.

La matinée fut sombre et pluvieuse; mais il fallait nous ouvrir un passage à travers le fourré et traverser là rivière d'Ouando ou Mbrouolé. Ce n'était pas assez d'être mouillés jusqu'aux os; nous avions encore à subir les attaques du rotang, dont les épines sans nombre s'élancent dans toutes les directions, avec le dessein apparent de saisir et de torturer le voyageur.

Sur la rive, nous attendaient nos faroucs, qui avaient pris les devants pour battre le pays et dont les recherches avaient été fructueuses. Ils avaient surpris, au moment où ses compagnons cherchaient leur salut dans les bois, une jeune femme; l'avaient poursuivie comme une antilope, et avaient fini par l'attraper. C'était une femme d'un rang élevé, comme le prouvaient le magnifique tablier de peau de bête dont elle était revêtue et la profusion de colliers de dents qui formaient sa parure.

Il est rare qu'en pareille occasion les hommes soient faits prisonniers : habitués à ne pas voir de différence entre la capture et la mort, ils se défendent jusqu'au bout avec l'énergie du désespoir. Leur capture, d'ailleurs, ne serait pas avantageuse à cause de l'esprit de révolte qui leur enlève toute valeur comme esclaves.

L'humeur intraitable que montrent les captifs niams-niams, et qui chez eux provient de la crainte d'être mangés, rendait plus frappante la conduite pleine de calme et de douceur de notre riche prisonnière. Elle causait sans témoigner la moindre inquiétude, et nous donnait sur le pays les renseignements qui lui étaient demandés. J'en conclus que, chez les Niams-Niams, les femmes prises à la guerre sont conservées comme esclaves, et non sacrifiées à l'anthropophagie [1].

Guidés par notre captive, nous traversâmes le

1. Ce n'est pas exact pour les femmes vieilles, ainsi qu'on le verra plus bas. — J. B.

Mbrouolé, et nous prîmes possession des huttes sur l'autre bord.

Plus tard, après avoir franchi quelques marais, on s'arrêta près d'un groupe de hameaux niams-niams; nous ne devions plus en trouver d'autres avant de gagner le territoire d'Abd-es-Sâmate. Bien que, depuis le commencement des hostilités, tout le pays fût sur le qui-vive, notre approche étonna les habitants; mais, pour n'avoir pas précédé notre venue, la fuite de ces gens n'en fut que plus rapide, et le gros de la caravane n'était pas arrivé que toutes les cases se trouvaient désertes.

Nous n'étions plus alors qu'à une quarantaine de kilomètres de l'hospitalière zériba d'Abd-es-Sâmate et nous avions hâte d'y arriver.

Près de l'Ousé, nous rencontrâmes dans le pâturage où ils étaient deux mois auparavant des troupeaux de buffles. Nous nous mîmes à leur poursuite; et, à la chute du jour, deux superbes échantillons de la bande emplissaient nos marmites.

Le matin du 1er mai nous fûmes rejoints par quelques Niams-Niams, sujets d'Abd-es-Sâmate; placés en sentinelles sur les frontières ennemies, ils avaient pris la direction où les avaient attirés les coups de feu de la nuit précédente.

La dernière étape qui nous séparait de la zériba fut bientôt achevée. Elle s'accomplit au milieu d'un bois charmant, distribué comme un parc.

Nous avions rendez-vous avec les gens de Sâmate à l'endroit où notre premier camp avait été dressé lors de notre départ pour le sud. Il se trouvait à huit kilomètres au couchant de la zériba. Sâmate voulait fonder là un nouvel établissement : l'ancien tombait en ruine, et le site qu'il occupait n'offrait pas les mêmes avantages relativement au plan de défense que méditait le Kénousien. Celui-ci, outre Ouando qui le menaçait au midi, avait, du côté de l'ouest, à combattre

Mbio, frère de son ennemi, et qui possédait le territoire situé sur la rive droite du Youbbo inférieur. Un mouvement combiné de ces deux chefs aurait mis la zériba en grand péril. Pour prévenir un tel danger, Abd-es-Sâmate entendait entrer immédiatement en campagne, d'abord contre Mbio, et ensuite infliger à Ouando le châtiment qu'il méritait.

Quant à moi, je devais me retirer avec les blessés et mes gens sur les rives du Nabambisso.

En attendant, nous trouvions, à l'endroit indiqué, des huttes spacieuses pour nous recevoir. Nous étions commodément installés ; la pluie avait modéré la chaleur, et l'air vivifiant, chargé des senteurs balsamiques des bois, ranimait l'esprit et le corps.

Trois ans auparavant, ce pays était encore cultivé; mais, livrées à elles-mêmes, les racines et les souches que le défrichement n'avait pas détruites avaient émis de nouveaux rejets; les arbres et les buissons, redoublant de vigueur, avaient effacé jusqu'aux dernières traces des champs; et les proportions gigantesques du feuillage témoignaient de la puissance génératrice du désert et de la faiblesse de l'homme vis-à-vis des forces persistantes de la nature.

Je passai dans cet endroit charmant les premiers jours de mai, qui est bien sous cette latitude un « mois de délices (*wonnemonat*). » La saison pluvieuse ramène la vie partout et donne à la verdure nouvelle une exquise fraîcheur. Du matin au soir, je me promenais dans les bois et j'enrichissais mon herbier, tandis que Sâmate s'occupait activement de ses constructions. Au bout de cinq jours, les blessés vinrent prendre possession de leur nouvelle demeure et l'ancienne zériba put être évacuée. L'armée, pendant ce temps-là, avait fait ses préparatifs; de sorte qu'Abd-es-Sâmate entra immédiatement en campagne.

Pour moi, la perspective n'avait rien d'agréable : en mettant les choses au mieux, l'absence de mon hôte serait au moins de vingt jours; et pour faire durer jusque-là nos provisions, on devait se rationner rigoureusement. Dès lors, je ne recevais par jour qu'une volaille, à peine grosse comme une perdrix, et une simple tranche d'un pain d'éleusine à la fois amer et grossier. Par le temps frais et apéritif dont nous jouissions, ce menu était fort peu suffisant; aussi je ne tardai pas à éprouver les angoisses de la faim. Bientôt, tout idéal s'évanouit : boire et manger devint le thème unique de mes pensées et de mes rêves. Trois semaines s'étaient écoulées sans que nous eussions reçu aucune nouvelle d'Abd-es-Sâmate. Il n'y avait plus moyen de rester là. Pour échapper au désastre qui nous menaçait, je résolus de me rendre à une des zéribas de Touhâmi, située à soixante-quatorze kilomètres du côté de l'est, et près d'une haute montagne, le Baghinzé, qui avait pour moi un intérêt particulier.

Le pays était sûr. Pour cette course, dix porteurs me suffisaient, et ils m'accompagnèrent avec joie.

Le 21 mai, d'une seule traite, nous arrivions chez Ghitta, l'un des agents de Sâmate. Après le jeûne des dernières semaines, l'hospitalité de notre hôte nous émerveilla : il nous donna du grain pour les porteurs et plaça devant nous plusieurs pots de bière d'éleusine. A cette abondance, s'ajoutèrent les nombreuses tourterelles que je tuai dans le bois voisin, au grand divertissement des indigènes. Ces tourterelles à collier blanc, qui paraissent exister dans toute l'Afrique centrale et en toute saison, pullulent dans les endroits qu'elles affectionnent et manquent complétement dans d'autres localités.

En continuant notre route pour nous rendre à la zériba de Touhâmi, nous nous reposions au bord du Nambia, lorsque nous vîmes arriver Merdyâne, qui, accompagné de plusieurs indigènes, venait me souhaiter la bienvenue. Il appartenait à la garde noire d'Abd-es-Sâmate et avait pour mission de défendre la frontière orientale de ses possessions, à la tête de trois hommes armés de fusils. L'hospitalité la plus attentive nous attendait à sa zériba dont les cases étaient propres et d'une forme élégante. Merdyâne fournit à mes hommes du grain en abondance et me donna du maïs vert, qui, pour moi, était une friandise.

De cet établissement à la zériba de Touhâmi, la route non-seulement traversait un district inhabité, mais elle franchissait tant de ruisseaux qu'il était malaisé de s'y reconnaître. L'ignorance de nos guides nous mettait dans une très-grande perplexité ; car nous avions constamment la crainte de tomber parmi les Baboucres, gens hostiles et cannibales, qui nous auraient eus complétement à leur merci. Pour comble d'infortune, au milieu d'une forêt de bassias, les seuls que j'aie vus chez les Niams-Niams, le ciel se voila de nuées annonçant un orage, et nous n'eûmes plus le moyen de nous orienter d'après la direction des ombres. Ce fut donc avec bonheur que nous trouvâmes enfin deux cases abandonnées, qui, malgré leur délabrement, nous étaient d'un grand secours. L'orage avait éclaté, et la pluie torrentielle nous obligeait à passer la nuit dans ce lieu désert. A l'intérieur des huttes, grouillaient des êtres rampants et courants, auprès desquels la vermine des lieux habités me paraissait être formée de paisibles animaux domestiques. Pour échapper à d'odieux contacts, j'avais fait un amas d'herbe et de feuilles et m'étais glissé au milieu du monceau ; mais des légions de termites rongeaient mon double matelas, des serpents et des lézards fourrageaient bruyamment dans le chaume de la toiture, et partout couraient des souris. Néanmoins je finis par m'endormir.

Le matin, lorsque je m'éveillai, la pluie tombait toujours et fouettait les feuilles coriaces des bassias, comme auraient fait des grains de plomb. La faim nous contraignit de reprendre, malgré la pluie, notre marche à l'aventure. Avant le coucher du soleil, nous arrivâmes à la zériba de Touhâmi, où, parmi les gens de la garnison, mes Nubiens retrouvèrent des amis de Khartoum.

Le gouverneur de l'établissement me reçut avec l'hospitalité ordinaire, et mit à ma disposition sa meilleure case que protégeait une haute palissade. Déjà, depuis un an, son maître, qui était le rédacteur en chef du *Hokkoumdareh*, lui avait envoyé de Kharthoum l'ordre de m'accueillir avec tous les égards possibles.

Cette zériba, près de laquelle passait un ruisseau nommé l'Annighi, servait de point d'appui aux caravanes que Touhâmi expédiait des bords du Rohl dans le Mombouttou pour y chercher de l'ivoire. Située à la frontière du pays des Niams-Niams, elle formait avant-poste du côté des Baboucres, dont le territoire avait été jusque-là le grenier d'abondance des gens de Touhâmi, qui s'y approvisionnaient avant de partir pour le Sud. Mais, peu de temps après mon départ, fatigués de ces razzias permanentes, les Baboucres voisins de l'établissement se ruèrent sur lui, y mirent le feu et contraignirent les habitants à l'évacuer. Beaucoup de Nubiens et de Niams-Niams périrent dans cette rencontre.

Nous y fîmes une halte d'un jour franc.

Le 27 mai, accompagné de Gyabir, mon interprète niam-niam, et suivi de quelques soldats indigènes appartenant à la zériba, je me dirigeai vers le mont Baghinzé.

Pour Gyabir, notre arrivée chez Touhâmi avait été l'occasion d'un grand bonheur : il avait trouvé là une épouse, ce qu'il cherchait depuis longtemps et ce qu'il avait en vain demandé à Abd-es-Sâmate et à Sourour. Le chef de la zériba avait une grande provision d'esclaves, et une de plus ou de moins le touchant fort peu, il avait fait don à mon interprète d'une jeune fille de race louba. En Afrique, un homme sans fortune ne trouve pas plus aisément qu'ailleurs à se marier. S'il fait lui-même sa demande, il doit subir toutes les exigences du père de la future. Ce n'est qu'en s'adressant au chef du district, tout-puissant en pareille matière, qu'il peut parvenir à prendre femme sans bourse délier; et, comme on le voit par le cas de Gyabir, la requête ne réussit pas toujours. Mais revenons à notre excursion.

Après avoir fait huit kilomètres, nous atteignîmes le Damvo, colline de gneiss aux versants rapides, au sommet aigu, dont la hauteur au-dessus de la plaine est d'environ soixante-sept mètres.

Le Baghinzé est seulement à sept ou huit kilomètres au sud-sud-est du Damvo; mais, pour franchir cette courte distance, on est obligé de faire de nombreux détours. A moitié chemin fuyait un ruisseau au fond d'une crevasse que nous pûmes franchir d'un bond : c'était la *source du Diour*, l'un des tributaires les plus considérables du Nil-Blanc, et que pas un Européen n'avait encore vue.

Le lendemain matin, à mon grand désappointement, le ciel était couvert de nuées épaisses, et une pluie fine nous dérobait la plus grande partie du paysage. Mon séjour dans le pays étant limité par le manque de vivres, dont on souffrait chez Touhâmi comme ailleurs, je ne pouvais donner qu'un jour à l'examen du Baghinzé. Si l'on voulait gravir la montagne, il fallait commencer immédiatement. Par un temps semblable, je ne me dissimulais pas que cette entreprise n'avait rien de séduisant pour mes guides; aussi ne fus-je pas étonné d'apprendre qu'ils avaient décampé pendant la nuit.

Je n'avais plus dès lors à compter que sur moi-même; et je partis, accompagné de mes deux Niams-Niams, chargés de mes portefeuilles, en laissant mes Nubiens réchauffer leurs membres grelottants au feu du bivac. Durant notre ascension, le vent était si fort que mon grand chapeau, bien qu'il fût chargé de pierres, dut être mis de côté. Malgré tous les obstacles, nous parvînmes au sommet. Vues de cette hauteur, où disparaissait la pente de leur base, les collines que projetait le Baghinzé au levant et au nord ressemblaient à des îlots rocheux surgissant d'une plaine horizontale, et se distinguaient entre toutes par leur effet pittoresque.

Les mesures que je pris alors me donnèrent pour le Baghinzé une hauteur relative de quatre cent vingt-quatre mètres. Malheureusement les observations barométriques que j'avais faites au pied de la montagne, afin de déterminer l'altitude au-dessus du niveau de la mer, ont été perdues; mais je crois ne pas me tromper de beaucoup en l'estimant à quatorze cent trente mètres.

J'employai le reste du jour à dessiner dans ma hutte, éclairée d'une lueur crépusculaire. La pluie ne semblait pas vouloir finir. J'aurais voulu rester là quelque temps pour explorer cette localité séduisante; malheureusement, mes compagnons ne partageaient pas mes jouissances intellectuelles; et les plaintes que leur inspirait la pluie croissante furent si amères que, le troisième jour, nous partîmes dès le matin.

Le 1er juin, dans la soirée, nous rentrions dans notre zériba du Nabambisso.

J'y trouvai de bonnes nouvelles d'Abd-es-Sâmate, et la position générale s'était améliorée. Nous n'avions pas beaucoup de grain; mais on avait apporté des épis de maïs, les gourdes avaient mûri, les pintades s'étaient cantonnées dans le voisinage, et, grâce à la pluie qui continuait de tomber, on trouvait partout d'excellents champignons. L'abondance était si grande que, pendant quelques jours, je ne dînai que de foies de pintade aux champignons.

Bientôt nous fûmes rejoints par le gros de l'armée, puis par Abd-es-Sâmate. On n'avait pas pu atteindre Ouando. Toute la campagne s'était faite contre Mbio, qui, loin de suivre la coutume des princes niams-niams, avait payé de sa personne et fait preuve d'une bravoure remarquable. Ce n'était qu'avec la plus grande difficulté que Sâmate était parvenu à repousser les hordes de son adversaire; il avait couru les plus grands dangers et il avait été obligé de construire des toits de chaume pour abriter ses soldats contre l'effet des armes de jet et afin qu'ils pussent se servir avec avantage de leurs fusils. Mais les indigènes, ayant le tort de cesser la lutte après le coucher du soleil ou par un temps pluvieux, perdent ainsi trop fréquemment l'occasion d'écraser l'ennemi et de se délivrer des Nubiens.

Peu de jours avant l'arrivée d'Abd-es-Sâmate, un événement inattendu avait jeté l'alarme parmi nos Bongos. Ceux-ci avaient, comme on sait, l'habitude de parcourir les environs pour chercher des provisions de bouche; un soir, trois hommes de la bande manquèrent à l'appel. Leurs camarades prétendirent qu'ils avaient été pris par les habitants du district voisin, et certainement tués et mangés.

Le lendemain, de bonne heure, les Bongos avec la plupart des Nubiens restés à Nabambisso, se réunirent pour se mettre à la recherche des hommes qui avaient disparu; ils rentrèrent au camp sans les avoir retrouvés. Tout le monde tomba d'accord pour dire que Maddâ, chef de ce district, ni ses gens, ne s'étaient pas du tout justifiés de l'accusation qui pesait sur eux.

A son retour, Abd-es-Sâmate prétendit avoir des affaires trop pressantes pour s'occuper de Maddâ. Ce n'était là qu'un prétexte : il voulait rester en bons termes avec les gens du pays, dont il avait besoin pour l'expédition qu'il allait entreprendre chez les

Baboucres, afin de ravitailler sa caravane réduite à souffrir de la faim.

Toutefois, si, au lieu de trois Bongos, il se fût agi d'un Nubien ou d'un musulman tué par les indigènes, rien ne l'eût empêché de saisir les coupables et de leur infliger un châtiment exemplaire.

Ce ne fut pas Abd-es-Sâmate qui prit le commandement de l'expédition contre les Baboucres; mais son lieutenant Sourour. A la tête d'un corps nombreux de Niams-Niams assujettis, il fit cette campagne, où se déploya toute la sauvagerie des combattants, soldats et indigènes. En surplus du grain qu'ils allaient prendre, les Nubiens s'approprièrent toutes les femmes qu'ils purent saisir. Les Niams-Niams, suivant leur exemple, firent de nombreuses captives, et divisèrent ce butin en trois catégories : les jeunes furent gardées pour la maison; celles d'un âge mûr, envoyées aux champs; et les vieilles à la cuisine, comme provisions de bouche.

Chaque fois que je reprochais à mes Nubiens de laisser commettre sous leurs yeux, et à l'ombre de la bannière de leur prophète, de pareilles atrocités, ils me répondaient que « les croyants ne pouvaient rien changer aux choses de ce monde; qu'ils devaient accepter en tout la volonté de Dieu : les Niams-Niams étaient des païens, et, tant qu'il plairait au Seigneur, ils se mangeraient les uns les autres. Quant aux musulmans, ils n'avaient rien à voir aux coutumes de ces gens-là, et ne devaient s'inquiéter ni de les instruire ni de réformer leurs usages [1]. »

J'eus maintes fois l'occasion d'observer que, malgré leur esprit d'entreprise, les Khartoumiens qui vont chercher de l'ivoire dans l'intérieur ne s'occupent

1. Ces principes de conduite sont ceux qui guident les mahométans dans la plus grande partie de l'Afrique centrale, par tout où ils exercent la traite des esclaves, ainsi qu'en témoigne souvent le docteur Livingstone dans son *Dernier Journal*. — J. B.

nullement de propagande religieuse; et il est facile d'en comprendre le motif : du moment qu'un nègre appartient à l'Islam, il ne peut plus être considéré comme esclave ; tout musulman doit le regarder comme un frère. D'après cela, je ne m'explique pas comment le mahométisme a pu faire tant de progrès au centre de l'Afrique.

Nous attendions depuis quelques jours le corps expéditionnaire qui avait accompagné dans l'ouest les gens de Ghattas; n'en recevant pas de nouvelles, Abd-es-Sâmate résolut de se mettre en marche, et décida son départ pour le 11 juin. Quant à moi, forcé de renoncer, pour cette année, à de nouvelles explorations dans le sud, je soupirais, je l'avoue, après les *oignons d'Égypte :* il me tardait de regagner mon ancienne résidence du pays des Bongos, où devaient bientôt arriver les provisions qu'on m'avait probablement envoyées de Khartoum.

Le premier soir, je couchai près du ruisseau qui passe à côté des bourgades de Coulencho. La saison pluvieuse, où nous étions alors, apportait divers changements dans ma manière de vivre. Je ne me servais plus de ma tente dans ce voyage, et lui préférais les huttes faites avec de l'herbe à la mode africaine.

Avant tout, mes bagages étaient empilés et couverts de toiles imperméables. Ce travail fini, les couteaux et les haches étaient distribués à mes constructeurs. En dix minutes, les matériaux arrivaient. Des branches fourchues étaient solidement plantées en terre, rapprochées vers le haut, puis entrecroisées et maintenues avec des liens. De grandes herbes, longues d'une brasse, étaient dressées tout autour et bandées avec de l'écorce; enfin une énorme gerbe soigneusement ficelée était posée sur le tout comme un bonnet; et en une demi-heure j'avais une cabane étroite comme un nid, mais absolument imperméable. Le tonnerre pouvait gronder, le vent et la pluie faire rage au dehors; en sûreté dans ma case, je jouissais d'un repos bien gagné.

Quant à nos porteurs, ils entouraient les feux du bivac, protégeant le brasier avec leurs poitrines, et recevant sur le dos une pluie battante.

C'est ainsi que nous étions campés, entre le Soué et le Houhoû, longue station qui m'a laissé un souvenir peu agréable. Le lendemain matin la pluie n'avait pas cessé. Tous ceux qui avaient un asile apportaient le plus grand soin à empêcher l'averse d'y pénétrer; quand tout à coup des légions de fourmis envahirent mon refuge; elles arrivaient de toute part, et assaillaient mon matelas, fait d'une couche d'herbe posée sur des branches élastiques : l'endroit le plus sec et le plus chaud qu'il y eût à plusieurs kilomètres à la ronde. Pendant un instant je fus très-perplexe : au dehors, entouré d'eau, tombant par nappes; et au dedans, ces légions dévorantes qui envahissaient mon oreiller! Enfin j'eus une heureuse inspiration qui détourna de moi les assaillantes. Arrachant de ma couche des poignées d'herbe, j'en fis des îlots sur l'aire de ma case, et y répandis les restes de mon souper : je fus ainsi délivré de mes ennemies, car elles se jetèrent avidement sur cette nouvelle pâture.

Le lendemain, nous allions partir, et j'étais déjà en tête de la caravane, lorsqu'arrivèrent des messagers qui apportaient à Abd-es-Sâmate une dépêche du commandant des forces envoyées dans l'ouest. D'après la date de cette lettre, les Niams-Niams qui en étaient porteurs avaient dû faire au moins soixante-quatorze kilomètres par jour et peut-être quatre-vingt-dix.

Les nouvelles étaient désastreuses; l'agent de Ghattas et Bédri, le capitaine de Sâmate, étaient presque désespérés : trois chefs s'étaient réunis pour les attaquer au moment où ils franchissaient une galerie du territoire de Malindé; et, sur leurs quatre-vingt-quinze soldats, trois avaient perdu la vie, trente-deux étaient grièvement blessés. Depuis six jours qu'on les assiégeait dans leurs retranchements, les vivres devenaient rares et l'eau ne pouvait leur être apportée qu'avec les plus grands risques. Amed, le chef de l'expédition, avait été frappé à mort dès le commencement de l'affaire; tombé aux mains des cannibales, il n'avait pu être enterré. Le seul moyen de sauver les blessés, tous hors de combat, était de les emporter en litière; mais, pour cela, il fallait abandonner soixante-dix charges d'ivoire qui avaient été cachées dans un marais voisin. Abd-es-Sâmate résolut de mener au secours de l'expédition, les deux tiers de ses soldats.

En dépit des murmures, il pressa le recrutement de la colonne, et partit à sa tête aussitôt qu'elle fut organisée; quant au reste de la caravane, elle reprit sa marche vers le nord encore d'assez bonne heure.

Quelques jours plus tard, nous fûmes rejoints par Sâmate qui ramenait tous ses soldats. Ce fut une grande fête pour nos gens de revoir leurs amis; ils ne se lassaient pas de les questionner et d'entendre le récit de leurs aventures.

Moi-même, j'écoutai avec un vif intérêt les détails donnés par le capitaine Bédri, qui avait pris le commandement après la mort d'Amed, et aux paroles duquel je savais pouvoir me confier.

Les Nubiens passaient un ruisseau bordé d'une de ces épaisses forêts que j'ai désignées sous le nom de galeries, quand ils furent attaqués à l'improviste. Le premier jet de lances avait jonché le sol de morts et de mourants, et parmi eux les porteurs avaient fourni le plus grand nombre de victimes. L'ennemi était partout : dans les buissons, derrière les arbres, couché sur les branches qui s'étendaient au-dessus du sentier; mais nulle part on ne l'avait aperçu, car il était dissimulé dans l'ombre, ou voilé par le réseau des lianes et les amas des plantes parasites.

Ainsi attaqués, les Nubiens avaient ouvert un feu énergique à travers bois. Ils portaient toujours une ceinture de cartouches, en cas de surprise; et les ayant sous la main, ils tirèrent sans interruption jusqu'au moment où l'on eut recueilli tous les blessés. Quant aux morts, il fut impossible de les recouvrer : les Niams-Niams les avaient enlevés immédiatement.

Aux premiers coups, les porteurs si cruellement éprouvés avaient jeté leurs fardeaux, et prenant la fuite, s'étaient réfugiés sur une colline du voisinage. Ils y furent rejoints par les Nubiens, qui cherchaient un point d'où ils pussent reconnaître le pays et aviser au moyen de se défendre.

La majeure partie de l'ivoire était perdue, tombée aux mains des Niams-Niams; toutefois les Nubiens avaient eu assez de sang-froid pour en cacher un certain nombre de charges dans les marais de la galerie, avec l'espoir de les retrouver l'année suivante. Ils avaient traité avec les indigènes et s'étaient disposés à évacuer la place; mais, à peine leur colonne était-elle en marche, qu'au mépris des engagements qu'il venait de contracter, l'ennemi attaqua de nouveau ces étrangers, dont il avait résolu la perte. Contraints de s'arrêter dans la plaine, nos soldats firent un abatis de bois et d'épines, pour se retrancher du mieux qu'ils le pouvaient.

Ils se défendirent trois jours contre les Niams-Niams, dont l'attaque redoubla de fureur dès que trois chefs indépendants eurent joint leurs forces aux leurs. Quand les indigènes manquèrent de lances, ils se firent des épieux; et ce ne fut qu'au moment où ils n'eurent plus ni flèches, ni armes d'aucune sorte, qu'ils abandonnèrent la partie.

Les Nubiens avaient reçu dans leurs retranchements une telle quantité de ces armes, flèches, lances, et bâtons aiguisés, que pendant les trois jours du siége ils ne brûlèrent pas d'autre bois que celui de ces pro-

 Passage du Tondj. (Page 192.)

jectiles. Les noirs, attachés à la caravane, rapportaient de cette expédition des fers de lance par faisceaux d'une centaine de pièces, afin de s'en servir à la décoration de leurs demeures.

Étant réunis, nous traversâmes la région ondulée de chaînes de collines qui sépare le territoire de Goumba et celui de Ngagné. Une grande partie des blessés étaient encore portés sur des brancards et donnaient à notre longue file un aspect inusité. Ali, le chef de la compagnie de Ghattas, avait été grièvement blessé au cou et à la cuisse; mais, bien que ses blessures fussent encore béantes, le vigoureux Dinca paraissait peu s'en inquiéter; il marchait bravement, causant avec les camarades. En face de la douleur, ces gens-là sont de plus grands héros que ne le ferait supposer leur conduite sur le champ de bataille.

Le 24 juin nous arrivâmes au bord du Tondj. Sâmate avait fait prévenir Ngagné de la prochaine arrivée de la caravane, afin què celle-ci trouvât sur la rivière le pont dont elle avait besoin. Sans perdre de temps, Ngagné avait mis ses gens à l'œuvre; et un pont suspendu, de construction toute spéciale, nous attendait au-dessus de l'eau tumultueuse. La place choisie avait des berges plus élevées et de grands arbres mieux disposés qu'ailleurs pour former les piles du pont. On avait attaché à ces arbres des cordes d'une force et d'une élasticité incomparables, auxquelles on avait enlacé des sarments de vigne sauvage. Il en était résulté une passerelle aérienne, balançoire périlleuse, que nous ne pouvions franchir qu'en rampant.

Le Tondj avait plus de trois mètres de profondeur, une vitesse de trente-huit mètres à la minute et vingt mètres de large; mais, sur les deux rives, il renfermait tant de buissons et d'arbres tombés que l'eau courante n'avait que la moitié de cette largeur.

Pour atteindre notre pont, haut suspendu, et pour

en descendre, un escalier composé d'une pile de troncs d'arbres avait été établi sur les deux bords. Il fallut escalader cet échafaudage, sauter de branche en branche, ce qui ne semblait praticable que pour des singes, puis aborder et franchir le sentier mouvant, dont la vue troublante suffisait pour décontenancer le voyageur, fût-il exempt de vertige et habile en gymnastique. Tous les bagages, charges d'ivoire et autres, furent néanmoins passés, et sans aucun accident.

CHAPITRE VII

LES NUBIENS.

Zériba de Mbômo chez les Mittous. — Présent honorifique offert à Abd-es-Sâmate par les Niams-Niams d'Ouringâma. — Les Baboucres. — Comment des bottines peuvent fournir des bijoux. — Le gouvernement égyptien s'établit dans la province du Ghazal. — Nourriture des Bongos en temps de famine. — Les zéribas khartoumiennes paraissent construites dans les endroits les plus malsains. — On m'empêche de m'installer hors de celle de Ghattas. — Mort du sandjac Courchouc-Ali. — Brigandages de Chérifi. — Les gouverneurs de zéribas tiennent pour Abd-es-Sâmate, et les marchands d'esclaves pour son ennemi. — Préparatifs d'une expédition contre les Niams-Niams occidentaux. — L'incendie de l'établissement de Ghattas consume le fruit de mes travaux. — Je reprends courage et me refais une garde-robe chez Calil. — A la translation des denrées, on devrait employer la brouette chinoise. — Ndôrouma bat Abou Gouroun et son expédition. — Conséquences de la défaite des Khartoumiens. — Les Nubiens ne sont pas voleurs comme les Égyptiens. — Ils sont menteurs et superstitieux. — Collision entre les soldats noirs du gouvernement et les Nubiens de Ziber.

Le jour finissait quand le passage du Tondj fut terminé. Nous cherchâmes un endroit découvert pour y installer la caravane. Avant de retourner à Sabbi, Abd-es-Sâmate voulait aller jusqu'aux frontières des domaines qu'il avait chez les Mittous, afin d'y prendre l'ivoire qu'il y avait laissé. Il choisit une partie de ses hommes pour lui servir d'escorte et renvoya le reste à Sabbi, où mes porteurs se rendirent aussi sous la conduite d'un de mes Nubiens. Quant à moi, ne gardant que les bagages indispensables, je partis avec Abd-es-Sâmate.

Le corps de Ghattas se dirigeait également vers l'est, et, le grain abondant dans les districts que nous devions traverser, nous fîmes route ensemble.

Abd-es-Sâmate, au commencement de l'année, s'était emparé de la portion du territoire des Mittous voisine des états de Ngagné, et avait fondé au mois de février précédent une zériba sur le haut Lêsi, à peu de distance des villages d'Ouringâma. Ce district, extrêmement fertile, avait été dès l'origine une des stations préférées par toutes les compagnies qui, des bords du Rohl, se rendaient chez les Niams-Niams. L'intelligent Kénousien y avait mis pour chef un nommé Mbômo. Des deux côtés de la frontière, les maîtres du pays entretenaient des relations amicales, et les soldats de la zériba vivaient en bonne intelligence avec les Niams-Niams des environs.

Mbômo était établi à trente-huit kilomètres à l'est-sud-est de l'endroit où nous avions passé le Tondj.

Nous fîmes notre premier camp à quatre kilomètres environ de notre pont suspendu, dans un lieu désert, d'une beauté indescriptible, et où, malgré une pluie diluvienne, je passai une nuit excellente dans mon nid d'herbe.

Le lendemain, vers la fin du jour, nous atteignîmes le Lêsi près duquel était la zériba de Mbômo, totalement cachée à nos regards par les bambous qui dominaient la palissade. En cet endroit, la rivière, dont la source était peu éloignée, avait cinq mètres de large, plus d'un de profondeur, et coulait dans un ravin qui se dirigeait au nord-nord-ouest. L'eau était limpide comme du cristal, trait caractéristique de tous les cours bordés par les bambous, qui aiment les fonds où ruissellent les sources. Penchées au-dessus du courant, ces plantes, dont les tiges délicates s'élevaient à une quinzaine de mètres, formaient au ruisseau une voûte ombreuse et charmante.

Dès mon arrivée, la quantité de kisséré (galette de sorgho) donnée à mes gens me fournit la preuve que le pays était riche en grains. Effectivement, il semblait populeux et était couvert de sorgho et de maïs. J'obtins une provision de maïs encore vert, que je fis sécher et moudre ; et je fus, de la sorte, muni de farine pour plusieurs semaines.

Abd-es-Sâmate se montra fort satisfait de la quantité d'ivoire qu'en si peu de temps ses gens avaient su réunir.

L'apparition d'une bande d'élans, chez les Niams-Niams du voisinage, fut, de la part de ceux-ci, l'occasion d'une battue dans laquelle ils eurent la chance de tuer un léopard. L'événement était si glorieux qu'il y eut à ce sujet des réjouissances publiques. En entendant les trompes guerrières sonner du côté des villages d'Ouringâma, nous crûmes d'abord que les Niams-Niams venaient de repousser une attaque des Babouccres. Mais bientôt le bruit courut qu'Abd-es-Sâmate allait recevoir un présent d'honneur. En effet, nous vîmes arriver une procession de Niams-Niams escortant une litière sur laquelle était triomphalement posé le corps du léopard. Les porteurs le mirent aux pieds d'Abd-es-Sâmate, qu'ils prièrent d'accepter ce présent de la part de leur chef, en signe d'hommage et d'affection. Dans tout le centre de l'Afrique, la peau du léopard est considérée comme un ornement digne des personnages de rang princier; et, chez les Niams-Niams, elle ne peut être portée que par des membres de la famille royale.

Les Baboucres, dont nous avons plusieurs fois rencontré le nom, peuvent être venus du sud, ou bien former les débris d'une nation que les Niams-Niams auraient chassée devant eux dans leur marche vers le nord et vers l'est. On dit que leur idiome est analogue à celui que parlent des tribus habitant au sud des Mombouttous. Cette assertion concorde avec les habitudes des Baboucres, peuple essentiellement agriculteur et possédant un grand nombre de chèvres.

Établie sur une aire qui n'a pas plus de six cent cinquante kilomètres carrés, la section orientale des Baboucres est sans cesse en butte aux razzias des Khartoumiens et des chefs niams-niams, qui, depuis des années, regardent son territoire comme un lieu d'approvisionnement où ils peuvent se fournir de grain et de bétail.

Par suite des attaques qu'elle subit de tous les côtés, cette peuplade a acquis un degré de cohésion extraordinaire, et, en conséquence, résiste à l'ennemi qui la presse de toute part. D'ailleurs, les Baboucres sont d'humeur belliqueuse et d'une intrépidité peu commune. Leur guerre est à outrance : ils luttent jusqu'à ce qu'ils n'aient plus une goutte de sang ; car généralement, dans ces hostilités, il s'agit de manger l'ennemi ou d'être mangé par lui. Ils ont le type de la race nègre et la peau d'une couleur très-foncée. Comme esclaves, ils se font apprécier par la douceur de leur caractère, par leur persévérance, leur aptitude à toute espèce de travail et leur adresse dans les travaux domestiques. Ils sont de taille moyenne et ont de vilains traits.

Dès qu'elles ont passé la première jeunesse, les femmes de cette race sont généralement hideuses; non seulement leurs traits offrent la plus choquante irrégularité; mais elles se mutilent d'une horrible façon. A peine sont-elles mariées, qu'elles se percent le tour des oreilles, et celui des lèvres, afin de border les unes et les autres d'un rang de bâtonnets d'un pouce de long. Elles se décorent de la même manière les ailes du nez, comme les femmes des Bongos.

Le 29 juin, sans attendre Abd-es-Sâmate qui allait faire une tournée dans ses établissements du pays des Mittous, je partis, accompagné d'une faible escorte, et remontai vers Sabbi par le chemin le plus court.

A la nuit close, j'étais dans mon nid d'herbe, lorsqu'un bruit sourd, que j'eus l'occasion d'entendre plusieurs fois dans le cours de mon voyage, vint à se produire, comme à l'approche d'un tremblement de terre. Tout notre camp fut en émoi, et les cris et les coups de feu retentirent de toute part. C'était un immense troupeau de buffles, qui, dans l'une de ses migrations, fondait sur notre camp, et nous menaçait d'une destruction complète; mais, effrayé par le vacarme de nos hommes, il s'enfuit de tous côtés et se dispersa dans le bois.

Notre seconde nuit de bivac me rappelle un fait, en lui-même de peu d'importance, mais qui me fournit une preuve que la forêt, si déserte qu'elle parût, n'en était pas moins fréquentée par les indigènes dans leurs excursions de chasse. Pressé au moment du départ, j'oubliai dans ma case une paire de bottines que j'y avais suspendue pour la faire sécher. Plusieurs jours s'écoulèrent avant que je m'aperçusse de la perte que j'avais faite; mais, comme mes bottines ne pouvaient pas être remplacées, je les envoyai chercher par mes hommes. Arrivés au bivac, ils virent que les huttes avaient été fouillées depuis notre départ, la mienne comme les autres. Mes chaussures n'avaient pas échappé aux regards du visiteur; elle étaient bien encore à la même place, mais tous les clous et les petits anneaux de cuivre des œillets en avaient été pris avec soin et devaient maintenant décorer les oreilles et les narines de quelque noire beauté.

Le 3 juillet, nous fîmes tout d'une traite une marche de neuf heures qui nous conduisit à Sabbi.

En Europe, on considère généralement un voyage fait à pied, dans un pays de sauvages, comme une sorte de martyre, composé de fatigues inouïes, d'efforts et de privations indescriptibles; mais, pour le voyageur qui reste bien portant et qui conserve toute son activité, il n'en est pas ainsi : la tâche est plutôt laborieuse que pénible. Ceux qui connaissent les fatigues de la guerre, telle qu'on la fait de nos jours, avec les efforts et les misères transitoires qu'elle impose, pourront prendre une juste idée de ce que j'ai eu à subir; et, à celui qui a voyagé, ainsi que moi, avec les courriers russes, les épreuves, même les plus rudes, que j'ai endurées en Afrique, sembleraient des jeux d'enfant.

Toutefois, après les marches forcées que nous venions de faire, je fus très-content des cinq jours de repos dont je pus jouir à Sabbi. Un énorme paquet de lettres accumulées depuis dix-huit mois m'y attendait. Ce fut par elles que j'entendis parler pour la première fois de la glorieuse entreprise de sir Samuël Baker[1] et de la tentative faite par le gouvernement égyptien pour s'établir dans la province du Ghazal.

Courchouc-Ali, osmanli de naissance, et l'un des principaux traitants d'ivoire de Khartoum, possédant lui-même des zéribas dans cette contrée, avait été investi, par le gouverneur général, du titre de *sandjac* et mis à la tête de deux compagnies du gouvernement, l'une de vrais Turcs (bachibouzoucs) et l'autre de soldats nègres (nizzani). L'arrivée de ces troupes avait beaucoup ému les propriétaires de zéribas. Sans parler de la mise en question des droits régaliens que s'étaient adjugés les chefs d'établissements, le nouvel ordre de choses présageait la levée d'impôts qui suit toujours l'apparition d'un corps d'armée. En somme, le dessein apparent de Courchouc-Ali était d'occuper les mines

1. La première division de la flottille, remontant le Nil pour porter à Khartoum le matériel de l'expédition commandée par sir S. White Baker, pacha, était partie du Caire le 29 août 1869. — Voir *Ismaïlia*, éd. fr. Hachette, 1875, p. 10. — J. B.

de cuivre du Dar-Four méridional[1]. Il devait le faire au nom du vice-roi, qui avait donné complétement dans un piége tendu par un prêtre nommé Hellali. Cet escroc se disait propriétaire des célèbres mines, et, à l'appui de son dire, il exhibait un acte de donation, rédigé à son bénéfice par le dernier sultan; mais la pièce était fausse.

Le 8 juillet, je me remis en marche vers le nord. J'étais impatient de recevoir les provisions qui m'avaient été envoyées de Khartoum.

Abd-es-Sâmate, toujours occupé de ses réquisitions de grains dans le pays des Mittous, n'était pas revenu et la famine régnait encore à Sabbi. Mes malheureux porteurs ne reçurent donc d'aliments d'aucune espèce. Ce qu'ils endurèrent pendant les cinq jours du voyage est inimaginable. Pendant tout le trajet, ils vécurent absolument des racines qu'ils déterraient dans les bois, et que seul un estomac comme le leur pouvait digérer. La rapidité de la marche était trop urgente pour que nous pussions chasser; et nous en étions réduits à nous rassasier de la vue des élans et des waterboks qui peuplaient ce désert, où ils paissaient en liberté.

Arrivés sur une hauteur qui précède Coulongo et d'où le regard embrasse à plusieurs kilomètres à la ronde la vallée du Tondj, alors couverte par l'inondation, nous nous arrêtâmes. Enfin, après des heures d'attente, nous aperçûmes les vivres si ardemment dési-

1. « Le commandement de l'expédition sur la frontière de « Darfour, avait été donné à l'un des plus notoires brigands et « chasseurs d'esclaves du Nil Blanc. Cet individu nommé « Koutchouk-Ali, de la plus basse extraction, avait gagné une « fortune considérable dans son abominable métier, et le Gou« verneur s'était empressé de lui donner une mission de con« fiance. Ainsi, tandis que le Khédive me chargeait de détruire « la traite sur le Nil, un indigne chasseur d'esclaves recevait « le commandement d'une expédition organisée par l'État. » — *Baker*: *Ismaïlia*, p. 17. Hachette, 1875.

rés et que nous amenaient les habiles nageurs de Coulongo. Mes porteurs fondirent sur le premier sac qui aborda ; sans prendre le temps de faire cuire le sorgho ou de le moudre, ils se le jetèrent dans la bouche par poignées. Leurs dents saines et fortes broyèrent ce grain malgré sa dureté, comme s'il avait été leur pâture quotidienne, et avec autant d'aisance que l'auraient fait des chevaux ou des bœufs.

Après huit mois d'absence, je rentrai donc à la zériba de Ghattas, mon ancien quartier général. Les Bongos, dont le départ avait jadis fait avorter une expédition projetée chez les Niams-Niams, et qui étaient allés s'établir chez les Dincas, étaient revenus à la suite d'une incursion des Nubiens. Non-seulement ils avaient repris leurs anciennes demeures, mais encore ils avaient amené d'autres Bongos, trois fois plus nombreux qu'eux-mêmes. Cet accroissement de population avait porté le nombre des constructions à six cents cases, et les défrichements avaient suivi une semblable proportion.

Pendant mon absence, Ghattas, qui habitait Khartoum, était mort, laissant à son fils aîné toutes ses zéribas du Haut-Nil.

Quand je revis ces champs étendus, ces cultures qui promettaient l'abondance, ces plaines ensoleillées, dont le riant aspect contrastait vivement avec celui de la forêt des Niams-Niams, il me sembla retrouver le pays natal. L'aspect de gens portant du linge qui connaissait le blanchissage, la régularité de leurs repas et la diversité des mets suffisaient à me faire supposer que j'étais dans une ville ; je me croyais presque à Khartoum.

Un mois juste après mon retour, partit pour le méchra le détachement qui devait me rapporter mes provisions. Elles étaient restées empilées, avec celles de Ghattas, dans la mauvaise cale du bateau. Ce fut le 23 août qu'elles m'arrivèrent, me causant une joie plus facile à comprendre qu'à exprimer. Je pouvais donc désormais entreprendre de nouvelles courses; envoyer des vêtements, des pistolets, des fusils aux gouverneurs de zéribas qui m'avaient si bien traité, et reconnaître les bons offices de mes serviteurs en leur donnant de l'étoffe et des grains de verre.

La fin de 1870 me servit à pousser plus loin que je ne l'avais fait l'exploration du Diour et celle du pays des Bongos. C'est ainsi que je partis pour la zériba de Doumoucou, et ne rentrai chez moi qu'après avoir parcouru une circonférence de plus d'une centaine de kilomètres.

Des quarante zéribas que j'ai visitées alors, j'en trouvai à peine trois qui fussent dans le voisinage immédiat d'une eau courante; les autres avaient des citernes, dont l'eau était impure, en trop faible quantité pour servir au blanchissage. A voir le siége de leurs établissements, on dirait que les Khartoumiens ont un flair particulier pour découvrir les plus mauvais endroits du pays. Ils sont tellement habitués chez eux à la poussière et aux immondices, tellement satisfaits de l'eau trouble du Nil que, dans cette région où les ruisseaux abondent, ils ont un préjugé contre les eaux limpides.

Quand je rentrai, un double meurtre commis par les Dincas venait d'enlever aux alentours de la zériba de Ghattas la réputation de sécurité qu'ils avaient eue jusqu'alors; les habitants ne sortaient plus sans armes, et les Nubiens ne se livraient même plus à leurs fonctions les plus intimes sans avoir le fusil sous le bras. Cet excès de prudence augmentait les risques habituels d'accidents causés par les armes à feu, multipliait les chances d'incendie et me causait une vive inquiétude. J'aurais voulu m'établir hors de la palissade, mais le gouverneur s'y opposa.

Le 15 septembre, Abd-es-Sâmate passa à la zériba avec sa cargaison d'ivoire, qu'il faisait porter à l'embarcadère. Je profitai de l'occasion pour envoyer mes lettres; elles prenaient ainsi le chemin le plus court, et cinq mois après elles furent à leur adresse. Quinze jours suffirent à l'infatigable Kénousien pour gagner le méchra, faire partir ses barques et nous revenir.

Afin de me distraire je m'étais procuré des animaux et les avais installés pour les observer constamment. Ils donnaient à mon intérieur un aspect très-original. L'âne et la vache étaient dehors; mais un veau, trop jeune pour braver la pluie nocturne, était rentré le soir et attaché à l'échafaudage qui supportait mon lit. Là il se trouvait en compagnie de mes chiens, de deux caracals, d'un ratel et d'une mangouste rayée. Bien que chacune d'elles eût son gîte dans les différents coins de la hutte, mes bêtes ne formaient pas une famille très-unie. La mangouste et le ratel paraissaient le mieux s'entendre : ils se montraient les dents, mais se regardaient en silence. Quant à mes caracals, c'était l'insociabilité même; et l'un deux, si bien armé qu'il pût être, se fit étrangler par mon chien bongo, toujours disposé à mordre.

Plus tard, voulant compléter mes provisions par voie d'achat, je me rendis à la principale zériba de Courchouc-Ali, située de l'autre côté du Diour. Cette excursion me prit une dizaine de jours : du 24 octobre au 4 novembre.

Avant d'arriver dans l'intérieur en sa nouvelle qualité de sandjac, Courchouc-Ali était mort dans le pays des Dincas. Un aga d'origine turque, son lieutenant, avait pris le commandement des troupes, et s'était dirigé vers l'ouest.

Le vieux Calil, qui gouvernait la zériba, me fit le meilleur accueil; et comme j'avais un crédit ouvert dans tous les établissements des Khartoumiens, mes affaires furent bientôt terminées à mon entière satisfaction.

Chez Abou-Gouroun, où je passai ensuite, j'eus

de tristes nouvelles d'Abd-es-Sâmate. A son retour du méchra, se rendant à Sabbi, il avait traversé le désert par un nouveau chemin, afin d'éviter la zériba de Chérifi; mais, malgré toutes les précautions qu'il avait prises, son adversaire, instruit de ses mouvements et sachant qu'il revenait avec une caravane chargée de provisions de toute espèce, s'était embusqué dans la forêt et l'avait attaqué au plus épais du bois. Les Nubiens avaient assisté passivement au combat; et Sâmate, pour se défendre, n'avait eu que sa garde noire qui s'était fait décimer. Un de ses parents, qui avait amené les provisions de Khartoum, avait été frappé de mort par une des premières balles, et Sâmate lui-même avait reçu tant de coups de sabre sur la figure et sur la tête, que, noyé dans son sang, il avait été laissé pour mort. Dans la nuit, ses fidèles faroucs étaient venus le chercher et l'avaient rapporté à Sabbi, où il était arrivé sans avoir repris connaissance. Il lui avait fallu plusieurs semaines avant d'être suffisamment rétabli pour formuler sa plainte, dont il venait d'envoyer copie à tous les chefs de zéribas, par ces témoins chargés de donner les détails de l'affaire.

Tous les ballots, deux cents charges, avaient été emportés à la zériba de Chérifi.

L'indignation fut extrême chez tous les gouverneurs de zéribas, qui étaient bien disposés pour le Kénousien; mais les marchands d'esclaves, avec leurs adhérents, se déclarèrent pour le brigand.

Qu'un musulman, pendant un voyage paisible, ait pu être attaqué sur la route avec préméditation, et frappé par un de ses coreligionnaires, cela ne s'était jamais vu, même dans ce pays de meurtre et de rapine.

Abou-Gouroun, chez qui je passai agréablement plusieurs jours, était occupé du matin au soir à préparer une expédition contre les Niams-Niams.

Plus que personne, il s'intéressait à cette entreprise, ayant perdu peu de temps avant une de ses zéribas. La garnison avait été massacrée; les fusils et les munitions étaient tombés entre les mains des fils d'Éso, qui en avaient armé leurs guerriers. L'événement s'était passé à l'ouest de ma route, et se rattachait à l'action combinée de Mbiô et des deux autres chefs niams-niams qui avaient attaqué les forces alliées de Sâmate et de Ghattas. C'était à la même époque, et de la même façon, que les gens d'Abou-Gouroun avaient été assaillis.

J'aurais beaucoup aimé partir avec Abou-Gouroun et voyager avec lui; mais ce n'était pas possible. Je refusai donc l'offre qu'il me fit de l'accompagner. Si je l'avais fait, j'aurais évité le malheur qui m'attendait à la zériba de Ghattas; mais peut-être aurais-je partagé le sort de mon hôte, que tuèrent les Niams-Niams peu de jours après que je l'eus quitté.

Les différents gouverneurs de zéribas qui avaient combiné cette expédition entendaient soumettre les chefs de la frontière septentrionale du pays des Niams-Niams. Ndôrouma surtout, l'audacieux fils d'Éso, devait être châtié.

La diminution rapide de l'ivoire dans ces districts avait récemment fait prendre aux Khartoumiens les provinces du sud pour but de leurs expéditions commerciales, ce qui ne laissait aux petits chefs du nord qu'une part insignifiante du trafic. De là, tous les moyens employés par ces chefs pour arrêter les caravanes dans leur marche, et pour s'emparer brutalement du cuivre que leur procurait autrefois un commerce amical [1]. A la grande consternation des

1. Ainsi, ces sauvages n'avaient même pas su établir l'usage de ce droit de passage ou hongo, contre lequel combattaient les traitants entre Bagamoyo et Djidji, mais qui, du moins, a l'avantage de rendre possible le commerce, tout en le soumettant aux exactions des chefs du pays. — J. B.

Nubiens, les indigènes avaient appris très-vite à manier les armes qu'ils avaient enlevées, et à en faire un usage terrible.

J'attendis le départ de cette expédition à l'établissement de Ghattas. Pour bien faire comprendre ce qui va suivre, je rappellerai qu'il se composait de six cents huttes et hangars presque entièrement construits avec de la paille et des bambous. Les *rocoubas*, énormes écrans, élevés entre les cases pour les protéger contre le soleil, ainsi que les palissades qui séparaient les habitations et formaient des ruelles larges de quelques pieds à peine, étaient faits des mêmes matériaux. Tout semblait donc avoir été disposé à dessein pour qu'à l'expiration des pluies une catastrophe devînt inévitable.

Le désastre que j'appréhendais si fort arriva le 1er décembre à midi. Je venais de collationner, et je reprenais une lettre que j'étais en train d'écrire, quand éclata le cri d'un Bongo : au feu! au feu! Je l'entendrai toute ma vie.

D'un bond, je fus à ma porte; la flamme s'élevait d'une toiture voisine : entre elle et ma case, il n'y avait que trois huttes. A cette heure du jour, précisément, le vent du nord-est soufflait avec le plus de violence et chassait le feu de mon côté.

Mes gens accoururent. Sans réfléchir, sans écouter mes paroles, ils prirent ce qui leur tombait sous la main. Ils entassèrent tout sur la petite place de la zériba, dont la direction opposée à celle du vent semblait faire un lieu de refuge. Mais le vent tourna subitement, lançant les étincelles et les brandons sur les toits épargnés, attisant la flamme, embrasant l'herbe sèche.

Les six cents cases, les abris, les palissades, les hangars : tout était en feu. Immédiatement, ce chaume fut surmonté de flammes, qui tantôt dépassaient une trentaine de mètres, tantôt se rabattaient vers le sol et chassaient devant elles les habitants. On voyait ces derniers tourbillonner comme des mouches autour d'un faisceau de torches.

Plus de sauvetage! Il fallait partir, passer dans les étroits couloirs, aux parois en flammes, sous une averse de paille embrasée.

Je me retourne et vois mes caisses enveloppées de feu; la fumée s'en élève... Mon cœur se brise. Dans ces caisses, étaient mes notes, mes observations, mes collections et les mille détails de mon voyage. Que m'importait ce qui brûlait dans ma case, où se trouvait la charge de cent porteurs? Pour moi, ce n'était rien en comparaison.

Mais il faut se hâter, fuir sous la pluie de feu; déjà mes cheveux brûlent. Je cours suivi de mes chiens, que leurs pattes grillées font hurler de douleur; et, haletant, sans chapeau, je m'arrête sous un arbre, où je trouve un abri contre l'ardeur du soleil et contre celle des flammes.

Les huttes s'effondrent, les fusils se déchargent; la poudre, les cartouches mêlent leurs détonations aux rugissements de l'incendie qu'elles avivent, aux craquements de toitures, aux cris aigus des prêtres, dont les exorcismes ont l'inutile prétention d'arrêter le fléau.

L'enceinte est gagnée par les flammes; puis la campagne et ses fermes, puis la savane et les vieux arbres: tout le canton semble être en feu.

Une demi-heure a suffi. Hommes et femmes se précipitent au milieu du brasier, apportant de l'eau pour éteindre les petites flammes qui s'en élèvent, et qui feraient éclater les *gougas*, vases d'argile où est conservé le reste du grain.

Je revins, avant le coucher du soleil, vers mon ancienne demeure pour en fouiller les débris. A peu de chose près, il ne me restait plus que mon corps. Je n'avais plus ni thé ni quinine. Un tas de charbons et de cendres me représentait le résultat de plusieurs années d'efforts. Ma collection d'insectes, gardée chez moi, en raison de sa valeur inestimable; mes manuscrits, les détails des travaux de huit cent vingt-cinq jours, tous les faits météorologiques relevés sans interruption depuis Souakim; sept mille observations barométriques, les mesures prises avec tant de peine, et à si grands frais : tout cela avait péri en moins d'une heure!

Le soir, ma vache, revenue à l'heure habituelle, avec son veau, me donna deux verres de lait. Un igname roussi et un morceau de viande, à demi carbonisé, constituaient toutes mes ressources; le repas achevé, il ne me resta plus rien.

Quand la nuit fut close, l'emplacement prit l'aspect d'une immense charbonnière. Le vieux figuier, qui s'élevait à l'entrée de la zériba, et les pieux de l'enceinte entouraient les ruines d'un cordon enflammé. Pour les Nubiens, ce spectacle n'avait rien de neuf; mais cette fois les rôles étaient changés : à leur tour, ils allaient sentir la faim que produit l'incendie des vivres, maintenant que les provisions volées par eux étaient détruites.

L'horizon pâlit; à mesure que reparut la lumière, la contrée prit étrangement l'aspect des plaines du nord à l'époque des frimas. Non-seulement l'endroit où avaient passé les flammes, mais tous les environs, étaient couverts de cendres d'un blanc de neige. Çà et là, des monceaux noircis déchiraient ce linceul, ainsi qu'au dégel les mamelons gazonnés d'un marais percent la couche neigeuse. La fumée, traînant partout, semblait un voile de brume; et les arbres, qui tendaient vers le ciel leurs bras dépouillés, complétaient ce paysage d'hiver.

Des hommes noirs et bruns, drapés de lambeaux couleur de suie, erraient parmi les ruines fumantes. Des groupes de femmes s'efforçaient toujours d'éteindre la braise ardente dont étaient menacées les jarres où l'on gardait le grain. Seuls debout, au milieu des décombres, ces vases dont la hauteur dépassait deux mètres, noircis par la fumée, se dressaient comme autant d'urnes funéraires.

Accourus de tous les points du voisinage, les indigènes se pressaient pour piller les ruines. D'autres, mieux inspirés, construisaient de nouveaux abris.

La cause de l'incendie était connue. Un fusil, déchargé à l'intérieur de l'une des cases accumulées dans l'enceinte, avait jeté le papier brûlant de sa cartouche dans la toiture, et le chaume avait pris feu. C'était un soldat, qui, voulant effrayer sa maîtresse, à laquelle il faisait une scène de jalousie, avait tiré ce malheureux coup. De là, tout le désastre; mais, avec leur fatalisme, les Nubiens ne voulurent jamais croire que ce malheur n'était pas dans les décrets célestes et qu'il aurait pu être évité.

A mes yeux, toute la responsabilité du fait retombait sur Idris. C'est lui qui permettait à ses hommes, avec sa fatale imprévoyance, de tirer dans l'intérieur de la zériba, non-seulement à l'époque de la nouvelle lune, mais quand bon leur semblait. Combien de fois avais-je vu des bourres enflammées tomber près des toits de chaume. En outre, la faiblesse d'Idris autorisait chacun à multiplier le nombre de ses huttes, de ses hangars et de ses clôtures : ce qui n'aurait eu lieu dans aucune autre zériba. Loin de prendre les mesures nécessaires à la sécurité générale, le chef, concourant lui-même à l'encombrement périlleux de l'enceinte, avait fait élever une énorme rocouba, juste devant ma case, pour abriter son cheval; et ce fut par cette malheureuse palissade que la flamme put gagner le coffre où étaient mes manuscrits.

Le lendemain commencèrent les travaux de reconstruction. Des centaines de Bongos, de Diours et de Dincas apportèrent du bois, de la paille, des bambous, et élevèrent promptement de nouvelles demeures.

Le désastre de la veille ne servit pas de leçon : la nouvelle zériba fut non-seulement rebâtie à la place de l'autre, mais encore de la même manière. En vain répétai-je chaque jour à Idris qu'il préparait un nouveau malheur, qu'il offrait à l'incendie une nouvelle occasion de se produire. Les huttes se groupèrent avec la même confusion et le même entassement.

Des cases toutes neuves me furent bientôt rendues, et, le 11 décembre, j'y trouvai un abri doublement apprécié.

Notre ruine fut suivie par la nouvelle foudroyante de la mort d'Abou-Gouroun et de la défaite du corps d'armée qui l'accompagnait. Outre un nombre considérable de porteurs, cent cinquante musulmans, disait-on, avaient perdu la vie.

Cette nouvelle m'enlevait mon dernier espoir. Elle rendait impossible tout projet d'un second voyage chez les Niams-Niams, toute espérance de m'équiper encore. Malgré la douleur que j'en ressentais, il me fallait songer à regagner l'Europe. Nul secours ne pouvait me parvenir avant plus d'une année; et la distance où je me trouvais de l'Égypte rendait plus que douteuse l'arrivée d'un convoi en temps utile.

D'autre part, les barques ne pouvaient quitter le méchra que dans le courant de juin. Ainsi, j'avais six mois d'attente devant moi; l'emploi en fut bientôt décidé.

Parmi le peu d'objets arrachés aux flammes, j'avais retrouvé de l'encre, du papier, des crayons, ce qu'il fallait pour dessiner et pour écrire. La vue de mes esquisses, sauvées par hasard avec ma literie, réveillant mon ancien courage, me décida à continuer mes recherches et à reprendre des notes.

Cependant, je me décidai à quitter l'endroit où j'avais tant souffert, et à me rendre, avec mes serviteurs, à la zériba de Courchouc-Ali, située au delà du Diour, et où je savais que le bon Calil me viendrait en aide autant qu'il le pourrait. Conséquemment, le 16 décembre, accompagné de mes gens et suivi d'un petit troupeau de vaches, je me dirigeai vers le Diour.

Ainsi que je m'y attendais, je trouvai près de Calil l'accueil le plus hospitalier. Mon vieil ami m'assura de la part qu'il prenait à mon infortune, et fit tout son possible pour me rendre mon séjour agréable. Il m'ouvrit ses magasins, largement approvisionnés d'étoffes et de munitions, et je m'y procurai les articles les plus nécessaires. Comme en tout pays d'Islam, les tailleurs ne manquaient pas. Je remontai ma garde-robe, mais en vêtements d'une légère cotonnade blanche qui, pour un botaniste, pour un chasseur, dont le métier est de battre les fourrés épineux, sont d'un bien pauvre usage. Du papier à cartouches, mis en plusieurs doubles collés les uns sur les autres, taillé, cousu et revêtu d'une étoffe blanche, me composa un chapeau qui fut très-solide et eut toute la légèreté désirable. Cependant rien ne put remplacer les bottes ni les souliers, car je n'ai jamais pu m'habituer aux babouches des Turcs. Du moins, tel qu'il était, mon costume pouvait, pour la propreté, soutenir la comparaison avec celui des Khartoumiens, qui estiment beaucoup la blancheur immaculée de leurs vêtements de calicot. Je le préférais aux costumes turcs que j'aurais pu me procurer; car je savais, que, dans tous les États du Khédive, le plus chétif habillement de coupe européenne inspire un respect qui n'est jamais accordé à l'appareil le plus riche, le plus couvert de dorures, de tout l'Orient.

Les troupes égyptiennes campées dans l'ouest se trouvaient alors à sept grandes journées de marche du Diour. Toutes les zéribas étaient mises à contribution pour leur entretien. Le gouvernement donnait, il est vrai, deux thalaris valant ensemble dix francs cinquante, par chaque ardeb de sorgho, dont le poids est de soixante-quinze kilos. Mais les porteurs des zéribas lointaines consommaient, pendant le voyage, au moins la moitié de leur charge et même plus, ou devaient être défrayés par les établissements dont ils traversaient les terres, ce qui rendait illusoire le dédommagement en question. En conséquence, les vékils, qui demeuraient à vingt jours de marche, ne purent faire porter au camp égyptien le tribut demandé. A ce déficit, vint s'ajouter la rareté des vivres qui, à certaines époques, se fait sentir dans toutes les zéribas. Le stupide commandant turc ne fit aucune attention à ce malheureux état de choses; et ses folles exigences menacèrent de ruiner tous les établissements. Au lieu d'introduire l'ordre et la paix dans la contrée, il souleva le mécontentement et la haine, paralysant le commerce légal sans rien faire pour réprimer le trafic des esclaves.

L'insuffisance des moyens de transport, en usage dans le pays, rend très-difficile l'alimentation d'une caravane nombreuse. Vingt-cinq kilos forment la charge normale d'un porteur indigène, quand il s'agit d'une longue marche. Il ne faudrait pas beaucoup de calcul pour démontrer qu'au bout d'un certain nombre de jours, relativement peu considérable, la charge de grain sera épuisée par le porteur lui-même, qui est obligé d'y recourir.

Dans toute cette région, les sentiers, comme nous l'avons dit, sont excessivement étroits; simples ornières au milieu des grandes herbes, ils ne vous offrent, la plupart du temps, que bien juste assez d'espace pour mettre un pied devant l'autre. On n'y peut donc employer que la brouette. Je prendrais celle des Chinois pour modèle : une caisse sous laquelle est placée une grande roue ; forme bien connue, qui permet à un seul homme de charroyer un poids considérable. Pour le centre de l'Afrique, cette brouette devrait être construite en fer ou en acier, et de telle manière qu'au moyen de deux brancards un homme pût la traîner pendant qu'un autre la pousserait devant lui. Avec ce genre de véhicule, on traverserait les marais et les fonds submergés, les terrains pierreux des pays de montagnes, les forêts et les steppes, où les chariots ne seraient guère moins empêchés que dans les bois touffus et dans les fondrières. Une brouette construite de cette façon permettrait au voyageur de réduire des quatre cinquièmes au moins le nombre de ses gens, et lui donnerait en même temps le moyen d'emporter des vivres en quantité suffisante.

Je passai la fin de l'année à la zériba de Courchouc-Ali. Pendant que j'étais là, des soldats nubiens, qui avaient assisté au dernier engagement avec les Niams-Niams, arrivèrent et donnèrent des nouvelles positives de la défaite subie par les compagnies alliées. La caravane se composait des trois bandes d'Abou-Gouroun, d'Hassaballa et de Courchouc-Ali ; elle comptait deux mille deux cent cinquante personnes, dont trois cents hommes pourvus d'armes à feu. La suite des femmes esclaves, qui, lors des premières expéditions, n'était pas tolérée, était devenue chaque année plus nombreuse, et cette fois montait au point d'empêcher les mouvements du corps d'armée. En vain les chefs avaient-ils essayé de réprimer cet abus ; les soldats indisciplinés n'avaient pu être emmenés qu'à condition qu'ils seraient libres de prendre leurs femmes avec eux.

Ce fut dans le courant de décembre, à une journée de marche de la résidence de Ndôrouma, que la caravane fut attaquée, au moment où elle était engagée dans une sombre galerie. Les deux chefs, Abou-Gouroun et Amed Ahouâte, montés sur leurs mules, suivaient le sentier à la tête de la caravane ; ils étaient déjà sortis de la galerie quand l'attaque commença. Abrités par d'énormes troncs d'arbres, les Niams-Niams tirèrent presque à bout portant, et les deux chefs de la caravane, séparés de leur suite, furent tués, l'un d'un coup de lance, l'autre d'une balle.

Les gens d'Abou-Gouroun montrèrent seuls une certaine bravoure. Quelques-uns d'entre eux forcèrent le passage et arrachèrent le corps de leur chef aux mains de l'ennemi ; en sorte que ce vieux serviteur de Petherick, l'un des premiers qui eussent pénétré chez les Niams-Niams, obtint les honneurs de la sépulture.

Ndôrouma avait dirigé personnellement l'attaque. Quelques mois auparavant, il s'était emparé d'une quantité considérable de munitions et d'armes à feu, dont plusieurs esclaves, fugitifs des zéribas, avaient enseigné le maniement à ses hommes. Or, on doit se le rappeler, les Nubiens ont pour les balles un respectueux effroi, et toutes les tribus qu'ils soupçonnent d'avoir des fusils peuvent se considérer comme exemptes de leur visite.

Cette fois, tous les bagages, parmi lesquels cent charges de poudre et de munitions, étaient tombés aux mains de Ndôrouma. Sachant fort bien apprécier la valeur de ces dernières, il fit immédiatement construire des magasins pour y mettre son trésor à l'abri de l'humidité.

D'après plusieurs Niams-Niams, l'hostilité de Ndôrouma contre les Khartoumiens ne venait pas seulement, comme on l'avait prétendu, de la cessation de la traite de l'ivoire. Les Nubiens, gens à trop courte vue pour en prévoir les conséquences, soumettent tous les pays, où un commerce amical leur semble plus utile et fructueux, à un système de déprédations perpétuelles. Ils l'ont fait impunément chez les Bongos, les Mittous et d'autres peuplades dont les différents groupes sont isolés. Mais, chez les Niams-Niams, que relie entre eux une forte unité nationale, cette conduite devait leur être funeste. L'habitude qu'ils ont, dans leurs razzias, d'enlever des femmes et des jeunes filles, avait plus que tous leurs autres méfaits exaspéré ces sauvages. Stupides Nubiens! c'est toujours le trafic de l'homme qui est le ressort de leur commerce. Ce trafic infernal, en décimant les Bongos, enlève aux possessions des Khartoumiens la plus grande partie de leur valeur, et en aliénant les Niams-Niams, consommera leur ruine : chez eux, ils manqueront de bras; au-dehors, les routes leur seront fermées.

Le commerce de l'ivoire se trouvait ainsi menacé d'une ruine complète.

Déjà les stations situées sur la frontière des Dincas se trouvaient très-exposées à une attaque de la part de ceux-ci. Nous ne tardâmes pas à recevoir un appel de la zériba du défunt Abou-Gouroun, établissement dont nous étions voisins, et que l'attitude menaçante des Dincas était faite pour inquiéter. Calil envoya un petit détachement pour renforcer la faible garnison chargée de défendre cette place.

Il était respecté par tous ses subordonnés, et maintenait dans son établissement plus d'ordre et plus de discipline qu'aucun autre agent des négociants de Khartoum. Je passais avec lui des heures que sa conversation toujours intéressante rendait fort agréables. Dans ces entretiens pleins d'abandon, je saisissais de précieux détails qui me permettaient de me faire une juste idée de l'état du pays, dont mon informateur était le plus ancien colon. Il se plaignait de l'insubordination des troupes qu'on envoyait de Khartoum, et il condamnait énergiquement la traite des esclaves, non par humanité, mais parce que ce genre de commerce jetait la désorganisation dans les zéribas. Calil tenait à ne pas voir diminuer le nombre des indigènes placés sous sa juridiction, et contestait aux trafiquants de passage le droit qu'ils s'arrogeaient d'enlever des gens de son territoire. « Ce garçon, leur disait-il, vous ne l'aurez pas! Dans trois ou quatre ans, il aura la force de porter ses trente-cinq kilos d'ivoire au méchra.

N'emmenez pas cette fille : avant peu, ne sera-t-elle pas en âge d'être mariée? » Malheureusement les Khartoumiens trouvaient presque toujours moyen d'éluder ses ordres.

Si réservé que je fusse dans mes relations avec ces Nubiens, j'ai vécu assez longtemps au milieu d'eux pour me croire capable de les apprécier à leur véritable valeur. Pour la plupart c'étaient de francs vauriens. La position exceptionnelle que j'avais prise à leur égard, je n'aurais pas pu la maintenir, pendant un pareil laps de temps, avec des Européens de la même catégorie; mais ici la différence d'habitudes et le fanatisme religieux de ceux que je tenais à éviter créaient une barrière qu'ils ne songeaient point à franchir. Pas un seul ne m'a offensé, ni par ses paroles, ni par ses actes. J'étais avec eux tous, mais jamais je ne leur ai réclamé un service. Je mangeais et dormais seul dans ma case. Malgré cela, j'ai été forcément le témoin des scènes de leur vie quotidienne, et rien de leurs habitudes ou de leur caractère n'a pu m'échapper; c'est pourquoi je puis donner ici quelques détails sur ces compagnons de mon voyage.

Dans le cours de ma relation j'ai toujours employé le nom collectif de Nubiens pour désigner ceux des habitants actuels de la vallée du Nil-Blanc que je voulais distinguer des Égyptiens et des Syro-Arabes, d'une part; de l'autre, des Bédouins d'Éthiopie et des véritables nègres. Je reconnais toutefois que ceux que j'ai appelés Nubiens, alors même que je ne faisais allusion qu'aux habitants des bords du fleuve, appartiennent à plusieurs races différentes. Indépendamment des trois idiomes de langue nubienne parlés dans la vallée, ceux du Dongola, du Kénous et du Mâhas [1],

1. On présume que c'est dans ce dernier dialecte que sont écrites les anciennes inscriptions éthiopiennes, qui jusqu'à présent n'ont pas été déchiffrées. — G. S.

l'arabe est, en beaucoup d'endroits, particulièrement dans le sud, la langue mère des occupants (celle des Cheighiês par exemple), qui ne comprennent même pas le nubien, et sont d'origine asiatique. Cependant les mahométans riverains du Nil-Blanc ont tous les mêmes mœurs, et le croisement leur a fait perdre au physique leurs traits différentiels. Le terme générique de Nubiens, encore peu usité, se justifie donc à plus d'un égard.

Le vol n'est pas le défaut de ces gens-là. Même dans les déserts du Haut-Nil, jamais on n'entend dire qu'ils aient rien dérobé, et pendant tout le temps que j'ai passé avec eux je n'ai pas eu à leur reprocher de m'avoir pris le moindre objet. Sous ce rapport, ils forment un contraste frappant avec les Égyptiens, comme Burckhardt l'avait déjà fait remarquer. Toutefois ce n'est pas par droiture qu'ils sont honnêtes, c'est par indolence : l'énergie leur manque absolument pour le mal comme pour le bien. L'accord qui règne entre eux et la facilité avec laquelle se terminent leurs disputes proviennent de la même cause : ils aiment mieux céder que de se défendre. Quant à leur passion pour la liberté, elle n'est chez eux que l'horreur d'une règle quelconque. Mais leur insurbordination a de nobles côtés : l'amour de la patrie, le sentiment national, la résistance à une autorité usurpatrice, toutes choses que l'Égyptien ne conçoit même pas. J'avoue que le mensonge est devenu une seconde nature pour eux; ils mentent par habitude, même sans avoir aucun intérêt à fausser la vérité. Dans les zéribas, où ils sont en contact avec des païens, ils se montrent beaucoup plus fanatiques et plus superstitieux que dans leur propre pays. Et je pourrais écrire un long chapitre de tous les exemples de superstition que je leur ai vu donner.

Leur croyance aux sorciers et à l'incarnation périodique de certains individus dans le corps des hyènes est inébranlable; mais la plus horrible de leurs pratiques est celle qui consiste à manger d'un homme, ainsi que je l'ai vu faire exceptionnellement à des soldats dans leurs combats avec les indigènes, parce qu'ils s'imaginent que dévorer le foie d'un ennemi peut les rendre invincibles; peut-être aussi croient-ils que, par ce moyen, une portion du courage et de la force qui animaient l'adversaire passe au vainqueur. D'autres idées du même genre semblent être largement répandues dans le monde islamite; et de bons musulmans, dans leur fanatisme aveugle, prêtent aux chrétiens des superstitions pareilles aux leurs.

Calil m'a raconté que, dans son pays, il était généralement admis, et lui-même l'avait cru dans sa jeunesse, que, lorsqu'un musulman va chez les chétiens, il est aussitôt saisi et enfermé dans une cage, où on le nourrit avec abondance; devenu très-gras, il est mis tout vivant sur un gril posé au-dessus d'une fosse remplie de feu. La graisse qui découle de son corps est recueillie avec soin; et c'est avec cette graisse de vrai croyant que les Francs composent leurs poisons les plus subtils.

Je reviens à mon passage à la zériba de Calil. Ma position s'y était améliorée, mais il me manquait encore beaucoup de choses. Espérant trouver dans les effets du sandjac défunt, Courchouc-Ali, les objets qui m'étaient indispensables, entre autres des chaussures, je résolus de me rendre au camp des troupes égyptiennes. Une série d'établissements, possédés par les Khartoumiens, se rencontraient sur la route que j'allais suivre; et je pourrais, chemin faisant, recueillir des informations sur toute cette partie des provinces occidentales du Haut-Nil.

Le camp égyptien était près de l'établissement de Ziber-Râhama, le plus grand propriétaire de zéribas. Son territoire confinait aux postes méridionaux du sultan du Dar-Four.

Peu de jours avant mon départ, l'on avait appris un événement qui avait causé la plus grande émotion dans toutes les zéribas, et qui n'était pas d'un fort bon augure pour mon voyage. Une collision avait éclaté entre les soldats de Ziber et les troupes noires du gouvernement. Vingt Nubiens et beaucoup de soldats noirs y avaient perdu la vie. Voici comment : Hellali, chef des nizzani du Khédive, avait envoyé ses soldats noirs faire des réquisitions de grain chez les indigènes qui payaient tribut à Ziber. Ils commençaient à piller les greniers, quand les Nubiens de l'établissement, ayant Ziber à leur tête, vinrent pour les chasser. Au lieu de se retirer, les nizzani ouvrirent le feu et leur premier coup atteignit Ziber à la cheville. Ce fut le signal du combat. De plus, loin de rester neutres, les bachibouzoucs égyptiens s'étaient rangés du côté de Ziber. Enfin, les voisins étaient accourus à son secours. De sorte que le camp égyptien était menacé par des forces qui, dès les premiers jours, comptaient plus de mille fusils, lorsque l'aga, dont nous reparlerons, jugeant plus sage de terminer l'affaire par voie diplomatique, avait fait arrêter Hellali, et s'était ainsi sur-le-champ réconcilié avec les Nubiens.

CHAPITRE VIII

LE DAR-FERTITE.

Souvenirs de Mlle Tinné. — Assassinat de la vieille Chol. — Zériba de Longo. — Les Baggâras de la tribu des Riségâtes et le faki du Dar-Four. — Zériba d'Idris Ouod Defter et ses habitants. — Abd-es-Sâmate fait route avec moi. — La ville ou le dem Ziber et les troupes égyptiennes. — Réquisitions et injustices d'Amed-Aga, surtout envers Abd-es-Sâmate. — Lâcheté des soldats égyptiens. — Cour de Ziber-Râhama à Ndouggou. — Ce coquin d'Ibrahim Effendi. — Le Dar-Fertite. — Les Crédis. — La mine de cuivre du Dar-Four. — Dem Goudyou. — Splendide réception que me fait Djoumma au dem Békir. — Il est en guerre avec Solongô, chez niam-niam. — La zériba de Ziber-Adlâne et ses habitants. — Les Sêrés. — A Ngoulfala, nous nous retrouvons chez les Bongos. — Ceux-ci ont bien gardé leurs anciennes coutumes. — Monument funèbre de Yanga. — L'image accusatrice. — Le figuier de Moudi. — Rentrée chez Calil.

Je laissai mon petit Nsévoué à la garde de Calil, et prenant seulement avec moi deux de mes Nubiens et quelques porteurs, je me mis en route le 1er janvier 1871. Cette année était la troisième que je voyais commencer sur la terre africaine.

J'avais formé le projet de visiter d'abord une zériba de Biselli, située à près de soixante kilomètres au nord-ouest, et dont sept ans auparavant Mlle Tinné avait fait sa résidence principale [1].

Nous y arrivâmes assez fatigués. C'était là que Théodore Von Heuglin avait demeuré depuis la mi-avril 1863 jusqu'aux premiers jours de janvier 1864; là, ou du moins dans la bourgade voisine, que Steudner était mort le 10 avril 1863. C'était enfin dans les environs que Mlle Tinné avait perdu sa mère, et connu ces jours d'angoisses contre lesquels toute sa fortune ne pouvait la défendre. Chaque arbuste, chaque plante réveillait un souvenir; car ils appartenaient à cette flore dont Heuglin nous a parlé le premier, et que le docteur Kotschy nous a représentée dans son magnifique ouvrage, *Plantæ Tinneanæ*, où elle est reproduite, en partie, d'après les dessins mêmes de l'illustre voyageuse.

Là, tout me rappelait l'insalubrité du poste où est venue échouer cette expédition dont on s'était promis tant de résultats. L'aspect du pays indiquait un climat pernicieux. Une grande case, tombant en ruine et servant d'abri à des troupeaux de chèvres et de moutons, désignait l'endroit où le corps de la malheureuse mère de Mlle Tinné avait été déposé, en attendant qu'on pût lui donner une sépulture convenable dans son pays natal.

Au moment où j'allais partir de chez Biselli, j'appris la mort de Chol, la vieille et riche propriétaire de bétail, dont nous avons parlé à la fin de notre premier chapitre. Ses compatriotes lui reprochaient d'avoir attiré les Turcs dans le pays et de s'entendre avec eux. Exaspérés par les brigandages auxquels se livrèrent les troupes du gouvernement, dans les environs du méchra, les Dincas résolurent de s'en venger sur la protectrice des Nubiens. Un soir, les gens de

1. Nous avons déjà parlé de l'expédition scientifique faite sous la direction de Mlle Tinné, dans notre chap. Ier. — J. B.

la tribu des Ouadjs, qui demeurent au levant de l'embarcadère, prétextant une affaire avec Courdyouc, le mari de Chol, avaient frappé à la porte de la case où la vieille princesse couchait toujours seule. Elle était venue ouvrir, mais avait reçu la mort immédiatement. On avait brûlé ses huttes et saisi les troupeaux qu'elle avait dans le voisinage. Cet assassinat, joint à la défaite des Khartoumiens chez les Niams-Niams, présageait un fâcheux avenir aux trafiquants.

Une charmante promenade de onze kilomètres au nord-ouest, nous fit traverser une forêt presque ininterrompue et nous conduisit à Longo, principale zériba d'Ali-Amouri.

Établissement de premier ordre, Longo avait une population encore plus nombreuse que la zériba de Ghattas, et la dépassait également sous le rapport de la saleté et de la mauvaise tenue. Des tas de cendre, des monceaux de débris de cuisine et de paille pourrie, aussi hauts qu'un homme ; des centaines de vieux paniers et de vieilles gourdes encombraient les allées; des amas d'immondices, dépassant les maisons et couverts de moisissure et de champignons vénéneux, s'élevaient à l'entrée de la palissade. A chaque pas, on se heurtait contre des tas d'ordures indescriptibles, telles qu'on n'en a jamais vu, même dans le monde musulman, à proximité d'une résidence humaine.

Le gouverneur s'appelait Zélim et avait autrefois servi dans l'armée turque (régiment du Nizzam) ; il appartenait à la tribu des Barias, sauvages des montagnes du Taka[1]. Lors de mon arrivée, Zélim était absent ; mais il avait laissé l'ordre de me bien recevoir et de m'ouvrir ses magasins.

En toute saison, les ghellabas ou marchands d'es-

1. District de la Nubie, entre Souakim sur la mer Rouge et Chendy sur le Nil. — J. B.

claves étaient nombreux à Longo. Des Baggâras de la tribu des Riségâtes, enfants des steppes, accompagnaient ces marchands, avec leurs bœufs maigres, suivis de mouches nuisibles, et campaient au dehors, à la façon des nomades.

N'ayant jamais vu de chrétien, ils vinrent pour me contempler, laissant toutefois entre eux et ma personne une assez grande distance, car ils étaient retenus par une crainte indicible. Mais je dessinai quelques-uns de leurs bœufs, et, quand je leur eus montré de loin ce que j'avais fait, ils se rassurèrent. Quittant ma place, je me rapprochai d'eux et leur présentai différentes esquisses. Le résultat fut magique et je gagnai sur leur esprit une telle influence que plusieurs d'entre eux consentirent à me laisser faire leur portrait. C'étaient de beaux hommes de bronze: la peau d'un brun clair, la taille élancée et bien prise, de belles formes, les traits d'une régularité parfaite; dans la physionomie, une certaine franchise qui inspirait la confiance, et un air de résolution tel qu'on devait l'attendre de pasteurs belliqueux, vivant de leur chasse autant que de leurs troupeaux. Chez tous, l'angle facial était complétement droit; le nez arrondi, nullement aquilin, mais délicat et bien fait. Les plus jeunes avaient la figure souriante, presque féminine, expression qu'augmentait la rondeur uniforme d'un front haut et bombé. Leurs cheveux longs et divisés par petites nattes se réunissaient au sommet de la tête, où ils formaient des lignes pressées et longitudinales, puis retombaient sur le cou.

Tandis que je dessinais au milieu d'une centaine de spectateurs, qui me regardaient crayonner, je fus arrêté dans mon travail par des vociférations élevées en dehors du cercle. Un vieux fanatique du Dar-Four était exaspéré par la culpabilité de mes œuvres. Faire des images est un péché tel, qu'il n'en pouvait supporter la vue! « Devra-t-il continuer, s'écriait-il; moi, le laisser faire? » Mais beaucoup des assistants accablèrent le faki de tant de quolibets qu'il ne tarda pas à déguerpir. Je lui criai : « Confie-toi à la protection du Tout-Puissant comme à l'acacia; » et j'ajoutai : « Il faudra que l'acacia, pour qu'il t'abrite, soit d'une plus belle venue que ceux de ton misérable pays. »

Je me remis en marche le 6 janvier, me dirigeant au sud-ouest; une course de trente-trois kilomètres nous fit gagner la zériba de Damouri. Elle est construite sur la pente rocheuse et boisée qui s'élève à droite du Ponngo. De l'autre côté de la rivière, le fond de la vallée se déploie sur une largeur de trois mille pas au minimum; c'est celle que remplit l'inondation ordinairement.

Aux environs, un de ces effondrements si communs dans cette région, où les eaux souterraines les occasionnent en délayant la couche de limonite inférieure, avait constitué une gorge profonde, appelée Goumango. L'énorme ravin, qui débouchait dans la vallée de la rivière, pouvait facilement donner le change à un voyageur inexpérimenté, qui l'aurait pris pour le lit d'une rivière périodique.

Plus loin, nous passâmes le Carra, cours d'eau torrentiel, qui roule dans un lit rocheux et profondément encaissé, où il forme une série de rapides. Il est considéré par les indigènes comme leur servant de frontière du côté des Golos, et sépare le territoire d'Ali-Amouri de celui d'Idris Ouod Defter, dont la zériba est à soixante-cinq kilomètres de Damouri : juste à moitié chemin de ce dernier endroit et du principal établissement de Ziber.

Idris était l'un des associés de la compagnie d'Agâde. Sa zériba, établie à cette place depuis trois ans, se composait de grands corps de fermes entourés de hautes palissades, qui leur donnaient une apparence monastique : ces fermes étaient occupées par de gros marchands d'esclaves, fixés dans le pays. Les indigènes soumis à l'établissement appartenaient à la tribu des Golos. Dans leur extérieur et dans leurs coutumes, ils ont beaucoup de ressemblance avec les Bongos, leurs voisins de l'est; mais ils en diffèrent par le langage. Accompagné du gouverneur de la zériba, je fis une tournée dans les hameaux du voisinage, et j'observai que les constructions des Golos se rapprochent beaucoup plus de celles des Niams-Niams que de celles des Bongos.

Comme j'allais quitter Idris Ouod Defter, Abd-es-Sâmate arriva. Il se rendait aussi au camp égyptien. Naturellement nous fîmes route ensemble.

A deux kilomètres de la zériba, nous sortîmes des champs cultivés et nous rentrâmes dans la forêt. Nous étions alors près du village d'un chef golo, appelé Casa, chez lequel nous vîmes des greniers construits avec le plus grand soin et d'une forme très-gracieuse. La toiture, absolument imperméable et fort large, est mobile ; elle se lève à la façon d'un couvercle de boîte à charnière ; et le récipient qu'elle abrite, modelé avec art, est posé sur un pilotis, qui met le grain hors de la portée des rats.

L'établissement de Ziber où nous parvînmes ensuite est situé à sept cent quinze mètres au-dessus du niveau de l'Océan, et nous nous y trouvions à cent quarante-cinq mètres plus haut qu'à la zériba de Biselli (bords du Ghetti) et à deux cent trente audessus de celle de Ghattas.

En franchissant le Ponngo, on sort du terrain consomptif, et l'on entre dans une région productive de sources. Vallées et ravins, jusqu'aux moindres fentes du sol, y gardent toute l'année leur eau vive, d'une limpidité parfaite.

Autour de la zériba de Ziber, dont la palissade formait un carré de deux cents pas de côté, des centaines de fermes et des groupes de huttes couvraient la pente orientale d'une vallée profonde, que traversait, dans la direction du nord-ouest, un ruisseau alimenté par des sources nombreuses. L'ensemble de toutes ces constructions avait l'aspect d'une ville soudanienne. En effet, dans le langage des indigènes, les établissements de cette importance reçoivent le nom de *dem*, qui veut dire ville.

Les troupes égyptiennes étaient campées à l'extrémité méridionale de l'établissement. Elles avaient à leur tête Amed-Aga, qui avait été lieutenant du sandjac Courchouc-Ali et qui les commandait en qualité de *vekil-el-ourda*. Hellali était toujours emprisonné; et ses soldats étaient gardés à vue comme des prisonniers de guerre.

La disette régnait chez Ziber; car, en surplus des troupes voisines, la population s'était augmentée de plusieurs centaines de marchands d'esclaves venus du Cordofan. Dès qu'il avait ouï dire que le gouvernement égyptien voulait s'emparer de ses mines de cuivre, le sultan du Dar-Four, Husseïn, avait interdit toute communication entre sa frontière et les zéribas des Khartoumiens. Les traitants d'Abou-Haraz, dans le Cordofan, s'étaient vus dès lors obligés de prendre la route des steppes, au risque d'être dévalisés par les Baggâras; et, malgré cela, ils étaient beaucoup plus nombreux que les années précédentes.

D'un autre côté, les mesures prises par les autorités de Khartoum ou plutôt par sir S. White Baker pacha sur le Nil-Blanc, dans le but de supprimer la traite [1], avaient tout d'abord fait hausser le prix de la marchandise, et par cela même donné plus d'activité au commerce d'esclaves dans les provinces de l'intérieur. Bref, depuis la fin de la dernière saison pluvieuse, il était venu à la zériba plus de deux mille petits mar-

1. V. *Ismaïlia*, Hachette. 1875. — J. B.

chands, et l'on attendait encore de nouvelles caravanes. Or tous ces gens-là, ainsi que les troupes égyptiennes, vivaient des provisions de l'établissement.

J'ai déjà dit ce qu'il y avait d'impraticable dans le système de réquisition employé par Amed-Aga pour se procurer du grain; je devins alors témoin oculaire des actes du commandant et de l'iniquité de ses exigences, qui semblaient n'avoir d'autre but que d'achever la ruine de ce pays, déjà épuisé par la traite. Nous admettons volontiers qu'après le conflit sanglant qu'avaient amené les exactions de Hellali, il devenait très-difficile à Amed de faire les approvisionnements dont il avait besoin pour la prochaine saison pluvieuse; mais il aurait pu répartir l'impôt avec moins d'arbitraire, ne pas exempter les uns et accabler les autres. Parmi ces derniers se trouvait Abd-es-Sâmate. Il avait l'ordre de fournir trois mille sept cent cinquante kilos de sorgho représentant la charge de cent cinquante à cent soixante-dix hommes. Or, Sabbi, la moins éloignée de ses zéribas, était à dix-sept journées de marche, et ses greniers à quatre jours plus loin. Rien que pour la nourriture des porteurs, pendant ces trois semaines de route, il devait ajouter au minimum deux mille deux cent cinquante kilos. N'ayant pas cette quantité de grain à sa disposition, Abd-es-Sâmate se voyait obligé d'acheter, à des zéribas affamées, le supplément nécessaire pour répondre à la requête du divan. Je pris sur moi d'intercéder en sa faveur; mais non-seulement l'aga fut inflexible : bien plus, il porta sa demande au double, c'est-à-dire à sept mille cinq cents kilos, comme punition du retard mis au payement de la taxe [1].

1. On peut se demander s'il n'entrait pas, dans le plan politique d'Amed-Aga, le projet de ruiner les chefs de zéribas au profit de son autorité, et par conséquent à celui du gouvernement khédivial. Du reste, la conduite des Khartoumiens à l'égard de Baker méritait bien une punition de ce genre. V. *Ismaïla*. — J. B.

Ce qui toutefois m'exaspéra encore plus, ce fut l'impudeur avec laquelle le Turc prit le parti de ce brigand Chérifi et osa reprocher à Sâmate de se montrer implacable. Chérifi l'avait gagné en lui envoyant un riche présent d'esclaves.

Les soldats turcs gémissaient de leur situation. Il est vrai de dire que ces efféminés, bons uniquement à se vautrer sur des divans, me paraissaient, de tous les mortels, les moins faits pour une expédition au cœur de l'Afrique [1]. Je crois que, s'ils n'avaient pas eu les Nubiens, ces êtres, d'une faiblesse puérile, se seraient trouvés pour ainsi dire livrés et vendus dans cette contrée déserte. La marche les accablait et ils ne pouvaient s'habituer à la nourriture du pays.

Qu'on eût enlevé à ces gens-là leurs beaux habits, leur vernis d'éducation turque, leurs formes raffinées, ce brin de respect de soi-même et d'honneur qui n'est que « l'extérieur de la vertu et l'élégance du vice »; le peu qui leur serait resté ne les aurait pas distingués avantageusement des Nubiens de la pire espèce. Cela n'empêchait pas qu'il n'y eût entre eux et ces derniers une profonde antipathie, justifiant suffisamment l'ancien proverbe : « Sang arabe et sang turc ne bouilliront jamais ensemble. »

Ziber était alors très-faible par suite du coup de feu qu'il avait reçu dans l'affaire de Hellali. La balle avait complétement traversé la cheville, et la blessure était grave. On employait pour la guérir seulement une injection d'huile d'olive : moyen peu actif, mais qui, avec le temps, amena une guérison complète, ainsi que je l'ai su plus tard.

Ziber Râhama Ghyimme Abi s'était fait à Ndouggou une vie somptueuse et y tenait une véritable cour.

1. Sir S. White Baker rend un témoignage analogue sur la valeur des Égyptiens qu'il avait à commander, et auxquels il préfère infiniment les soldats noirs de son expédition. (V. *Ismaïlia*). — J. B.

De vastes bâtiments carrés et entourés de hautes clôtures composaient sa résidence. A l'intérieur des constructions étaient de grandes salles de réception, gardées nuit et jour par des sentinelles armées. Pour antichambres, les salles de réception avaient des pièces également spacieuses et meublées de divans couverts de tapis. Là les visiteurs, conduits par des esclaves richement vêtus, attendaient en recevant du café, des sorbets et des chiboucs. La présence de lions, retenus par de fortes chaînes, augmentait encore le caractère vraiment princier de ces grandes salles. Ziber était couché dans la pièce la plus reculée du bâtiment qui occupait le centre du groupe. De nombreux serviteurs attendaient ses ordres, et une bande de fakis, postés sur les divans en deçà des rideaux, marmottaient leurs prières sans fin.

Malgré l'état douloureux du blessé, des visiteurs, qui désiraient parler au *cheik* (c'est ainsi que Ziber se laissait traiter), se succédaient dans la chambre sans interruption. Je fus introduit près de la couche du malade; et, à mon grand étonnement, une chaise me fut présentée. Ziber se plaignit de son impotence, qui l'empêchait de veiller, personnellement, à ce qu'on eût pour moi tous les soins désirables. S'il avait été valide, il aurait eu grand plaisir, me dit-il, à m'accompagner et à me faire visiter son territoire.

Sur ma signature, il me fournit un quintal de cuivre, dont j'échangeai une partie sans retard contre du papier à cartouche, destiné à mon herbier; contre du café, du savon, des allumettes et divers objets, vendus par les marchands ambulants. Il faut avoir été dans ma position pour comprendre la joie que me donnaient ces choses vulgaires. Durant mon dernier voyage, pour fumer pendant la marche, j'avais été obligé de faire porter un tison ardent par l'un de mes hommes. Mais le plus grand service que me rendit Ziber fut de me pourvoir de souliers et de bottes à l'européenne. Une fois chaussé, je redevins moi-même, et me sentis prêt à poursuivre mes recherches avec un redoublement d'énergie.

Bientôt m'arrivèrent de nombreux visiteurs. Parmi eux, le personnage qui m'intéressa le plus fut un fripon appelé Ibrahim-Effendi, qui remplissait au camp des troupes du Khédive les fonctions d'agent comptable et de premier scribe. A l'origine, employé subalterne dans un des ministères égyptiens, il avait, sous Saïd-Pacha, contrefait le sceau du vice-roi, et l'avait apposé au bas d'un ordre simulé qui le nommait chef d'un régiment à former dans la Haute-Égypte, et mettait à la charge du gouvernement local les frais de recrutement et d'équipement de la nouvelle troupe. Ibrahim avait eu l'audace de présenter cette pièce au gouverneur de la province, puis s'était rendu, en qualité de colonel, dans la ville où son régiment devait tenir garnison. Le désordre et l'arbitraire qui régnaient alors en Égypte peuvent seuls faire croire à la possibilité de pareilles fourberies.

Deux mois après l'enrégimentation des nouvelles recrues, il advint que le pacha d'Égypte remonta jusqu'aux quartiers d'Ibrahim-Effendi. Voyant au bord du fleuve une quantité de soldats, il s'enquit du numéro de leur régiment et du motif qui les avait fait envoyer à cette place. Quelle ne fut pas sa surprise en s'assurant que cette troupe ne devait pas exister! Ibrahim, mandé à l'instant même, fit l'aveu de sa faute et demanda grâce. L'indulgent Saïd, ayant pour principe de ne jamais se fâcher, infligea au coupable quelques années de détention dans la prison de Khartoum.

A peine remis en liberté, Ibrahim obtint une place de commis dans l'administration soudanienne, et essaya d'emporter la caisse. Cette fois, on l'envoya à Fachoda, comme étant le lieu de déportation le plus sûr pour les gredins de son espèce. Il était là depuis plusieurs années, lorsqu'il réussit à exciter la compassion de Courchouc-Ali, qui passait pour se rendre au Ghazal. Courchouc se l'attacha en qualité de commis en chef.

Ibrahim-Effendi joignait, à une grande connaissance des hommes, un esprit souple et séduisant qui lui gagnait tous les cœurs. Il avait joué un rôle important dans l'affaire de Hellali, on pourrait dire le rôle principal; car c'était lui qui, en faisant arrêter le chef du régiment noir, avait réconcilié Ziber avec les Turcs. Il voulait ravoir des troupes à commander, et il me semblait en fort bon chemin d'y réussir.

Le pays à peu près désert qui s'étend à l'ouest du Ponngo, pays depuis longtemps connu des gens du Dar-Four et du Cordofan sous le nom de Dar-Fertite[1], est l'un des plus anciens domaines de la traite. Lorsqu'il y a quinze ans les compagnies khartoumiennes y pénétrèrent, de nombreux marchands d'esclaves y possédaient déjà des comptoirs. Ils s'y rendaient chaque hiver du Cordofan et du Dar-Four, et, leurs provisions faites, repartaient de façon à rentrer chez eux avant le début de la saison pluvieuse. Quelques-uns, fixés dans le pays, avaient fondé, pour y entreposer leur noire marchandise, ces grands établissements appelés *dems*. Sitôt que parurent les Khartoumiens, en quête de l'ivoire, amenant des forces considérables et ne portant nul ombrage aux ghellabas, ceux-ci les accueillirent à bras ouverts; ils joignirent aux zéribas les dems qu'ils avaient établis, et qui, s'accroissant toujours, prirent l'étendue et l'aspect des grands marchés soudaniens.

L'arrivée des Khartoumiens dispensait les ghellâbas d'entretenir des troupes auxquelles suppléaient les

1. Le nom de *Fertite*, dont se servent les Darfouriens et les Baggâras pour distinguer l'ensemble des tribus crédies de la nation des Niams-Niams, est appliqué à tous les païens qui vivent au midi du Dar-Four, quelle que soit la peuplade à laquelle ils appartiennent. — G. S.

garnisons des zéribas, et les affranchissait du tribut qu'ils payaient aux chefs indigènes. Mais bientôt, en dépit de l'envoi qu'ils faisaient de leurs bandes chez les Crédis les plus éloignés et jusque chez les Niams-Niams du sud-ouest, les Khartoumiens virent que le commerce de l'ivoire n'était pas suffisamment rémunérateur; et ils donnèrent à la traite de l'homme une place de plus en plus importante dans leurs expéditions : en sorte que les ghellabas, qui avaient salué leur venue avec joie, ne tardèrent pas à trouver en eux les concurrents les plus redoutables. Ainsi, en 1870, Ziber, qui entretenait dans ses domaines une force armée d'un millier d'hommes, n'avait recueilli que cent vingt quintaux d'ivoire, valant à Khartoum un peu moins de douze mille dollars (environ 63,000 fr.;) mais il avait envoyé au Cordofan, par la voie des steppes, dix-huit cents esclaves.

De tous les peuples que j'ai vus dans la province du Bahr-el-Ghazal, les Crédis sont assurément les plus laids; et m'ont paru, sous le rapport de l'intelligence, très-inférieurs aux Golos, aux Sêrés, aux Bongos, etc.

Ziber possédait, à la frontière du Dar-Four, une zériba qui était en rapports journaliers avec la Hofrâte-el-Nahâss, c'est-à-dire avec la *mine de cuivre,* celle même que le fourbe Hellali prétendait avoir eu le droit de vendre au Khédive. Par son entremise, j'obtins un échantillon du minerai de cet endroit, dont le métal est réputé au loin. L'échantillon, qui pesait deux kilos et demi, consistait en pyrite de cuivre, mêlée à du quartz et recouverte çà et là de malachite terreuse (cuivre vert carbonaté) très-peu riche en métal. La moitié de ce morceau de minerai a été donnée par moi au Khédive. L'autre portion est maintenant au musée minéralogique de Berlin.

Il ne paraît pas qu'il y ait d'exploitation régulière

à la Hofrâte-el-Nahâss. D'après ce que m'a dit l'homme qui m'a apporté l'échantillon, soigneusement enveloppé du pan de sa draperie, le minerai serait recueilli dans le lit desséché d'un khor (ruisseau torrentiel), où il se trouverait à l'état de galets. En pratiquant des galeries, ou tout au moins en cassant la roche, il est présumable qu'on arriverait, sans beaucoup de peine ni de dépense, à un résultat d'une grande richesse; car, dans les conditions actuelles, où la roche est laissée intacte, le rendement est considérable, et cela depuis de longues années.

Ce fut le 22 janvier que je pris congé de Ziber pour me rendre au dem Goudyou; je quittais sa zériba avec une suite de huit porteurs qu'il m'avait procurés.

Le premier jour, après avoir traversé un ruisseau d'eau vive, nous atteignîmes, toujours sur le territoire de Ziber, le village d'un chef crédi appelé Gagnong. Des filets de treize mètres de long sur deux et demi de large, étaient suspendus près des cases, où ils témoignaient de la richesse poissonneuse de la rivière Biri. Je n'ai vu, dans cette région, de filets de pareille grandeur que chez les habitants des bords du Diour.

L'architecture des Crédis me parut être dénuée de toute prétention artistique. La plupart des huttes consistaient simplement en une couverture de chaume, soutenue par des cerceaux, et descendant jusqu'à terre sans rencontrer de muraille; sous ce rapport, elles ressemblaient à celles des Cafres. Toutefois, Gagnong possédait plusieurs greniers, récipients en vannerie, destinés à contenir le grain. L'énorme corbeille était posée sur un échafaudage et abritée par un toit conique. Entre les pieds de l'établi, il y avait assez de place pour permettre à quatre femmes de s'y agenouiller et d'y faire la mouture. Une tranchée profonde, revêtue d'une couche d'argile et à laquelle aboutissaient les mourhagas ou pierres servant de mortiers, recevait la farine, à mesure que celle-ci était produite.

Le dem Goudyou, un des plus anciens comptoirs des marchands d'esclaves du Dar-Fertite, n'avait pas moins d'importance que la ville de Ziber. Il renfermait une zériba appartenant à la compagnie d'Agâde, et servait de quartiers à une bande de soldats nubiens qui, tous les ans, faisait une expédition dans l'ouest, sur le territoire de Mofiô, un des princes niams-niams du voisinage. Il tirait son nom d'un ancien chef crédi, appelé Goudyou, qui, lors de notre arrivée, demeurait au bord de la Biri, en qualité de simple cheik des possessions d'Agâde.

D'une altitude supérieure de cent cinquante-trois mètres à celle de l'établissement de Ziber, le dem Goudyou se trouvait à huit cent quarante-six mètres au-dessus du niveau de l'océan. C'est, à l'exception du mont Baghinzé, le point le plus élevé que j'aie atteint dans le centre de l'Afrique et l'extrême limite de mon voyage du côté de l'ouest. Bâti sur la pente septentrionale d'une vallée, où ses fermes et ses groupes de huttes se déploient en amphithéâtre, il présentait un aspect imposant, et le nombre de ses cases pouvait dépasser deux mille.

Malgré l'accueil hospitalier que je reçus à la zériba d'Agâde qu'il renferme, j'aurais fait tout aussi bien de rester dans les bois que d'y entrer, tant j'étais incapable de profiter de cette réception généreuse. Une attaque de scorbut, qui devait être la conséquence d'un manque prolongé de nourriture végétale, venait de se produire. J'avais les gencives tellement ulcérées et une si vive inflammation de la bouche, qu'excepté l'eau, je ne pouvais rien avaler sans éprouver les plus grandes douleurs. Par bonheur, Faki-Ismaël, l'agent en chef de l'établissement, me fit présent d'un certain nombre de patates qu'il venait de recevoir du Dar-

Benda; c'était une grande rareté, vu la saison, et pour moi quelque chose de mangeable.

Je songeais à regagner le pays des Bongos. Mon projet toutefois était de faire auparavant, vers le sud-est, une pointe qui me conduirait au dem Békir, où, dans un périmètre de quelques lieues, se trouvaient réunis de grands établissements appartenant à des ghellabas, et où Courchouc-Ali possédait la plus importante de ses forteresses, héritage de son beau-père.

Je n'oublierai jamais la réception que me fit, à ce dem, Djoumma, vékil de Courchouc-Ali, non plus que les circonstances qui l'ont accompagnée.

La nuit tombait. J'arrivais épuisé par la marche et affaibli par un jeûne d'une semaine. Longtemps nous avions erré au milieu des groupes de cases largement espacées, et nous avions eu beaucoup de peine à trouver la palissade de la zériba, dont le cercle était relativement peu étendu. A l'intérieur de l'enceinte, régnait le plus grand calme; et ce fut une main presque invisible qui me présenta le café, dès qu'introduit dans la salle de réception j'eus pris place sur l'angareb.

Le chef de la zériba était absent. Ignorant le genre d'accueil qui m'attendait le lendemain, et même rempli de doutes à cet égard, je me couchai sans souper.

Il est probable que, n'en pouvant plus, je m'étais immédiatement endormi. Toujours est-il, qu'échappant à la réalité, ma mémoire retourna aux jouissances du monde matériel. Je me vis dans une tente spacieuse, brillamment éclairée, où, sur des tables somptueusement couvertes, se pressaient les mets les plus appétissants. Une foule de serviteurs, richement vêtus, prévenaient les désirs des convives et leur versaient les vins les plus rares, dont la source paraissait inépuisable. J'étais au Caire et le repas était donné par le Khédive, qui traitait ses hôtes avec la splendeur féerique des Mille et une Nuits.

Tout à coup il me sembla que je m'éveillais. Étais-je dans une hutte enfumée de l'Afrique centrale, ou réellement sous la tente royale que j'avais vue en rêve? L'éclat des lumières frappait mes regards; des esclaves richement habillés m'entouraient; les uns posaient près de ma couche des verres étincelants, apportaient différents plats, ou tenaient des flambeaux et des lampes. Les autres, ayant sur le bras des serviettes brodées d'or, me présentaient des plateaux chargés de friandises, ou m'offraient de la limonade et des sorbets dans des gobelets de cristal diversement colorés. Je me frottai les yeux; je bus ce qui m'était offert, je palpai les objets : tout cela était réel.

Le gouverneur était revenu. A peine instruit de ma présence, il avait, malgré l'heure avancée, fait réveiller ses gens, réuni le personnel de ses cuisines et commandé le souper de son hôte. Minuit était passé lorsque le repas avait été prêt.

Fils d'un Turc, Djoumma connaissait la tenue des grandes maisons de Khartoum, et était beaucoup plus habitué au luxe et au comfort étrangers que ses collègues des zéribas. Tout ce qu'il possédait de plus beau comme service de table, de plus recherché en fait de provisions, avait été mis dehors en mon honneur.

Je voyais du pain de froment, du riz, du macaroni, des poulets aux tomates et bien d'autres mets, parfaitement accommodés. Supplice de Tantale! Si ardente que fût ma convoitise en face d'un pareil banquet, l'inflammation de mes gencives m'opposait son véto. Je ne pus avaler que bien peu de la nourriture si gracieusement offerte. Toutefois, en si petite quantité qu'elle fût prise, cette bonne chère n'en fut pas moins très-efficace; le changement de régime hâta la convalescence, et, quelques jours après, l'énergie et les forces étant revenues, je pus continuer ma route.

Djoumma se trouvait alors en guerre avec Solongô, un chef niam-niam, fils de Bongorongbô, qui résidait à cinq jours de marche du dem Békir, vers le sud-sud-est. Il se croyait sérieusement menacé par ce chef puissant, dont la province s'étendait jusqu'au territoire des Bellandas, qui sont voisins d'Abou-Chatter. Peu de temps avant mon arrivée, Solongô s'était avancé jusqu'à moins de deux jours du dem; il avait été repoussé avec pertes, mais une nouvelle attaque était imminente, et Djoumma ne voulut pas me garder plus longtemps, ne pouvant m'offrir, disait-il, aucune garantie contre les hasards des hostilités.

D'ailleurs, l'audace des Niams-Niams devenait sans égale; à ce point que des armes de la garnison avaient été volées par des gens envoyés la nuit au dem Békir par Solongô.

Le 5 février, j'aperçus, de l'autre côté d'un ruisseau qui s'appelait Ngoccou, la zériba de Ziber-Adlâne, s'élevant sur la pente rapide de la vallée. Elle était entourée d'un assez grand nombre d'habitations pour constituer un dem, beaucoup moins étendu pourtant que ceux dont nous avons parlé précédemment. Quelques-uns des traitants établis sur les lieux, Darfouriens et Baggâras, joignaient au commerce d'esclaves la chasse à l'éléphant; et vendaient leur butin aux zéribas du voisinage, où l'on faisait grand cas de leur activité. Les Baggâras qui viennent dans le pays à la suite des marchands négriers, soit pour dresser les bœufs au portage, soit en qualité de gardiens et de conducteurs, appartiennent tous à la tribu des Risegâtes, tandis que les Homrs sont les ennemis implacables de tous les ghellabas.

Ce district est habité par les Sêrés. Leurs huttes disséminées autour du dem, en groupes d'une compacité insolite, formaient à celui-ci une large ceinture. Vue de loin, la scène offrait une grande variété:

le paysage présentait des alternatives de lumière et d'ombre, produites par les nombreuses clairières où se déployaient des champs étendus, bigarrant le coteau et animés par les bourgades et les fermes des indigènes. Extérieurement les Sêrés me rappelaient d'une manière frappante les Niams-Niams, à cela près qu'ils n'étaient pas tatoués. Ils avaient originairement fait partie d'une tribu d'esclaves soumise à l'un des chefs niams-niams de la région voisine, et ils avaient récemment émigré vers le nord. Un grand nombre d'entre eux étaient restés chez Solongô.

Leur race est vigoureuse et bien bâtie. A cet égard, ils ont plus de rapport avec la majeure partie des Golos et des Bongos qu'avec les Zandès ou Niams-Niams; cependant leur indépendance ethnographique ne fait pas le moindre doute. Je n'ai jamais vu ni chèvres ni chiens près de leurs demeures; selon toute apparence, ils n'ont que des poules, et n'en possèdent qu'un petit nombre.

Les brins d'herbe implantés dans les ailes du nez, parure ordinaire des femmes golos et bongos, ne sont pas moins en faveur chez les Sêrés : non-seulement les femmes se décorent de la sorte, mais leur exemple est suivi par les hommes. Beaucoup de ces dames portent aussi dans la lèvre supérieure la plaque circulaire des femmes mittoues; et j'ai vu au dem Adlâne des élégantes avoir, en outre, la lèvre d'en bas traversée d'un morceau de plomb formant une pendeloque longue de plusieurs pouces.

Dans l'après-midi du 11 février, un orage qui venait du nord-est, et qui tourna vers le sud, éclata tout à coup. Nous cherchâmes un abri au plus épais de la forêt ; mais, en dépit de son épaisseur, le feuillage ne nous protégea aucunement. Ainsi, trempés jusqu'aux os, après avoir attendu la chute du jour, nous poursuivîmes notre route marchant dans les ténèbres et nous finîmes par nous arrêter au bord d'un petit ruisseau. Triste nuit! où l'eau tomba sans fin ni trêve, et qui, passée en plein air, mit le comble à nos misères. Pas d'herbe à recueillir dans cette obscurité, pas de feu possible avec la pluie. Transi et mouillé, je dus rester là jusqu'au matin, où, à moitié mort, je repris ma route, toujours sous la pluie, qui rendait la marche plus pénible.

C'est dans de telles circonstances que j'ai vu l'heureux caractère des Sêrés qui m'accompagnaient. Aucune fatigue, aucune mésaventure, la faim, la soif, les contre-temps : rien n'altérait leur bonne humeur. Pas un visage abattu, pas une plainte, pas un soupir. A peine avaient-ils déposé leurs fardeaux qu'ils se mettaient à jouer comme des enfants à la sortie de l'école. L'un faisait la bête sauvage, et les autres de courir après lui; c'étaient des bouffonneries, des tours plaisants, des niches prises en bonne part. Toute cette gaieté, avec l'estomac vide! « Si nous avons faim, disaient-ils, nous chantons, et c'est oublié! »

L'épaisse forêt qui, à partir du Ponngo, s'était déployée sans interruption, finit à vingt-quatre kilomètres au levant du ruisseau Tellé; elle fut remplacée par des steppes étendus et des fonds marécageux.

Prenant alors au nord-est en faisant à peu près dix-neuf kilomètres à travers un système compliqué de mamelons de gneiss et de collines tabulaires, nous atteignîmes la zériba de Ngoulfala, où nous nous retrouvions parmi les Bongos. Elle appartenait à Agâde, comme celle de Moudi, où nous nous arrêtâmes ensuite.

En effet, très-affaibli par un rhume qui m'enfiévrait, j'y pris un jour de repos.

Les Bongos de Moudi ont gardé jusqu'à présent beaucoup de leur caractère primitif et de leurs anciennes coutumes. J'ai trouvé chez eux une quantité d'objets qui ne sont plus en usage depuis longtemps dans

Village des Bongos. (Page 240.)

les autres parties de la contrée [1]. Ils possèdent un grand nombre d'instruments de musique, depuis d'énormes trompes creusées dans la tige d'un arbre volumineux jusqu'aux petits cornets qui rappellent nos fifres; depuis les gros tambours faits d'une bille de tamarinier jusqu'au monocorde que l'on gratte avec un éclat de roseau. J'y ai même assisté à un curieux concert exécuté par un quatuor de jeunes virtuoses.

En traversant un des hameaux voisins, je découvris un monument funèbre destiné à perpétuer le souvenir de quelque homme distingué. De tels monuments étaient nombreux avant l'arrivée des Nubiens. Celui que j'ai vu avait été érigé sur la tombe d'un chef appelé Yanga. Parfaitement conservées, et de grandeur naturelle, les figures ou moiôgô-guy représentaient le chef ou gnêré suivi de ses femmes et de ses enfants, et, selon toute apparence, sortant du tombeau avec sa famille. De telles images ont pour objet de conserver le souvenir d'une personne, ainsi que le prouve le terme de moiôgô-koumarâ (la *Figure de l'Epouse*) appliqué à la statue que le veuf élève dans sa hutte, en mémoire de la femme regrettée [2]. Les Bongos trouvent à ces effigies un mérite incomparable, et se persuadent qu'elles reproduisent trait pour trait les gens qu'elles représentent. Pour compléter l'illusion, on dit qu'ils les paraient souvent de colliers et d'anneaux et leur mettaient de véritables cheveux.

Lorsqu'un homme avait été assassiné, une pareille effigie en perpétuait le souvenir ; et l'impression causée par cette figure était souvent des plus vives. Un

1. Voir chap. III de ce volume. — J. B.

2. Cet usage rappelle extraordinairement les *Kamennia babys* ou *bonnes femmes de pierre*, élevées sur des sépultures depuis l'Ienisseï et l'Altaï jusqu'à la Vistule et au Dniéper, dont il a été question au congrès archéologique de Kief. (V. *Revue des Deux-Mondes*, 15 déc. 1874, p. 798 et suiv.) — J. B.

notable du pays me racontait qu'autrefois dans les fêtes les meurtres étaient communs. Lorsque la moisson avait été abondante et que les greniers étaient remplis, me disait-il, on se réunissait pour boire. L'ivresse arrivée, les querelles s'engageaient; et, au milieu des coups, la voix du gnêré n'était plus entendue. Maintenant, ajoutait l'ancien, lorsque les Turcs veulent punir un meurtrier, ils lui prennent ses femmes et ses enfants, l'obligent à leur payer une grosse amende, sous forme de fer, et à donner quelque chose à la famille du mort. Autrefois c'était bien différent : les amis du défunt se chargeaient de la punition; mais le coupable n'était pas toujours facile à découvrir. Lors donc que le meurtrier n'était pas connu, celui dont on avait tué le frère, l'ami, ou peut-être la femme, préparait une figure ressemblant à la victime de manière à s'y tromper. Puis il invitait tous les hommes du district à une grande fête, où le breuvage circulait abondamment. Quand l'ivresse était venue, au milieu des chants et de la danse, il introduisait brusquement l'image qu'il avait faite. A cette apparition, dont l'effet se produisait toujours, le coupable se trahissait en voulant fuir. Le vengeur le saisissait alors et disposait de lui comme il l'entendait.

Un figuier, aux proportions monumentales, couvrait seul de son ombre la petite zériba de Moudi, y compris toutes ses cases. Cet arbre splendide était de l'espèce que j'ai souvent citée (*ficus lutea*) et que les Bongos appellent *mbêri*. Comme toujours, le tronc en était peu élevé ; ce qui faisait de l'arbre de Moudi une véritable merveille, c'était la prodigieuse épaisseur de la cime et l'étendue de la ramée qui se déployait horizontalement dans toutes les directions. Chacune des maîtresses branches était de la grosseur d'un arbre, et aurait sans désavantage soutenu la comparaison avec nos sapins les plus volumineux.

Un fait singulier venait de se produire à son sujet, et je trouvai la population de la zériba encore sous l'influence de l'étonnement et de l'effroi qu'elle en avait éprouvés. L'une des plus fortes branches du colosse, complétement vermoulue, s'était détachée le jour précédent; elle avait mis une case à deux doigts de sa perte. Pour les Nubiens, cette chute imprévue était l'effet du mauvais œil, celui du regard d'un soldat qui avait passé la veille dans le pays. Chacun, suivant l'habitude, était devant sa hutte à l'ombre du figuier, lorsque le passant en question, levant la main, s'était écrié : « Cette branche est pourrie; il serait malheureux qu'elle vous tombât sur la tête. » A peine ces mots étaient-ils prononcés, qu'un horrible craquement se faisait entendre, et que la masse de bois tombait en se brisant avec un fracas épouvantable.

Le surlendemain, très-fatigués par le souffle desséchant du nord-est, nous nous arrêtâmes au bord d'un ruisseau de marais, appelé Moll, et nous nous y établîmes.

Nous y avons eu pour souper deux rats des roseaux ou fahr-el-bouss qui, de l'extrémité des lèvres à la naissance de la queue, mesuraient $0^m,525$ et dont la chair est fort délicate. Je m'étais donné le spectacle d'un incendie des steppes, en mettant le feu à un coin de l'herbe du Dambourré, et, avec l'aide de mes gens employés comme rabatteurs, j'avais fait une chasse intéressante, où deux mangoustes rayées avaient été tuées en surplus des deux rats des roseaux.

Enfin, après une absence de quarante-cinq jours, pendant laquelle j'avais fait une route de huit cent soixante-seize mille pas, je saluai de nouveau mon vieil ami Calil. Préoccupé de mon bien-être, il avait fait à mon intention de belles huttes, où il me conduisit immédiatement et où je m'installai pour tout le reste de mon séjour chez lui.

CHAPITRE IX

LA TRAITE DES NÈGRES.

L'expédition de sir J. White Baker pacha, sur le Nil, a augmenté le nombre des ghellabas dans le Dar-Fertite. — C'est la paresse qui fait les marchands d'esclaves. — Mofiô est un de leurs plus grands fournisseurs. — Quatre classes d'esclaves domestiques : servants d'armes, faroucs, femmes, esclaves agricoles. — Routes de la traite dans la région nilotique. — Profits du commerce légitime substitué à la traite. — Peut-on fonder quelque espérance sur le mahométisme ou sur l'indolence des Orientaux ? — Quel est le pouvoir du Khédive pour abolir la traite ? — Excursion à Guire. — Départ pour le méchra. — Notre caravane ne peut vivre qu'en pillant le pays. — Les alliés des Khartoumiens sont traîtres envers leurs compatriotes. — Embarquement. — Inspection de notre barque à Fanécama. — Captifs sur la route du Cordofan. — Télégraphie électrique de Khartoum à Alexandrie. — Arrestation de mes gens. — Mes représentations au pacha Dyafer, dernier gouverneur général du Soudan. — Fureur des Khartoumiens contre Baker. — Décès du Français Lafarge et de l'Acca Nsévoué, à Berber. — Arrivée à Messine, 2 nov. 1871. — Abd-es-Sâmate est décoré par l'empereur d'Allemagne. — Une partie de sa garde noire se révolte. — Il est tué le 10 nov. 1874. — L'Égypte a pour tâche la civilisation des vallées du Nil.

Jamais, peut-être, le commerce d'esclaves, qui se fait par les routes du Cordofan, n'avait été plus actif que pendant l'hiver de 1870 à 1871. L'été précédent, sir Samuel Baker avait commencé sa croisière sur les bords du Haut-Nil ; et, en confisquant tous les bateaux chargés de captifs, y compris une grande barque qui appartenait au moudir de Fachoda [1], il n'avait laissé aucun doute sur la résolution prise par le gouvernement de couper le mal dans sa racine. La notoriété de cette mesure avait-elle fait choisir aux ghellabas ou marchands d'esclaves une autre route ? ou était-ce la nouvelle que les zéribas manquaient de cotonnade, ou enfin l'espoir de se livrer à un commerce lucratif avec les troupes du camp égyptien, qui les avait attirés en plus grand nombre ? Je l'ignore. Toujours est-il que ni Baker ni le gouvernement n'avaient obtenu de résultats sérieux et ne devaient espérer d'en obtenir. Ils pouvaient faire la police du fleuve ; mais les deux rives leur en échappaient. Pour celui qui, arrivant de cette région, connaît *de visu* l'état des choses, la déclaration que la traite de l'homme est abolie dans les pays du Nil ressemble aux villages que l'on faisait voir à Catherine II lors de sa tournée dans la Russie méridionale [2].

Ziber se plaignait de l'affluence des ghellabas. Depuis le commencement de la saison, les caravanes avaient jeté dans le district deux mille de ces aventuriers. En février, ils étaient deux mille sept cents.

1. Le Courde Ali-Bey. Pour les relations qu'eût avec lui sir J. White Baker pacha, voir *Ismaïlia*, ch. III et IV. Hachette, 1875. — J. B.

2. Sir J. White Baker ne s'est pas tant fait illusion que l'a pensé M. G. Schweinfurth. « Tant qu'il sera permis, dit-il, aux soi-disant commerçants de Khartoum, de se constituer en société de pirates dans le bassin du Nil, la traite continuera, non par le Nil Blanc, frappé d'interdiction, mais par le Dar-Four et le Cordofan. Les compagnies du Nil une fois dissoutes, les chasseurs d'esclaves qui en font partie reprendront leurs travaux agricoles dans le Soudan, les revenus du pays s'accroîtront et la prospérité générale grandira tous les jours. » (V. *Ismaïlia*, ch. XXVII, p. 408. Hachette, 1875). S'il y a une erreur, elle se trouve dans la seconde phrase. — J. B.

Les ghellabas traversent les steppes des Baggâras, sur la rive gauche du Nil, où ils achètent des montures, des bêtes de somme, et du beurre, qui est très-recherché dans les zéribas. Chacun d'eux, selon ses moyens, prend à son service un ou plusieurs Baggâras pour conduire les bêtes qu'il possède. Le chameau, ne résistant pas longtemps à l'influence du climat, est très-rarement employé comme moyen de transport. Le ghellaba monte donc à âne. On ne voit guères plus un de ces petits marchands sans son âne qu'un Samoïède sans son renne. Outre le cavalier, la bête porte au moins dix pièces de cotonnade; si elle survit au voyage, elle est troquée contre un ou deux esclaves. La charge vaut trois fois autant : d'où il résulte que l'homme au baudet, arrivé sans autre chose que sa monture et vingt-cinq dollars (121 fr. 25) de calicot, se trouve en possession d'au moins quatre esclaves, qu'il peut vendre à Khartoum deux cent cinquante dollars (1212 fr. 50).

En dehors de ces détaillants, à qui le trafic de chair humaine est aussi naturel que l'usure à un juif polonais, il y a les gens de haut négoce, hommes riches, qui, à la tête d'une force armée nombreuse et d'ânes pesamment chargés, font des affaires importantes et jettent sur la place les esclaves par centaines. La plupart des gros marchands ont des associés ou des agents à poste fixe dans les grandes zéribas. Presque toujours ces agents sont des fakis, c'est-à-dire des prêtres, qui regardent la traite des nègres comme un accessoire ordinaire de leurs attributions. Les pauvres sont brocanteurs, boutiquiers, fabricants d'amulettes, charlatans, maîtres d'école, entremetteurs de mariages. Les riches ont des colléges et d'ignobles tavernes, qu'ils font tenir par des salariés. Quelque immorale que soit leur industrie, ils n'en sont pas moins vénérés, et leur réputation d'hommes pieux leur survit fréquemment. On les enterre dans les endroits publics, où leur tombe est marquée d'une bannière blanche indiquant un terrain consacré.

Ils vont de zériba en zériba, menant, dans toute la force du terme, ce que les dévots appellent une vie de prière, ne disant pas une parole sans invoquer Allâ et son Prophète; mais associant à leurs pratiques religieuses les infamies les plus révoltantes, les cruautés les plus atroces. Je n'ai jamais vu d'esclaves plus à plaindre que les leurs; ce qui n'empêche pas les saints personnages de choisir pour ces malheureux les noms les plus édifiants : *Allagâbo*, par exemple, (Présent d'Allâ ou Dieudonné!), tout en les traitant comme le dernier de nos balayeurs ne voudrait pas traiter son chien. Dans un de leurs convois, se trouvait un pauvre Mittou, ayant à peine la force de se soutenir et de traîner la fourche qui le tenait à la gorge. Un matin, en allant à mon potager, je fus arrêté par des clameurs, je me détournai et vis une scène que je ne puis retracer sans frémir. Le pauvre Mittou, près d'expirer, était traîné hors d'une case; les raies blanches qui marbraient sa peau flétrie témoignaient de son supplice; les clameurs étaient les imprécations de ses pieux bourreaux : « Le chien maudit vit encore! Ce païen ne mourra pas! » et les enfants de leur suite jouaient à la boule avec ce corps tordu par la suprême agonie. Toute créature humaine, à défaut de honte, eût été remplie de pitié par ces yeux horriblement convulsés : loin d'être émus, les fakis me répondirent que c'était une feinte, et que ce misérable attendait, pour s'enfuir, le moment où on ne l'observerait plus. Néanmoins, son aspect démentant leurs paroles, l'agonisant fut traîné dans les bois, où je retrouvai son cadavre. Tels sont les actes perpétrés en face de la mort par ces hommes qui se posent comme les piliers de la foi, les modèles des vrais croyants!

Mais revenons à la traite. Malgré l'ardeur qu'y apportent ceux qui s'en occupent, il ne faut pas croire que le petit commerce d'esclaves soit toujours lucratif. Les ghellabas de la classe inférieure sont exposés à de nombreux mécomptes. Leurs fatigues sont extrêmes, leurs privations excessives, leurs profits incertains. Je leur ai demandé maintes fois comment ils pouvaient quitter leur pays natal, leurs relations, changer leurs habitudes, accepter des maux de toute espèce, pour faire un commerce qui ne les mettait que rarement à l'abri du besoin. Leur réponse a toujours été la même : « Nous voulons avoir des *grouches* (des piastres) : pourquoi rester dans notre pays ? le gouvernement nous épuise, et le grain ne donne pas d'argent. »

Le gouvernement n'est pas aussi avide qu'ils le prétendent. Le fait est qu'ils sont paresseux et ne veulent pas travailler. Dans l'état de choses actuel, rien ne peut s'obtenir de ces brocanteurs de chair vive ; espérer qu'ils renonceront à leur odieux trafic, c'est demander des melons au pays des Esquimaux.

Je dois avouer qu'au Soudan égyptien le commerce légitime n'offre aucune ressource. Les hommes vivent là comme des animaux, sans besoin et sans désir, ne faisant aucune dépense, n'ayant d'autre bonheur que de thésauriser. Tout le service, tout le travail indispensable est fait par les esclaves. Dès lors, pas de demande, pas de salaires, pas de capital circulant, pas de gages : d'où il suit que les pauvres n'ont aucun moyen d'existence. L'esclave devient le seul article à fournir, et, la traite s'alimentant de cette double nécessité de la vie des pauvres et de celle des riches, l'esclavage se perpétue de lui-même [1].

Dans la vallée du fleuve des Gazelles, comme au

1. La conduite des Béris (Baris) et des Gnoriens (Ounyoriens) à l'égard de sir J. White Baker pacha, dont les instructions étaient si humaines et si dignes de louanges, prouve que cet état de choses est exactement celui qui existe dans la vallée du Fleuve des Montagnes ou Nil supérieur. (Voir *Ismaïlia*, Hachette, 1875). — J. B.

Soudan égyptien, les frais de voyage n'existent pas. Les ghellabas trouvent partout le boire et le manger, ils peuvent séjourner autant qu'ils veulent, en vivant aux dépens d'autrui. C'est plus agréable que de travailler.

Les gens qui font le commerce d'esclaves dans l'ensemble du bassin du Nil peuvent donc se diviser en trois catégories :

Les ghellabas ou petits marchands ambulants qui ne possèdent qu'un bœuf ou un âne, et qui, arrivés au mois de janvier, s'en vont en mars ou en avril ;

Les agents ou associés des gros traitants du Dar-Four et du Cordofan ; agents fixés dans les zéribas, presque toujours en qualité de fakis ;

Enfin, les grands marchands établis dans les dems de l'ouest, où ils vivent sur leurs propres domaines. Ces derniers sont les seuls qui fassent campagne hors de la province. Presque tous dirigent leurs courses vers les états de Mofiô, le puissant chef niam-niam.

En dépit des traitants d'ivoire, qui se gardent bien de donner des fusils aux chefs des cantons où ils trafiquent, les ghellabas ont eu l'imprudence de fournir à Mofiô une assez grande quantité d'armes à feu pour que celui-ci ait maintenant un corps redoutable de trois cents fusiliers, à l'aide duquel il a pu établir sa tyrannie et renouveler incessamment une provision de bétail humain qui paraît inépuisable. Chaque année plusieurs milliers de captifs sortent de ses États.

Rien que dans les zéribas que j'ai visitées, la demande suffirait pour entretenir l'odieux commerce et pour le rendre prospère. Les musulmans établis dans la province forment une partie considérable de la population ; même dans l'ouest, ils sont plus nombreux que les indigènes. Or, en moyenne, chacun d'eux possède trois esclaves ; ce qui, au bas mot, donne un total de cinquante à soixante mille, chiffre qui ne peut être maintenu que par la traite.

Ces esclaves domestiques ne doivent pas être confondus avec ceux qu'on destine à la vente, et peuvent se diviser en quatre classes :

Les enfants mâles de sept à dix ans, qui portent les fusils et les munitions. Chaque Nubien a au moins un jeune servant d'armes. Plus tard, ces enfants deviennent des faroucs.

Dans les zéribas, la garde noire des faroucs constitue près de la moitié de la force armée ; et c'est à elle qu'en temps de guerre incombe le rôle principal. Les faroucs battent le pays à la recherche du grain, réunissent les porteurs, maintiennent l'ordre dans les rangs, surveillent les prisonniers, soutiennent le choc de l'ennemi et font toujours la plus rude besogne.

Esclaves militaires, ils sont propriétaires de fermes situées dans le cercle des zéribas ; ils ont femmes et enfants ; et les anciens possèdent à leur tour de petits esclaves auxquels ils font porter leurs armes.

Pour avoir une tunique et un fusil, une nourriture régulière, qu'ils trouveront dans les zéribas et que ne leur offrent pas les solitudes, les jeunes gens se donnent aux Nubiens et les suivent. J'ai reçu moi-même, dans tout le territoire que j'ai visité, des propositions de volontaires qui demandaient à se joindre à notre bande.

La troisième catégorie d'esclaves est composée des femmes de service que l'on trouve dans toutes les cases.

Chez les hauts personnages, gouverneurs et agents, la maison est pleine de serviteurs et le travail se divise : il y a une femme pour chaque espèce de besogne. On peut, d'après cela, se faire une idée de la foule qui accompagne les Nubiens dans leurs expéditions. Lors de celle qui eut lieu contre les Niams-Niams, nos deux cents soldats étaient suivis de trois cents femmes et enfants esclaves. La longueur de la file n'en était pas seulement accrue d'une manière démesurée : le cliquetis des ustensiles de cuisine, les chocs, les disputes et les cris aigus jetaient dans la marche un désordre allant jusqu'à la confusion, ce qui augmentait la difficulté, déjà si grande, de faire traverser à une pareille suite les bois et les marais.

D'ailleurs, la mouture à bras reste l'usage général des musulmans de cette partie de l'Afrique, où elle s'exécute au moyen de deux pierres d'inégale dimension : une petite, manœuvrée à la main, et une meule fixe appelée *mourhaga*. Elle contribue plus qu'on ne pourrait le croire à maintenir l'énorme demande de femmes esclaves. Cette méthode primitive est d'une telle lenteur, qu'en une journée de pénible travail une femme ne peut broyer de grain que pour cinq ou six bouches. On ne saurait dire la somme de souffrances qui résulte de ce labeur quotidien, cruellement imposé.

Même à Khartoum, où il existe un moulin mis en œuvre par des bœufs, que le gouvernement a fait établir pour l'approvisionnement de ses troupes et dont les particuliers peuvent se servir pour un prix très-minime, le doura n'en est pas moins, dans toutes les maisons, broyé sur la pierre. Pas un indigène ne profite de la facilité qui lui est offerte. Tant que cette dépense de force humaine ne sera pas supprimée par l'introduction des moulins mécaniques, et par un impôt frappé sur les mourhagas, on ne doit pas s'attendre à voir diminuer le nombre des femmes esclaves. Nulle part, en effet, une institution ne peut disparaître avant qu'on y ait suppléé par une nouveauté qui la remplace avec avantage.

La quatrième catégorie se compose d'esclaves des deux sexes dont le travail est exclusivement agricole. Seuls les chefs des zéribas, les employés, les fakis, les ghellabas résidents, et les interprètes possèdent des fermes et des troupeaux de bêtes bovines. Les petites gens n'ont qu'un jardin, et se contentent d'un nombre restreint de chèvres et de volailles. Parmi les femmes, les vieilles qui ne semblent pas être capables de faire autre chose sont employées dans les champs. A l'époque de la moisson, elles sont aidées par les faroucs.

La corvée, appliquée à l'agriculture, n'existe pas pour les indigènes ; elle serait cependant moins nuisible au pays que l'arbitraire avec lequel, sous de futiles prétextes, on saisit les enfants dans les villages pour les vendre aux ghellabas. Placés en dehors de tout contrôle par suite de l'éloignement des maisons de commerce et de leurs chefs, qui, pour la plupart, habitent Khartoum, les gouverneurs des zéribas jouissent d'une entière indépendance. Beaucoup d'entre eux sont des esclaves élevés sous l'œil du maître, et qu'on envoie diriger les établissements, de tels postes ne pouvant être confiés qu'à des gens dont on est sûr. Il est très-facile à ces délégués de s'entendre avec les soldats et les commis qu'ils ont sous leurs ordres, et d'agir au grand dommage de la maison qu'ils représentent. Rien ne les empêche de vendre tous les nègres du territoire, de convertir en cuivre le prix de la cession, et d'aller vivre tranquillement au Dar-Four, qui est un lieu d'asile pour beaucoup de malfaiteurs des provinces égyptiennes. On peut toutefois compter sur eux jusqu'à un certain point ; mais on ne le peut jamais à l'égard des agents des succursales. Nommés d'ordinaire pour un temps assez court, ceux-ci ont bien moins d'intérêt à la prospérité commerciale du maître que les esclaves en chef ; et la distance qui sépare souvent les petites zéribas du grand comptoir ne permet pas de les surveiller. C'est ce que savent bien les traitants qui, parcourant le pays, recherchent de préférence ces petits endroits : ils y trouvent d'abondantes provisions de garçonnets et de fillettes, que l'agent leur vend sans scrupule.

On a estimé à vingt-cinq mille têtes le chiffre annuel de la vente de l'homme dans cette région. Ce chiffre est bien au-dessous de la réalité. Les trois lignes du commerce d'esclaves dans les pays nilotiques, étendue qui comprend tout le nord-est africain, sont la grande voie du fleuve, celle de la mer Rouge, et les routes des caravanes qui traversent le désert à l'ouest du Nil, pour aboutir à Sioute ou près du Caire. Ces dernières sont tellement peu connues que, en 1871, un convoi de deux mille esclaves arriva de l'Ouadaï dans les environs de Ghisê, et, se dispersant aussi mystérieusement qu'il était venu, causa une surprise extrême. Or ces routes ignorées sont beaucoup plus suivies que les deux autres; et, comme elles échappent à toute surveillance, elles le seront chaque jour davantage.

Sept territoires, dans la région qui nous occupe, fournissent les éléments de l'odieux commerce :

1° Le pays des Gallas, au sud de l'Abyssinie, entre le troisième et le huitième degré de latitude nord. Ses produits, à la fois nombreux et très-estimés, prennent trois routes différentes : celle de Choa à Zéïla; celle de Godyam à Souakim par Matamma, ou de ce dernier point à Massahoua, petite place de la côte peu surveillée. Enfin les Gallas partent du Fazogl pour le Sennaar, dont le plus grand marché n'est pas à Khartoum, mais à Moussalémié, située en amont de cette capitale. D'après le rapport des Abyssiniens chargés de percevoir la taxe, le nombre des esclaves vendus au seul marché de Matamma, en 1865, a été de dix-huit mille.

2° Le pays d'entre les deux Nils; les captures s'y font aux dépens des Dincas et des Bertas, mais en petit nombre.

3° Le district des Agahous (placé au cœur de l'Abyssinie, entre le Tigré et l'Amhara), ainsi que la frontière nord-ouest des hautes terres abyssines, où, par suite de la désorganisation du pays, un certain nombre d'habitants deviennent la proie des ravisseurs et sont expédiés à Djedda.

4° Le Haut-Nil Blanc, comprenant le bord des lacs, province aujourd'hui fermée à la traite par Baker, mais dont l'exploitation, dans les années les plus fructueuses, n'excédait pas mille têtes.

5° Le Haut-Ghazal, qui fournit principalement des Bongos, des Mittous et des Bakoucres, est d'un produit officiel encore moins considérable. Le méchra n'a jamais reçu annuellement plus de vingt negghers ou bateaux du Haut-Nil, et, bien rarement, à leur retour, ces barques portent chacune plus de vingt ou trente esclaves; par conséquent, il n'est jamais arrivé à Khartoum, par le Ghazal, plus de cinq à six cents captifs.

Ces données, d'une exactitude positive, démontrent que, même avant l'expédition de Baker, le chiffre des esclaves envoyés par le Nil était fort insignifiant, relativement à celui des bandes expédiées par caravane. L'honneur en revenait au gouvernement. L'Angleterre, la France, l'Allemagne et l'Autriche avaient des consuls à Khartoum, où un Copte représentait même les intérêts des États-Unis; et il était facile aux fonctionnaires égyptiens d'éblouir le monde par leur zèle pour la répression de la traite, zèle d'autant plus ardent que chaque saisie leur donnait la cargaison du bateau; car les esclaves n'étaient jamais rapatriés [1] : les mâles adultes faisaient des soldats; les femmes et les enfants se partageaient entre les employés du gouvernement et les gens de la garnison.

6° Le sixième territoire se compose des pays nègres qui sont au midi du Dar-Four, et que l'on désigne sous le nom de Dar-Fertite. Depuis quarante ans et plus, les Crédis, gens de cette contrée, fournissent annuellement aux ghellabas de douze à quinze mille âmes; et ce n'est pas là le chiffre le plus haut de

1. Sir J. White Baker lui-même a éprouvé les difficultés extrêmes que présente un tel rapatriement. (Voir *Ismaïlia*, ch. IV, p. 72. Hachette, 1875). — J. B.

l'importation : la grande masse vient des territoires niams-niams de l'ouest, où le puissant Mofiô, qui demeure par 7° de latitude nord et 26° de longitude orientale, fait pour son propre compte, chez les tribus voisines de race étrangère, une énorme quantité de captifs qu'on vient lui acheter et qui, avec les Crédis, sont conduits en Égypte par Abou-Haraz [1]. D'autres routes vont directement au Dar-Four, où se forment des caravanes qui partent deux fois l'an pour se rendre à Sioute.

Abou-Haraz que nous venons de nommer est le point où convergent, dans le Cordofan, les voies nombreuses que la traite fréquente le plus et qui, la conduisant de ce centre aux grands marchés des esclaves, vont : à El-Obêd, près de Khartoum; à Moussalémié, par le Sennaar, directement à l'est; à Dongola, par El-Safi, à travers les steppes des Béyoudas; à Berber, en longeant le Nil, soit pour profiter des routes du grand désert de Nubie, soit pour se rendre plus tard à l'est de la mer Rouge.

7° Enfin, une dernière source de la traite, et non pas la moins abondante, se trouve dans les hautes terres situées au sud du Cordofan. Les nègres de cette région montagneuse, connus sous le nom générique de Noubas, sont très-recherchés en raison de leur beauté, de leur intelligence et de leur adresse.

Ce fut chez eux qu'après la conquête sanglante du Cordofan la chasse à l'esclave fut autorisée par Méhémet-Ali. Non-seulement il l'encouragea, mais il en fit une source légale de revenus pour le trésor. Le gouvernement égyptien a donc, de ce côté, des devoirs d'autant plus grands à remplir qu'il a de plus grandes fautes à réparer.

Dans tout l'hémisphère occidental, le nègre est

1. Ville de Cordofan, à une centaine de kil. S.-O. d'Obeid. — J. B.

maintenant un homme libre. Sur la côte de Guinée, où elle est à peine semée depuis dix ans, la liberté donne déjà ses fruits. Des villes enrichies par un commerce licite animent les ports où ne s'arrêtaient que des négriers. En 1871, le trafic des possessions anglaises, sur cette côte, s'élevait à deux millions cinq cent cinquante-six mille livres sterling; il peut aujourd'hui s'élever à trois millions de livres (soixante-quinze millions de francs). Toutefois l'œuvre n'est qu'à moitié faite.

L'Égypte, la plus vieille, la plus féconde des terres historiques, a là une grande mission à remplir : mais le peut-elle en restant mahométane? Avec l'Islam, pas d'alliance possible; de lui, nul secours à attendre; tout le monde est d'accord à cet égard. Fils du désert, l'Islam fait un désert de tous les lieux où il pènètre, et détruit chez l'homme tout sentiment fécond. Des îles de la Sonde au Maroc, les peuples qui ont subi son influence se sont tous figés en une masse homogène, d'où ont disparu les caractères de nationalité ou de race. Il n'est pas vrai que le mahométisme soit susceptible de progrès; l'en croire capable, c'est garder une illusion puisée dans les livres. Rien n'annonce son déclin, mais ses nations demeurent à un état d'enfance.

Est-il possible que les musulmans parviennent à la civilisation en embrassant le christianisme? Demandez à un Européen qui habite l'Égypte si les gens du pays pourraient adopter nos usages sans renoncer à leur religion? il vous répondra par la négative. Demandez ensuite si l'on prévoit que les Égyptiens consentent à changer de culte? vous aurez la même réponse.

Un indigène qui voudrait se contenter de deux ou trois serviteurs, auxquels il donnerait de bons gages, et dont il exigerait un service régulier, ferait avancer la civilisation. Mais, entrez chez un riche Égyptien :

vous trouverez sur un divan un homme silencieux et contemplatif, pour qui le mouvement et la joie ne semblent pas exister. S'il a soif, il lève une main en disant : « Ya, ouolled ! (Ici, garçon !) » et un esclave lui présente à boire. Veut-il fumer ? « Ya, ouolled ! » Veut-il aller dormir ? « Ya, ouolled ! » Toujours « Ya, ouolled ! » Le maître ne quitte pas d'un pouce la place qu'il occupe.

Figurez-vous maintenant une époque où il n'y aurait plus d'*ouolleds* : que deviendraient ces maîtres immuables sur leurs divans ? Ils devraient se transformer ou mourir. Or, ce tableau est celui de tout l'Islam ; la même apathie s'y retrouve à tous les degrés de l'échelle ; d'où cette conclusion : pour que l'esclavage s'abolisse, il faut que l'Orient se transforme.

On a fait valoir comme circonstance atténuante, en faveur de la servitude orientale, le bien-être qu'elle donne à l'esclave. Évidemment, entre l'ancien nègre des Européens, animal de somme ou de labour, et celui des Orientaux, objet de luxe, la différence est grande. Mais, tout en le dépouillant de ses droits naturels, l'Européen faisait de l'esclave un être utile ; les autres le réduisent à l'état d'oisif. Bourrer des pipes, tendre un verre, préparer du café, sont-ce des occupations dignes d'un homme ? Malgré la bonne nourriture et les beaux habits qu'elle accorde, la servitude est dégradante.

Toutefois, ce qu'il y a de plus douloureux dans cette chasse à l'homme, c'est la dépopulation. J'ai vu dans le Dar-Fertite des cantons entiers convertis en déserts par l'enlèvement de toutes les filles du pays. Les Turcs et les Arabes vous diront qu'ils ne saignent que des tribus sons valeur, gens qui, si on leur permettait de multiplier, ne profiteraient de leur nombre que pour s'exterminer plus largement les uns les autres. Je pense différemment. Plutôt que de laisser la traite décimer toujours l'Afrique, mieux vaudrait que les Turcs, les Arabes et tous les peuples fainéants disparussent de la terre : dès qu'ils travaillent, les nègres valent mieux qu'eux [1].

La tentative de détruire la traite des nègres et l'esclavage doit être poursuivie avec persévérance. Elle exige effectivement des mesures progressives et plutôt indirectes, comme l'impôt sur les mourhagas. Par exemple, en fait de progrès, c'en serait un considérable que d'autoriser légalement l'esclave à réclamer un salaire. Le maître dès lors diminuerait le nombre de ses gens; de son côté, il exigerait d'eux plus de travail, et ce nouvel ordre de choses secouerait l'indolence orientale. Cette mesure est donc une des premières que je conseillerais, une de celles qui, comme l'impôt sur les mourhagas, doivent précéder les autres.

Quant à l'assistance que l'abolition de la traite peut recevoir du Khédive, elle est très-limitée. Rarement, en Egypte, des fonctionnaires qui ont manqué à leur devoir sont punis d'une façon rigoureuse. Le seul fait au sujet duquel, dans cet État, le gouvernement n'entende pas raillerie, c'est le refus de l'impôt. Le Pacha n'a pas le bras assez long ni assez fort pour châtier les hauts fonctionnaires, qui s'abritent derrière le Sultan. Il n'est que vice-roi; on l'appelle Khédive, mais il n'en a que le titre. Que peut-il obtenir, ne pouvant que commander?

Toutes les barques qui descendent du Nil Blanc,

1. A la condition de travailler, les nègres valent sans doute mieux que les mahométans, qui ne font rien; mais cette condition, la remplissent-ils ? Quel état de civilisation représentent les royaumes de Camrasi et même de Mtésa ? ou, pour ne parler que de ce qu'on vient de lire, les royaumes de Mofiô, d'Ouando ou de Mounza ? Les nègres s'y pillent, s'y tuent, s'y vendent mutuellement ou se mangent entre eux. Où travaillent-ils, où commercent-ils réellement ? Baker vient d'essayer de les amener au travail et au commerce légitime; il a recueilli, le plus souvent de leur part, au lieu de la gratitude pour ses bontés, la trahison. (V. *Ismaïlia*. Hachette, 1875.) — J. B.

chargées de captifs, sont confisquées ; et sur le fleuve, la traite est l'objet de mesures répressives de toute espèce, surtout à Khartoum, où il y a des Européens. Ce beau zèle y va jusqu'à saisir des êtres libres, sous prétexte qu'ils sont noirs, ce qui est, pour les subalternes, l'occasion d'extorquer de l'argent à la famille des confisqués. Pendant ce temps-là, sur toutes les routes des caravanes, de longues files d'esclaves sont dirigées vers Sioute [1] et vers la mer Rouge. Excepté le voyageur, personne ne les voit. Il y a dans le Cordofan un gouverneur égyptien : la traite n'y est pas moins florissante. C'est par là que passent tous les captifs des terres du Ghazal et tous ceux du Dar-Four. On pourrait les saisir à Sioute, qui est le point d'arrivée des convois ; malheureusement on ne le ferait qu'au prix d'un très-lourd sacrifice pour le commerce d'Égypte. La conquête du Dar-Four serait un grand progrès [2] ; mais, au nom du ciel, qu'Ismaël-Pacha n'envoie pas de troupes chez les nègres païens : « elles empêcheraient l'herbe d'y croître [3]. » Ce que maintenant il peut faire de mieux pour ces tribus, c'est de les laisser tranquilles : leur pays n'a rien à offrir, et d'ailleurs son éloignement des rivières navigables empêcherait que ses produits fussent recherchés par le commerce [4].

1. Ville d'Égypte, sur la rive gauche du Nil, à environ cent cinquante kilomètres au sud du Caire. — J. B.

2. Depuis l'époque où ces lignes furent écrites, le Darfour a été annexé aux états du Khédive, et la police peut maintenant y poursuivre les malfaiteurs. Cette conquête n'est pas seulement avantageuse pour l'Égypte, elle l'est surtout pour la science. — H. L.

3. Proverbe arabe : « l'herbe ne pousse jamais sous les pas des Turcs. » V. notre réduction du *Lac Albert*, p. 8. — J. B.

4. Plus loin, cependant, Schweinfurth lui-même dit (notre page 261) que rien n'est plus aisé que de trouver des routes carrossables dans le pays du Ghazal pendant la saison sèche ; ni (n. p. 268) que d'assurer une passe navigable à travers la digue végétale du Nil-Blanc. On doit donc faire d'assez fortes réserves concernant l'opinion ci-dessus énoncée, même en ne

Laissant ces considérations, je reprends le récit de mon voyage.

Au commencement de 1871, des barques venues de Khartoum avaient amené au méchra du Ghazal de nouvelles bandes d'aventuriers qui avaient fourni des recrues assez nombreuses aux troupes des zéribas. Il en résultait une grande animation dans tous les postes. Des parents et des amis, qui ne s'étaient pas vus depuis des années, se racontaient mutuellement leurs aventures; et la relation des faits qui s'étaient passés à Khartoum pendant de si longues séparations circulait de bouche en bouche.

Moi aussi, j'avais mes nouvelles, et contenues dans un tout petit billet qu'un ami de Khartoum avait joint à mes lettres. Ce billet, du ton bref d'un télégramme, m'annonçait les faits inouïs de l'automne précédent. Je ne savais rien de l'Europe depuis 1869; et l'annonce des événements qui s'y étaient accomplis constituait pour moi une énigme inexplicable. Avec cette obscure dépêche, j'avais reçu des lettres; mais elles remontaient à un an de date. Écrites au milieu d'une paix profonde, elles ne parlaient que de choses indifférentes. Je venais bien d'un endroit où j'avais vu beaucoup d'individus récemment arrivés de Khartoum et qui avaient la bouche pleine de récits, mais seulement sur les affaires soudaniennes. Là, excepté moi, qui se fût intéressé à la chute de l'empereur des Français et soucié des victoires des Allemands? Lors de mon arrivée à Khartoum, c'était à peine si l'on y connaissait la prise de Magdala [1].

Donc, si brève que fût cette dépêche, elle me jetait dans une vive agitation, et me faisait attendre avec

a rapportant qu'au Dar-Four, dont l'avenir ne peut plus guère être bien distinct de celui qui attend les autres provinces égyptiennes. — J. B.

1. Capitale de l'Abyssinie, prise sur Theodoros, par les Anglais, le 13 avril 1868. — J. B.

une impatience fébrile le fils de Courchouc-Ali, dont on nous annonçait la prochaine visite.

Pour faire apporter les provisions arrivées de Khartoum, Calil devait expédier au méchra une bande de trois cents hommes. Mais, comme une pareille troupe ne se réunit pas en un jour, et que la disette régnait à la zériba, les arrivants étaient envoyés chez les Dincas du voisinage, *pour y manger*, en attendant que la caravane fût au complet. Il se passa beaucoup de temps avant que celle-ci fût prête à partir ; et, dans l'intervalle, les Nubiens se trouvèrent en lutte violente avec les Dincas, qui, ne voulant pas donner leur sorgho, le défendirent au péril de leur vie.

Le 4 mars, nous reçûmes deux cents Bongos de la zériba de Ghattas, chargés de grain pour le camp des Turcs. Toutes les charges en bloc ne représentaient pas plus de quinze cents kilos. Gens stupides, que ces dominateurs étrangers ! Des routes fermes et unies comme il y en a ici pendant la saison sèche, et pas un véhicule ! Trois chariots traînés par des bœufs, ou seulement trente brouettes, auraient suffi à mener tout ce grain à l'endroit voulu. L'impôt arrivait ainsi au triple de ce qu'il devait être. En moyenne, les frais de transport doublaient la taxe.

Le 20 mars, arriva Soliman, fils de Courchouc-Ali, et propriétaire actuel de la zériba. C'était encore un tout jeune homme, dénué de l'expérience nécessaire à la gestion de ses immenses domaines.

Je me rappelle avec plaisir notre première entrevue, et l'ardeur avec laquelle je mis la conversation sur les événements d'Europe. Je m'étais imaginé qu'en sa qualité de chef d'une grande maison de commerce de Khartoum, Soliman serait au courant de la politique ; mais tout ce qu'il put me dire ce fut qu'au mois de janvier, il n'était arrivé d'Europe aucune nouvelle annonçant la paix.

On n'imagine pas l'indifférence dans laquelle vivent ces gens-là au sujet des affaires publiques. Le vieux Calil, qui depuis quinze ans n'était pas sorti du pays nègre, avait, à cet égard, la même ignorance que ses compatriotes de la plus basse classe. Le nom du gouverneur général du Soudan, Dyafer pacha, lui était inconnu, et il semblait ne pas savoir que l'Égypte formait un État à peu près indépendant. La plupart des Nubiens ignoraient même le nom du Khédive. On se bornait à savoir qu'Abdoul-Assiz-Khan régnait sur tout l'Islam, et que tous les rois des Francs étaient ses feudataires. L'empereur de Moscou avait bien eu l'audace inouïe de prétendre à l'indépendance; mais, grâce à la fidélité des vassaux du grand chef des croyants, le rebelle avait été contraint à faire amende honorable, comme autrefois Bonaparte, le sultan El-Kébir. Lorsque les Nubiens de la zériba m'entendirent parler avec Soliman de la guerre qui se faisait en Europe, quelques-uns d'entre eux voulurent savoir quelles gens étaient les *Borousli* (les Prussiens). D'un ton d'assurance, Soliman répondit que c'était une petite nation qui habitait un pays presque désert.

« Et ce petit peuple a fait prisonnier le grand empereur des Francs, celui dont l'image est sur les pièces d'or ? s'écrièrent les autres.

— Oui, répliqua Soliman ; c'était un scélérat, et le ciel l'a puni. »

Le 30 mars, je vis arriver la bande qui revenait du méchra. De nouveau, je possédais une masse de papier à botanique, et je pouvais continuer mes travaux interrompus depuis quatre mois. Le printemps recommençait; c'était la troisième fois qu'il m'offrait ses richesses dans l'Afrique centrale.

Nous étions alors tellement à court de grain que Calil s'était vu forcé de refuser l'hospitalité aux ghellabas de passage. Soliman lui-même, le propriétaire de l'établissement, fut obligé de partir avec les gens de sa suite; et le vieux gouverneur alla faire une tournée dans ses zéribas du pays des Bongos, afin d'en rapporter les provisions qu'il pourrait y trouver. Pour moi, j'étais aux prises avec la faim à un degré que j'avais à peine connu l'année précédente au bord du Nabambisso : à de certains jours, je n'avais rien à manger, pas même une poignée de doura.

Enfin, malgré ma répugnance à retourner à la zériba de Ghattas, il me fallut céder aux prières de mes gens affamés; et nous partîmes de chez Calil le 21 avril. La pénurie était égale à l'établissement d'Abou Gouroun; mais nous trouvâmes encore du grain à la zériba de Ghattas. De plus, on y avait conservé quelque bétail, reste des immenses troupeaux qui avaient naguère peuplé les fermes. Néanmoins cet emplacement me rappelait de trop terribles souvenirs, et rien dans l'organisation actuelle n'était de nature à calmer les appréhensions que me causait la possibilité d'un nouvel incendie.

Aussi, voulant secouer la tristesse qui m'envahissait, je partis vers la fin de mai pour la station de Guire. J'avais un petit Bongo, qui paraissait avoir l'intelligence plus ouverte que les autres, même que ceux qui étaient beaucoup plus âgés que lui; mon dessein était de le faire instruire en Europe. Justement sa famille habitait Guire, et j'y reçus les visites de son père, de l'un de ses oncles et de l'une de ses tantes. Je leur fis de nombreux présents et les immortalisai en les dessinant dans mon album. Ils n'avaient plus aucun droit sur Allagâbo, qui, d'abord enlevé par les Dincas, avait été vendu à Idris pour du bétail volé; mais tous le félicitaient de sa bonne fortune, comprenant qu'il serait beaucoup plus heureux en devenant un homme civilisé qu'en restant dans son pays. Allagâbo semblait lui-même le comprendre. Il n'avait pour son père ni affection ni respect : lorsqu'il vit les cadeaux que je destinais à ses parents, il me pria de donner à son oncle toute la part de son père. Comme je lui en demandais la raison, il me répondit que, lors d'une maladie qu'il avait faite, son père ne lui avait témoigné aucun intérêt, tandis que son oncle ne l'avait pas quitté d'un instant et avait partagé tous les soins que lui avait donnés sa mère. Celle-ci, à laquelle il conservait une grande affection, s'était vue comprise dans le même échange de bétail, puis expédiée à Khartoum ; et on ignorait ce qu'elle était devenue. Malgré toutes nos recherches, il nous a été impossible de rien apprendre à son égard. L'enfant y pensait toujours ; même en Europe, alors qu'il était habitué à sa nouvelle existence, il me disait souvent qu'il rêvait de sa mère, et qu'elle se penchait sur lui, les yeux pleins de larmes.

Près de Guire, je dessinai aussi un village bongo, dont les huttes et les greniers s'élevaient autour d'un magnifique bassia. A gauche était un tombeau ; à droite, une femme s'occupait à moudre le grain dans son mortier mobile. Trois femmes étaient au premier plan avec les attitudes qui leur sont le plus habituelles ; l'une d'elles, assise, portait sur le dos son enfant dans un sac de cuir. Le village était entouré d'un champ de sorgho ayant quatre mètres de hauteur et dominé par des échafaudages en forme de harpe, sur lesquels on fait sécher le sésame.

Rentré à la zériba de Ghattas, j'insistai afin que le départ pour le méchra ne fût pas retardé. Une heureuse circonstance favorisa mon désir. Abd-el-Messik, le fils de Ghattas, faisait une tournée dans ses possessions du Rohl. Je dis au gouverneur que, si je n'étais pas parti avant l'arrivée du maître, j'en profiterais pour me plaindre des négligences qui avaient causé l'incendie ; je réclamerais ce qui m'était dû, en raison des pertes que j'y avais subies. Ibris comprit qu'il serait renvoyé à Khartoum, en qualité d'esclave ; et, le 4 juin, il nous mit en marche pour le Bahr-el-Ghazal.

Cinquante soldats et un peu plus de trois cents porteurs composaient la caravane. Je reprenais la route que j'avais suivie en 1869; mais, cette fois, la saison, beaucoup plus avancée, donnait au pays un aspect très-différent. Des plantes de tous les genres animaient de leurs vives couleurs l'herbe printanière, d'où s'élevaient des groupes d'arbres touffus, distribués comme dans un parc.

La population y était plus nombreuse, et le pays largement cultivé; mais, à notre approche, les habitants prenaient la fuite, ne laissant pas une poignée de grain dans les cases, pas une bête dans les mourâs ou parcs à bétail.

Nous nous arrêtâmes chez Dal-Courdyouc. A peine les fardeaux étaient-ils déposés, qu'une razzia fut résolue. Tous ceux qui possédaient une arme la saisirent; et la maraude commença.

Un certain malaise s'empara de moi quand je me vis laissé avec mes quelques serviteurs dans le mourâ abandonné; si les Dincas fondaient sur nous, comment résister à des milliers d'assaillants? Toutefois, mon inquiétude n'eut pas beaucoup le temps de grandir. Au bout d'une heure à peine, nos gens revinrent avec quinze bêtes bovines et deux cents autres, chèvres ou moutons. Le conducteur de la bande, voleur de bétail expérimenté, ayant l'instinct de ce genre d'expéditions, avait mis immédiatement nos hommes sur la piste. Il n'ignorait pas que les grands troupeaux avaient été dirigés vers les marais des bords du Tondj, avec une avance de vingt-quatre heures. Mais les vaches laitières, ainsi que les veaux, et tout au moins les chèvres, devaient être restés dans le voisinage, afin de pourvoir aux besoins des familles. En conséquence la bande prit au sud, décrivit un demi-cercle autour du mourâ, et forma une ligne de traqueurs, qui, pénétrant dans les bois, chassa tout devant elle. Bref, nos gens n'étaient pas à deux kilomètres de leur point de départ que vaches, moutons et chèvres tombaient entre leurs mains. Je n'ai jamais vu pareille boucherie ni pareille mangerie ; le lendemain matin, le lit de cendre étendu sur le mourâ était rouge de sang.

Le quatrième jour, nous reprîmes notre ancienne route, et nous arrivâmes chez Coudy à travers un pays charmant dans cette saison, et qui, avec ses grands arbres isolés, me rappelait celui des Bongos.

Ce chef était un Dinca, l'allié des gens de Ghattas, et l'un de ces hommes qui se font remarquer par leurs trahisons envers leurs compatriotes. Comment, après le départ de ses alliés, pouvait-il se maintenir dans le pays ? Je me l'explique d'autant moins que ses forces étaient des plus restreintes. Quoi qu'il en soit, nos gens profitèrent de son alliance pour organiser une seconde razzia, dont Coudy lui-même prit le commandement.

Le lendemain matin, de bonne heure, la bande rentrait avec son butin : fort peu de sorgho, mais des bœufs et des chèvres ; presque chaque porteur avait un chevreau sur les épaules. L'enlèvement s'était fait sans bruit, le retour s'effectuait avec calme.

Une courte marche nous conduisit ensuite chez Tehk, dont la demeure était voisine ; on s'y arrêta pour le même motif. Ainsi que la veille, la quantité de grain fut insignifiante ; mais on ramena beaucoup de chèvres et de moutons.

Malgré les bons rapports qui existaient entre les Khartoumiens et ces deux chefs, Coudy et Tehk, nous trouvions naturellement toutes les habitations désertes sur notre route ; excepté les familles des susdits personnages, nous n'y vîmes pas un individu.

Trois jours plus tard, dès le matin, nous aperçûmes les colonnes de fumée qui s'élevaient du mourâ de Courdyouc, le mari de Chol ; et bientôt nous eûmes sous les yeux le tableau pittoresque de l'un de ces parcs à bétail dont la vue nous manquait depuis longtemps.

Courdyouc nous accompagna en me racontant avec amertume la fin tragique de sa malheureuse femme. Sa résidence n'était plus qu'un tas de cendre; de toutes ses splendeurs, il ne restait d'autre témoignage que les débris épars d'un grand ballon d'eau-de-vie. Décimés à la fois par la maladie et par les razzias des tribus voisines, les troupeaux de la vieille Chol étaient singulièrement réduits. Mais des barques étaient arrivées de Khartoum; elles m'apportaient une quantité considérable de doura, que j'échangeai contre du lait. Pour faire cinq livres de beurre avec ce lait, très-pauvre en crème, il me fallait distribuer, par poignées, autant de grain qu'un tonneau en aurait contenu.

Avant de mettre à la voile, j'eus avec les gens de la compagnie Ghattas de violentes disputes. Je voulais à tout prix écarter des étroites limites de mon bateau les lépreux et les esclaves, menaçant de brûler la cervelle à ceux des premiers qu'on m'amènerait, et de dénoncer les autres au gouverneur. Mes paroles ne réussirent qu'à moitié; car on embarqua vingt-sept esclaves, qualifiés, il est vrai, de gens d'équipage. Je partis le 26 juin dans l'après-midi.

Du reste, je n'étais pas tout à fait exempt de reproches; moi aussi j'emmenais des nègres; j'en avais trois : l'Acca Nsévoué, le Bongo Allagâbo et le Niam-Niam Amber. J'avoue qu'à cet égard je ne partageais nullement les scrupules que d'autres voyageurs, dans cette contrée, ont ressentis en pareils cas. Devais-je abandonner au sort le plus incertain les êtres qui, pendant deux ans, m'avaient suivi au désert et servi avec une fidélité à toute épreuve? Étais-je pour quelque chose dans le commerce d'esclaves en les emmenant avec moi dans le but de les faire instruire? D'ailleurs, après mon départ, ne retomberaient-ils pas dans la servitude? Sur tous ces points, je n'avais pas le moindre doute.

Le 1er juillet, à huit heures du matin, nous croisions les villages des Nouërs, où nous avions fait halte deux ans auparavant; maintenant le pays n'offrait plus de sécurité, car un vékil de Courchouc Ali y avait été tué l'année dernière par les indigènes.

Chemin faisant, nous retrouvâmes nos anciennes calamités : la plaie des moustiques et l'encombrement d'herbe. Il nous fallut d'abord suivre une passe étroite qui, sous la forme d'un ruisseau furieux, déchirait la nappe herbue, dont la masse flottante semblait couvrir de chaque côté neuf cents mètres de large. Ce chenal avait de deux à trois mètres d'eau; la barque n'y toucha nulle part. Pour rendre la passe navigable en toute saison, il suffirait d'établir des écluses à certains endroits, ce qui n'offrirait pas de grandes difficultés, vu le peu de profondeur de l'eau.

Le 5 juillet, tandis que nous observions les mouvements d'une bande de Chillloucs, les cris et les gestes de quatre hommes vêtus de blanc, qui nous hélaient du point de la rive situé en face de nous, attirèrent notre attention. Comment ces quatre musulmans étaient-ils dans cet endroit? C'étaient des Khartoumiens, que nous envoyait le moudir de Fachoda. Ils nous apprirent que ce fonctionnaire était campé dans le voisinage, et que tous les bateaux qui descendaient le fleuve devaient s'arrêter au camp pour y subir l'examen de leurs passagers.

Quelques minutes après, le remorqueur nº 8, d'une force de vingt-quatre chevaux, nous traînait au camp du moudir. Si grande que fût la joie que me donna la perspective de me retrouver dans la société d'hommes supérieurs à ceux que je fréquentais depuis si longtemps, ce premier salut de la civilisation n'eut pour moi rien d'agréable, et fut suivi d'amertume.

Deux heures de remorque nous firent descendre le

fleuve jusqu'un peu au-dessus de l'embouchure du Sobat.

Le camp du moudir, situé dans le district de Fanécama, contenait quatre cents hommes de race noire, cinquante cavaliers baggâras et deux pièces de campagne. Outre le petit vapeur qui nous avait amenés, il y avait là trois barques de l'État et deux grands negghers appartenant à la compagnie Agâde. Ceux-ci arrivaient du méchra Elliâ, port du Bahr-el-Djébel[1], et avaient pour chargement six cents noirs qui venaient d'être confisqués.

Dans les zéribas, tout le monde était persuadé que, lorsque le pacha anglais (sir Samuel Baker), qui était encore sur le Haut-Nil, aurait tourné le dos à Fachoda, le moudir reprendrait son ancienne habitude de frapper un impôt sur chaque tête d'esclave, et laisserait toute liberté à la contrebande. Mais les gens des zéribas comptaient sans leur hôte. Le moudir[2] avait été si gravement compromis lors du passage de Baker, qu'il voulait sincèrement, cette année-là, réprimer la traite; et il y apportait une méthode et une exactitude que je n'aurais jamais crues possibles à la paresse d'un Turc.

Parmi les soldats noirs placés sous les ordres du moudir, et qui eux-mêmes avaient été pris et confisqués comme esclaves, on trouvait tous les interprètes nécessaires pour entrer en rapport avec les arrivants, quelle que fût leur origine. Le nombre de ces derniers ne fut pas seulement inscrit; mais leur provenance, leur âge, leur sexe, la manière dont ils avaient été saisis, l'endroit où la capture s'était faite, comment ils se trouvaient aux mains de leurs derniers posses-

1. Ou Fleuve des Montagnes, celui que Speke et Baker considèrent comme le véritable Nil Supérieur. — J. B.

2. Ce moudir, le Courde Ali-Bey, fut peu après remplacé par un Circassien Yousef Effendi, sur l'action duquel sir J. White Baker pacha fondait de grandes espérances. — J. B.

seurs : tout cela fut enregistré. Chaque Nubien lui-même eut à dire son nom, sa qualité, sa résidence, le chiffre de ses nègres, le prix que ceux-ci avaient coûté; il reçut copie de sa déposition, à laquelle, après en avoir reconnu l'exactitude, il fut tenu d'apposer son cachet.

L'examen de notre barque ne demanda pas moins de deux jours d'un travail assidu ; encore la permission de partir ne nous fut-elle accordée que quand nous eûmes pris à notre bord une garde de trois soldats.

Le surlendemain nous étions à Fachoda, où m'attendait une grande surprise. A la première nouvelle du dénûment auquel l'incendie m'avait réduit, le gouverneur général du Soudan, Dyafer-Pacha, m'avait expédié des provisions de toute sorte, et en assez grande abondance pour me faire vivre pendant des mois. Le vent contraire et l'état du fleuve avaient empêché la barque de continuer sa route, si bien que l'envoi était resté à Fachoda.

La condition de nos libérés devenait pire que jamais : en les confisquant, on avait aggravé leur misère. Les vivres touchant à leur fin, personne ne s'inquiétait de nourrir les pauvres noirs : leurs ex-propriétaires n'y avaient plus d'intérêt, et les soldats, mis à bord pour les défendre, leur faisaient sentir le kourbatch plus souvent et plus rudement que les anciens maîtres. C'étaient d'un côté des gémissements ininterrompus ; de l'autre, des cris de colère, des insultes, des malédictions incessantes qui m'enlevaient tout repos et mettaient ma patience à de rudes épreuves. J'avais toujours au feu une marmite pleine de riz et de macaroni pour ces pauvres gens ; mais je ne pouvais pas les nourrir tous.

En approchant de Ouod-Chélaï, nous vîmes, à droite du fleuve, des points noirs sans nombre se détacher vivement sur la nappe sableuse d'une couleur étincelante : c'étaient des captifs. La route du Cordofan, aussi peu surveillée que largement suivie par la traite, passait là pour arriver au grand marché aux esclaves de Moussalémié. Cette vue me rappela de nouveau les villages placés sur le chemin de Catherine II, dont j'ai parlé plus haut.

Enfin, le 21 juillet 1871, vingt-cinq jours après notre départ du méchra, y compris six jours de halte, nous atteignîmes le Raz-el-Khartoum. En somme, la marche avait été rapide et je devais m'estimer heureux de la prompte fin de notre navigation.

Le lendemain de mon arrivée, j'annonçai mon heureux retour à Alexandrie, par le télégraphe. La dépêche fut à destination au bout de deux jours ; elle avait coûté quatre thalaris (vingt et un francs). Ecrite en arabe, selon le règlement, elle exprimait en vingt mots, avec la concision de cette langue orientale, les lignes suivantes : « Consulat général d'Allemagne. Arrivée, 21 juillet. Télégraphier la nouvelle à Braun, pour qu'il la transmette à ma mère. » Le télégraphe, établi seulement depuis quelques mois, ne fonctionnait pas encore avec toute la régularité voulue. La plupart des employés étaient jeunes ; ils manquaient de pratique, et l'interruption de la ligne en deux endroits, où elle traversait le Nil, apportait dans la transmission des dépêches un retard qui ne laissait pas d'être considérable.

Dyafer, le gouverneur général auquel je devais le beau présent que j'avais trouvé à Fachoda, m'accueillit avec sa cordialité ordinaire et me donna pour logement un des bâtiments de l'État. Toutefois, si reconnaissant que je fusse de ses bontés à mon égard, la façon non moins inconsidérée que rigoureuse dont il traita mes serviteurs me blessa profondément. Sans enquête, sans même m'en avertir, on les enchaîna, ne me laissant que mes trois jeunes nègres, et personne pour me préparer mes repas.

Le fait est, qu'à mon insu, mes gens avaient emmené un certain nombre de noirs, sous prétexte de les conduire à leurs parents. Il m'avait été impossible, pendant tout mon voyage, d'empêcher les gouverneurs de zériba de leur donner des esclaves. Lors de notre embarquement au méchra, j'avais cru qu'ils n'étaient accompagnés que de deux épouses, d'un enfant appartenant à l'une d'elles et de deux garçonnets, qui étaient avec eux depuis si longtemps que je les considérais comme faisant partie de ma maison. En somme, ils importaient quinze esclaves. Que ces derniers fussent saisis, rien de plus juste ; mais on avait tout pris en bloc, femmes et enfants, ce qui était illégal, une esclave qui devient mère acquérant par ce fait, ici, la qualité d'épouse légitime.

J'allai trouver quatre fois le pacha sans obtenir la libération de mes serviteurs ; elle finit par m'être accordée ; mais tous mes efforts, et ils furent nombreux, ne réussirent pas à faire délivrer l'enfant et les deux femmes. Le pacha partait pour l'Égypte [1]. Je résolus d'y emmener ceux qu'on m'avait rendus, bien que ce fût une grosse dépense que de voyager avec une suite si considérable et d'ailleurs inutile.

Avant de quitter le pacha, je lui exposai mes représentations : toutes les bontés qu'il avait eues pour moi ne détruisaient pas la mauvaise impression que je gardais de la misérable comédie dans laquelle il m'avait engagé ; avec la connaissance que j'avais si péniblement acquise des faits, vouloir m'imposer le rôle de dupe était insultant au premier chef ; s'il tenait à supprimer le commerce d'esclaves, il devait étendre la loi au pays tout entier, et ne pas se borner à la

1. Ce haut fonctionnaire, instruit en géographie, désireux de se conduire en parfait *gentleman*, comme il le dit lui-même et comme sa façon d'agir le prouve, est devenu amiral dans la marine égyptienne, et le gouvernement général du Soudan a été aboli. — J. B.

police du fleuve; les mesures de bon plaisir, frappant de temps à autre, et çà et là, étaient contraires à toute justice, humaine ou divine; et, dans la question qui nous occupait, n'avaient d'autre résultat que de soulever l'opinion contre les Francs. Il était inutile d'arrêter les barques tandis que le moudir du Cordofan, par exemple, laissait se développer la traite dans sa province au point que, dans une seule année, deux mille sept cents marchands d'esclaves étaient allés de chez lui au Dar-Fertite, et y avaient fait leur commerce sous les yeux mêmes du commandant des troupes égyptiennes.

D'ailleurs la fureur que l'intervention de sir Samuel Baker excitait en secret chez les hauts personnages se montrait ouvertement chez leurs subalternes. Il m'est arrivé maintes fois, à Fachoda, même à Khartoum, d'entendre ceux-ci reprocher aux Francs d'être la cause de tous leurs embarras, et d'avoir, par des instances perpétuelles, forcé le Khédive à prendre les mesures qui leur plaisaient. Je leur répondais que de tels reproches faisaient injure à leur souverain, dont ils attribuaient les ordres à la pression de l'étranger, et qu'il était impossible à l'autorité du Khédive de s'établir fortement dans le pays, si les hommes chargés de la soutenir étaient justement ceux qui la dénigraient.

Le 1er août, je me rembarquais sur le Nil. Quatre jours après, l'eau étant grande et le vent ayant soufflé en notre faveur, nous atteignions Berber, où je descendais chez mon ami Vasel. C'était la première fois depuis bien longtemps que je me trouvais en relation avec un compatriote d'un esprit cultivé.

M. Vasel avait rendu à ce pays l'immense service d'établir la plus grande partie de la ligne télégraphique qui va de Khartoum à Assouan; malgré toute la peine qu'il se donnait dans une région si funeste à la race blanche, sa santé demeurait inébranlable.

Avant d'arriver à Berber, j'avais appris le décès d'un des hommes les plus aimables et les plus hospitaliers, du Français Lafarge, mon ancien ami; lui aussi avait passé de longues années dans le Soudan égyptien [1]; mais il avait fini par succomber au climat.

Enfin la mort étendit sa main avide sur ma petite famille. Ce fut à Berber que je perdis Nsévoué. Il avait déjà eu à Khartoum une attaque de dyssenterie, causée probablement par le changement de sa manière de vivre et aggravée par un régime trop copieux. Le mal avait grandi de jour en jour. Tous mes soins furent inutiles; et mon ami s'éteignit au bout de trois semaines, complétement épuisé.

J'avais emmené les deux autres petits noirs pour que mon pygmée eût des compagnons de jeu; maintenant je devais leur choisir un autre sort. L'aîné, le Niam-Niam Amber, fut laissé en Égypte au Dr Sachs, célèbre médecin du Caire, et l'un de mes vieux amis; Allagâbo vint avec moi en Allemagne, pour y recevoir une éducation soignée.

Je m'embarquai à Souakim le 26 septembre; et, après une agréable traversée de quatre jours, j'arrivai à Souez. De là, j'allai au Caire, où justice fut rendue à mes serviteurs, et, le 2 novembre 1871, j'atteignis Messine, retrouvant le sol européen après trois ans et quatre mois d'absence et un voyage d'environ cinq mille kilomètres.

Avant de terminer ce livre, nous croyons devoir donner les dernières nouvelles qui nous soient parvenus au sujet d'Abd-es-Sâmate.

Deux ans après mon retour en Europe, l'Académie des sciences de Berlin avait demandé à S. M. l'empereur d'Allemagne une décoration pour récompenser le concours généreux et dévoué que ce marchand nubien

1. Voir notre édition populaire du *Lac Albert*, p. 347. — J. B.

avait apporté à mes recherches scientifiques. Sur cette demande, l'ordre de la Couronne (quatrième classe) avait été accordé et envoyé à Abd-es-Sâmate, qui, en conséquence, m'écrivit la lettre suivante :

Du pays des Mittous, zériba de Mohammed Abd-oul-Sâmade aux pays de l'Europe, le 25 regeb 1290 (6 septembre 1873).

A notre ami vénéré, M. le docteur Schweinfurth, toujours honoré.

Après les salutations et les hommages qui vous sont dus, nous vous annonçons que nous avons reçu de M. le vice-consul d'Autriche-Hongrie à Khartoum une lettre en date du 17 zilhegga 1289. Par cette lettre, qui renfermait votre portrait en marque de souvenir, M. le vice-consul nous annonce qu'à votre retour en Europe vous avez communiqué à tout le monde nos affaires et notre état, et que vous avez demandé pour nous, aux sultans, le grand honueur qui vous a été accordé, à savoir deux décorations : l'une de l'empereur d'Allemagne, l'autre de notre auguste souverain.

Comprenant et appréciant toute la bonté dont nous avons été l'objet de la part de ces deux puissances, nous vous en remercions, très-reconnaissant que nous sommes de ce bienfait; car c'est à vous que nous devons d'être parvenu à cet insigne honneur que personne de nos pareils n'a pu acquérir : ce dont nous sommes très-enchanté. Nous prions Dieu de vous en récompenser par tous les biens.

La même dépêche nous apprend que vous désirez avoir une lettre en langue arabe, contenant le détail de tout ce qui s'est passé dans le pays des Niams-Niams. Nous nous empressons de répondre à votre demande.

Après votre départ pour l'Europe, trente de nos soldats noirs, nos enfants, se sont révoltés, profitant de notre absence. Ils s'emparèrent des armes à feu, s'échappèrent de la zériba, et allèrent habiter le pays de Boïko, notre ancienne demeure, qui devint le rendez-vous de tous les rebelles. Pendant leur fuite, ils rencontrèrent quelques autres serviteurs de notre compagnie qu'ils corrompirent, et desquels ils reçurent soixante-neuf fusils.

De cette façon, et forts de ces armes, ils attaquèrent notre quartier général, sis au territoire de Sabbi, et enlevèrent toutes les marchandises qui s'y trouvaient. Après cela, il se tournèrent contre la zériba d'El-Kéneh [1], dépendante de notre compagnie. Cette zériba subit le même sort: et après le pillage elle devint la retraite des rebelles, qui nous y attendirent.

Nous arrivâmes, ignorant ce qui s'était passé. Mais à peine les rebelles nous eurent-ils aperçus, qu'ils se rangèrent en bataille et ouvrirent le feu sur nous. Il nous fallut élever des murailles de terre pour nous servir d'abri, à nous et aux soixante-cinq hommes de notre troupe, parmi lesquels étaient dix nègres. Nous étions ainsi contraints de nous mettre sur la défensive, n'étant nullement préparés à cette guerre. Trois mois bien pénibles se sont écoulés. Après cela, nous n'avons plus eu de munitions; le manque de vivres, d'eau et de poudre se faisait sentir chaque jour davantage. Vous concevez notre embarras.

Dans cette position douloureuse, nous nous décidâmes à la retraite.

Vers sept heures de la nuit (une heure du matin), nous commençames à l'opérer; mais les rebelles, s'en étant aperçus, nous poursuivirent de leurs coups de feu jusqu'au territoire du cheik de Carfara, où la plupart de nos hommes se dispersèrent effrayés qu'ils étaient des balles ennemies.

Nous nous dirigeâmes alors vers El-Kababine, zériba de Saïd-Mohammed-Ahmed-el-Agâde, afin de demander secours et appui pour nous et pour le transport de l'ivoire qui se trouvait dans notre zériba de Sabbi, et dont la quantité s'élevait à quatre cents charges. Mais ces gens refusèrent de nous secourir, prétextant de l'intérêt que nous avions à ménager les nègres, qui s'étaient révoltés pour brûler et pour piller les établissements, et dont nous deviendrions les victimes.

Impossible de vous décrire le désespoir dans lequel nous étions plongés par suite du manque de munitions et de la fuite de nos hommes, qui nous réduisait à n'être plus que douze.

Dans cette malheureuse situation, nous nous rendîmes à la zériba de l'Idrîs de Ghattas pour recevoir la poudre qui nous était adressée de Khartoum. Avec l'aide de Dieu, nous rappor-

1. Indiquée, dans le récit précédent et sur la carte, par le nom de zériba de Mbomo. — J. B

tâmes cette poudre; puis nous nous occupâmes de rassembler nos hommes dispersés, qui ne tardèrent pas à être au nombre de cinquante.

Cela fait, nous partîmes pour aller attaquer la zériba d'El-Kéneh, située au bord du Lehsi, dans le pays des Mittous. Mais pendant que nous demandions des secours aux agents d'Agâde, les rebelles retournèrent à Sabbi, fouillèrent la terre avec leurs armes et découvrirent l'endroit où étaient cachées nos dents d'éléphant. Après s'être emparés de la plus grande partie et avoir brûlé le reste, ils se retirèrent dans la montagne de Derrago.

Apprenant cela, nous les atteignîmes immédiatement pendant la nuit, au sommet de la montagne, avec nos cinquante hommes; et après un combat acharné, dans lequel nous tuâmes plusieurs d'entre eux, nous fîmes prisonniers quinze de leurs principaux chefs et nous leur enlevâmes trente-sept fusils.

Nous avons fait ensuite une construction dans la zériba de Derrago, à côté de leur demeure, afin de les assiéger et de ressaisir ce qu'ils nous ont pris.

Cet état de choses nous préoccupe beaucoup; sans cela nous nous serions rendu à Khartoum pour avoir l'honneur de recevoir la décoration dont nous sommes gratifié par votre entremise.

Quant au Mombouttou, au pays des Niams-Niams et à celui des Tikkitikkis (les Pygmées), ils sont toujours dans le même état, et encore mieux, car ils sont devenus plus importants par leurs constructions et par l'extension de leur agriculture. Leurs relations avec nous sont amicales, et notre commerce avec eux est étendu.

Il en est de même pour le sultan Ouando : il s'est réconcilié avec nous, et de ce côté-là les affaires sont en ordre. Les autres, tels que Fango, Amboudi, Kombo, Indimma et Sourrour, sont actuellement dans une tranquillité parfaite. Tous ces sultans désirent vous revoir et souhaitent votre bonheur et la prospérité de votre pays.

Avec la grâce de Dieu, il vous sera envoyé l'an prochain un écrit contenant le détail de tout ce qui se sera passé, et avec cela des curiosités qui vous réjouiront. J'ai l'espoir que vous m'excuserez si je ne vous envoie rien de curieux cette année-ci; la cause en est aux événements que j'ai eu l'honneur de vous raconter plus haut. J'espère également que vous voudrez bien agréer le peu de choses que je vous adresse avec les deux perroquets.

A vous le bonheur éternel.

MOHAMMED-EL-HADJ-ABD-OUL-SAMADE,
Représentant et associé d'El-Saïd-Mohammed
Ahmel-el-Agad.

Traduction attestée conforme (cachet).

Alexandrie, 1er juin 1874,

ÉLIAS MAKSOUD,
Drogman du consulat général de l'empire
d'Allemagne.

Mme H. Loreau, à laquelle nous devons la traduction du voyage de J. Schweinfurth, fait suivre cette lettre de renseignements que nous allons reproduire :

Le 5 avril 1875, nous avons reçu du docteur Ascherson, ami du docteur Schweinfurth, et lui-même savant botaniste, ayant visité les pays du Nil, une lettre qui nous annonçait la mort d'Abd-es-Sâmate. Après un long siége, les soldats Niams-Niams, toujours en révolte, s'étaient emparés de la zériba, et, dans l'action, le Kénousien avait été tué, le 10 novembre 1874.

Toujours généreux et passionné pour les découvertes, il aurait certainement rendu aux voyageurs et à la science de nouveaux services; et nul doute que, sous la direction de son illustre ami, ses recherches n'eussent été fructueuses. Déjà il avait envoyé de nouvelles collections à Schweinfurth, entre autres un assortiment des produits de l'industrie des Niams-Niams et des Mombouttous, pour remplacer les objets de même nature que le docteur avait perdus dans l'incendie de la zériba de Ghattas. L'union scientifique de Riga (sciences naturelles) avait fait de lui un de ses membres honoraires. « Et l'histoire des découvertes de l'Afrique, dit M. Ascherson dans un article publié par le *National Zeitung*, enregistrera le nom de Mohammed-Abd-es-Sâmate à côté de celui de Schweinfurth. »

La lettre d'Abd-es-Sâmate, ainsi que le récit de la mort de cet homme doué d'une nature généreuse et qu'il serait inique de juger avec des idées qui ne pouvaient pas être les siennes, car il n'en avait jamais entendu parler avant d'avoir connu le Dr Schweinfurth, ne sont-ils pas des documents bien propres à confirmer tout ce que nous savons par Livingstone, Speke, Burton et Baker, sur l'affligeant état où se trouvent des contrées si belles et si fertiles? Le grand instrument de la mort, de la ruine et de la désolation y est surtout l'homme. On ne peut guère avoir d'espoir, pour faire succéder l'ordre et la civilisation à cette barbarie, que dans les progrès du gouvernement du Khédive, déléguant, comme il l'a fait, une part de son autorité aux meilleurs des mahométans et des chrétiens qui secondent les efforts de sa bonne volonté.

TABLE DES MATIÈRES

COULOMMIERS. — IMPRIMERIE PAUL BRODARD

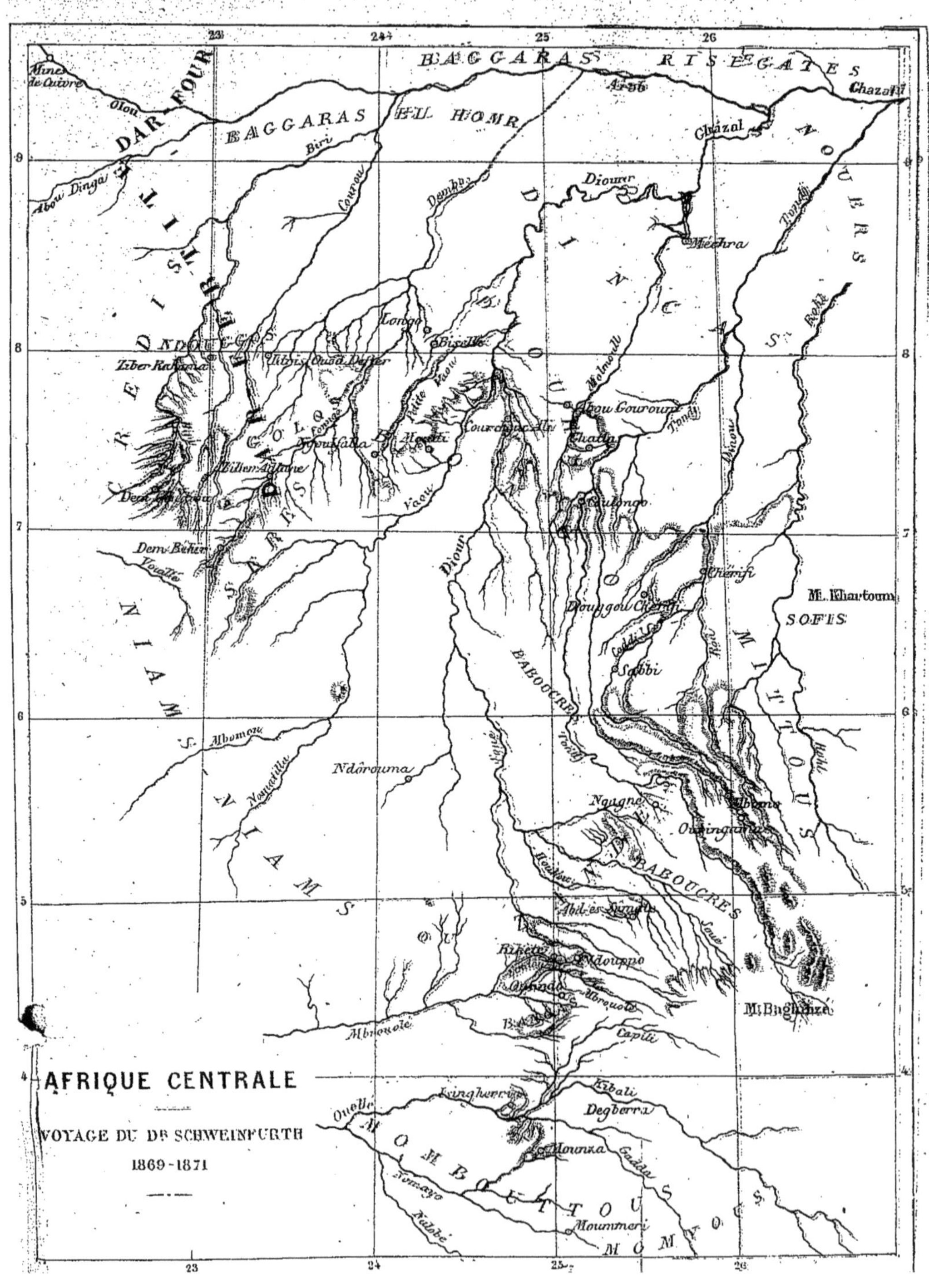

AFRIQUE CENTRALE
VOYAGE DU Dr SCHWEINFURTH
1869-1871
BAGGARAS
BAGGARAS EL HOMR
RISEGATES
DAR FOUR
Mines de Cuivre
Olou
Abou Dinga
Biri
Courou
Dembo
Diour
Chazal
Ghazal
Meshra
NOUERS
DINCAS
Longo
Biselli
Tibbis
Ouad Daffer
Ziber Rahama
Abou Gouroun
Ghattas
Coulongo
Djour
Dem Bekir
Mbomou
Ndorouma
Nouagne
Ouaniangara
BABOUCRES
Sabbi
Cherifi
M. Khartoum
SOFIS
MITTOUS
NIAMS NIAMS
Mbrouole
Kibali
Degberra
Ouelle
Mounza
Gadda
MOMBOUTTOUS
Moummeri
M. Baghinze
Capili
Roll
23
24
25
26
9
8
7
6
5
4

CONDITIONS DE VENTE ET D'ABONNEMENT

LE JOURNAL DE LA JEUNESSE paraît le samedi de chaque semaine. Le prix du numéro, comprenant 16 pages grand in-8°, est de 40 centimes.

Les 52 numéros publiés dans une année forment deux volumes.

Prix de chaque volume : broché, 10 fr. ; cartonné en percaline rouge, tranches dorées, 13 fr.

PRIX DE L'ABONNEMENT

POUR PARIS ET LES DÉPARTEMENTS

Un an (2 volumes)...........	20 francs
Six mois (1 volume)..........	10 —

Prix de l'abonnement pour les pays étrangers qui font partie de l'Union générale des postes : Un an, 22 fr. ; six mois, 11 fr.

Les abonnements se prennent à partir du 1er décembre et du 1er juin de chaque année.

BIBLIOTHÈQUE ROSE ILLUSTRÉE

Format in-18 jésus, à 2 fr. 25 le volume

La reliure en percaline rouge se paye en sus : tranches jaspées, 1 fr. tranches dorées, 1 fr. 25.

1re SÉRIE. — POUR LES ENFANTS DE 4 A 8 ANS

Anonyme : *Chien et chat;* 3e édit. 1 vol. traduit de l'anglais par Mme A. Dibarrart, avec 45 vignettes par E. Bayard.

— *Douze histoires pour les enfants de quatre à huit ans*, par une mère de famille; 4e édit. 1 vol. avec 18 vignettes par Bertall.

— *Les enfants d'aujourd'hui*, par la même; 3e édit. 1 vol. avec 40 vignettes par Bertall.

Carraud (Mme) : *Historiettes véritables;* 4e édit. 1 vol. avec 94 vignettes par Fath.

Fath (G.) : *La sagesse des enfants*, proverbes, avec 100 vignettes par l'auteur. 1 vol.

Laroque (Mme) : *Grands et petits;* 2e édit. 1 vol. avec 61 vignettes par Bertall.

Marcel (Mme) : *Histoire d'un cheval de bois;* 3e édit. 1 vol. avec 20 vignettes par E. Bayard.

Pape-Carpantier (Mme) : *Histoires et leçons de choses pour les enfants;* 8e édit. 1 vol. avec 85 vignettes.

Ouvrage couronné par l'Académie française.

Perrault, Mmes **d'Aulnoy** et **Leprince de Beaumont** : *Contes de fées*. 1 vol. avec 65 vignettes par Bertall, Forest, etc.

Porchat (L.) : *Contes merveilleux;* 3e édit. 1 vol. avec 21 vignettes par Bertall.

Schmidt (le chanoine Ch. von) : 190 *Contes pour les enfants*, traduits de l'allemand par Van Hasselt; 3e édition. 1 vol. avec 29 vignettes par Bertall.

Ségur (Mme la comtesse de) : *Nouveaux contes de fées;* 5e édit. 1 vol. avec 46 vignettes par Gustave Doré et H. Didier.

2e SÉRIE. — POUR LES ENFANTS DE 8 A 14 ANS

Achard (Amédée) : *Histoire de mes amis*. 1 vol. avec 20 vignettes par E. Bellecroix, A. Mesnel, etc.

Andersen : *Contes choisis*, traduits du danois par Soldi; 5e édit. 1 vol. avec 40 vignettes par Bertall.

Anonyme : *Les fêtes d'enfants*, scènes et dialogues; 4e édit. 1 vol. avec 41 vignettes par Foulquier.

Assollant (A.) : *Les aventures merveilleuses, mais authentiques du capitaine Corcoran;* 3e édit. 2 vol. avec 50 vignettes par A. de Neuville.

Barrau (Th. H.) : *Amour filial;* 4e édit. 1 vol. avec 41 vignettes par Ferogio.

Bawr (Mme de) : *Nouveaux contes;* 4e édit. 1 vol. avec 40 vignettes par Bertall.

Ouvrage couronné par l'Académie française.

Belèze : *Jeux des adolescents;* 4e édit 1 vol. avec 140 vignettes.

Berquin : *Choix de petits drames et de contes;* 2e édit. 1 vol. avec 36 vignettes par Foulquier, etc.

Berthet (Élie) : *L'enfant des bois;* 5e édit. 1 vol. avec 61 vignettes.

Blanchère (de la) : *Les aventures de La Ramée et de ses trois compagnons;* 3e édit. 1 vol. avec 36 vignettes par E. Forest.

— *Oncle Tobie le pêcheur;* 2e édition. 1 vol. avec 80 vignettes.

Boiteau (P.) : *Légendes* recueillies ou composées pour les enfants; 2e édit. 1 vol. avec 42 vignettes par Bertall.

Carraud (Mme) : *La petite Jeanne ou le Devoir*; 6e édit. 1 vol. avec 21 vignettes par Forest.

Ouvrage couronné par l'Académie française.

— *Les métamorphoses d'une goutte d'eau*, suivies des *Aventures d'une fourmi, des Guêpes*, etc.; 4e édit. 1 vol. avec 50 vign. par E. Bayard.

— *Les goûters de la grand'mère;* 3e édit. 1 vol. avec 18 vignettes par Bayard.

Castillon (A.) : *Les récréations physiques;* 5e édit. 1 vol. avec 36 vignettes par Castelli.

— *Les récréations chimiques*, 3e édit. 1 vol. avec 34 vignettes par Castelli.

Chabreul (Mme de) : *Jeux et exercices des jeunes filles;* 4e édit. 1 vol. contenant la musique des rondes et 62 vignettes par Fath.

Colet (Mme L.) : *Enfances célèbres;* 9e édit. 1 vol. avec 57 vignettes par Foulquier.

Contes anglais, traduits par Mme de Witt. 1 vol. avec 43 vignettes par Morin.

Edgeworth (Miss) : *Contes de l'adolescence*, traduits par Le François; 2e édition. 1 vol. avec 42 vignettes par Morin.

— *Contes de l'enfance*, traduits par le même. 1 vol. avec 27 vignettes par Foulquier.

— *Demain*, suivi de *Mourad le malheureux;* 2e édit. 1 vol. avec 29 vign. par Forest et E. Bayard.

Fénelon : *Fables*. 1 vol. avec 22 vignettes par Forest et E. Bayard.

Fleuriot (Mlle Zénaïde) : *Le petit chef de famille;* 3e édition. 1 vol. avec 57 vignettes par Castelli.

— *Plus tard, ou le jeune chef de famille;* 2e édit. 1 vol. avec 74 vignettes par Bayard.

— *En congé;* 3e édit. 1 vol. avec 61 vignettes par A. Marie.

— *Bigarrette*. 3e édit. 1 vol. avec 55 vignettes par A. Marie.

— *Un enfant gâté;* 2e édition. 1 vol. avec 48 vignettes par Ferdinandus.

Foë (de) : *La vie et les aventures de Robinson Crusoé*, traduites de l'anglais, édition abrégée. 1 vol. avec 40 vignettes.

Genlis (Mme de) : *Contes moraux*. 1 vol. avec 40 vignettes par Foulquier, etc.

Gouraud (Mlle Julie) : *Les enfants de la ferme;* 3e édit. 1 vol. avec 50 vignettes par E. Bayard.

— *Le Livre de maman;* 2e édit. 1 vol. avec 68 vignettes par E. Bayard.

— *Cécile ou la petite sœur;* 3e édit. 1 vol. avec 23 vignettes par Desandré.

— *Lettres de deux poupées;* 4e édit. 1 vol. avec 59 vignettes par Olivier.

— *Le petit colporteur;* 4e édit. 1 vol. avec 27 vignettes par A. de Neuville.

— *Les mémoires d'un petit garçon;* 5e édit. 1 vol. avec 86 vignettes par E. Bayard.

— *Les mémoires d'un caniche;* 4e édit. 1 vol. avec 75 vignettes par E. Bayard.

— *L'enfant du guide;* 3e édit. 1 vol. avec 60 vignettes par E. Bayard.

— *Petite et grande;* 2e éd. 1 vol. avec 48 vignettes par E. Bayard.

— *Les quatre pièces d'or;* 3e édit. 1 vol. avec 51 vignettes par E. Bayard.

— *Les deux enfants de Saint-Domingue;* 2e édit. 1 vol. avec 54 vign. par E. Bayard.

— *La petite maîtresse de maison*. 2e éd. 1 vol. avec 37 vignettes par A. Marie.

— *Les filles du professeur;* 2e édition. 1 vol. avec 36 vign. par Kauffmann.

— *La famille Harel;* 2e éd. 1 vol. avec 48 vign. par Valnay et Ferdinandus.

Grimm (les frères) : *Contes choisis*, traduits de l'allemand par Fr. Baudry. 1 vol. avec 40 vignettes par Bertall.

Hauff : *La caravane*, traduit de l'allemand, par A. Talon; 3e édit. 1 vol. avec 40 vignettes par Bertall.

— *L'auberge du Spessart*, traduit par le même; 3e édit. 1 vol. avec 61 vignettes par Bertall.

Hawthorne : *Le livre des merveilles*, traduit de l'anglais par L. Rabillon.

1re série, avec 20 vign. par Bertall. 1 vol.
2e série, avec 20 vign. par Bertall. 1 vol.
Chaque série se vend séparément.

Hébel et Karl Simrock : *Contes allemands*, imités de Hébel et de Karl Simrock, par N. Martin; 3e édit. 1 vol. avec 25 vign. par Bertall.

Johnson (R. B.) : *Dans l'extrême Far West*. Aventures d'un émigrant dans la Colombie anglaise, traduites de l'anglais par A. Talandier; 2e édit. 1 vol. avec 20 vignettes par A. Marie.

Marcel (Mme Jeanne) : *L'école buissonnière*; 2e édit. 1 vol. avec 28 vignettes par A. Marie.

— *Le bon frère*; 2e édit. 1 vol. avec 21 vignettes par E. Bayard.

— *Les petits vagabonds*; 2e édit. 1 vol. avec 25 vignettes par E. Bayard.

— *Histoire d'une grand'mère et de son petit-fils*. 1 vol. avec 36 vignettes par Delort.

Maréchal (Mlle). *La dette de Ben-Aïssa*; 2e édition. 1 vol. avec 20 vign. par Bertall.

— *Nos petits camarades*, récits familiers; 2e édit. 1 vol. avec 18 vign. par Bayard et H. Castelli.

— *La maison modèle*. 1 vol. avec 42 vignettes par Sahib.

Marmier : *L'arbre de Noël*; 2e édit. 1 vol. avec 60 vignettes par Bertall.

Martignat (Mlle de) : *Les vacances d'Élisabeth*. 1 vol. avec 46 vign. par Kauffmann.

Mayne-Reid (le capitaine). Ouvrages traduits de l'anglais :

— *Les chasseurs de girafes*, traduit par H. Vattemare; 3e édit. 1 vol. avec 10 vignettes par A. de Neuville.

— *A fond de cale*, traduit par Mme H. Loreau; 3e édit. 1 vol. avec 12 grandes vignettes.

— *A la mer!* traduit par Mme H. Loreau; 5e édit. 1 vol. avec 12 vignettes.

— *Bruin*, ou *les chasseurs d'ours*, traduit par A. Letellier. 1 vol. avec 8 grandes vignettes.

— *Le chasseur de plantes*, traduit par Mme H. Loreau. 1 vol. avec 12 vignettes.

— *Les exilés dans la forêt*, traduit par Mme H. Loreau; 4e édit. 1 vol. avec 12 grandes vignettes.

— *Les grimpeurs de rochers*, traduit par Mme H. Lorau. 1 vol. avec 20 vignettes.

— *Les peuples étranges*, traduit par Mme H. Loreau. 1 vol. avec 8 vign.

— *Les vacances des jeunes Boërs*, traduit par Mme H. Lorau. 1 vol. avec 12 vignettes.

— *Les veillées de chasse*, traduit par H. B. Révoil. 1 vol. avec 43 vignettes par Freemann.

— *L'habitation du désert*, ou Aventures d'une famille perdue dans les solitudes de l'Amérique. Traduit par Le François. 1 vol. avec 24 vignettes par G. Doré.

Muller (Eugène). *Robinsonette*; 3e éd. 1 vol. avec 22 vignettes par Lix.

Peyronny (Mme de), née d'Isle : *Deux cœurs dévoués*; 3e édit. 1 vol. avec 53 vignettes par J. Devaux.

Les deux premières éditions ont paru sous le titre de : *Histoire de deux âmes*.

Pitray (Mme la vicomtesse de) : *Les enfants des Tuileries*; 3e édit. 1 vol. avec 57 vignettes par Bayard.

— *Les débuts du gros Philéas*; 2e édit. 1 vol. avec 17 vignettes par Castelli.

— *Le château de la Pétaudière*; 2e édit. 1 vol. avec 78 vign. par A. Marie.

Rendu (V.) : *Mœurs pittoresques des insectes*. 1 vol. avec 49 vignettes.

Ouvrage couronné par la Société pour l'instruction élémentaire.

Sandras (Mme) : *Mémoires d'un lapin blanc*; 3e édit. 1 vol. avec 20 vignettes par E. Bayard.

Ouvrage couronné par la Société pour l'instruction élémentaire.

Sannois (Mme la comtesse de) : *Les soirées à la maison*; 2e édit. 1 vol. avec 42 vignettes par E. Bayard.

Ségur (Mme la comtesse de) : *Après la pluie le beau temps*; 2e édit. 1 vol. avec 128 vignettes par E. Bayard.

— *Le mauvais génie*; 3e édit. 1 vol. avec 90 vignettes par E. Bayard.

— *Comédies et proverbes*; 6e édit. 1 vol. avec 60 vignettes par E. Bayard.

— *Diloy le chemineau*; 4e édit. 1 vol. avec 90 vignettes par H. Castelli.

— *François le bossu*; 5e édit. 1 vol. avec 114 vignettes par E. Bayard.

— *Jean qui grogne et Jean qui rit*; 6e édit. 1 vol. avec 70 vignettes par Castelli.

— *La fortune de Gaspard;* 5e édit. 1 vol. avec 32 vignettes par Gerlier.

— *La sœur de Gribouille;* 6e édit. 1 vol. avec 72 vignettes par Castelli.

— *L'auberge de l'ange gardien;* 10e édition. 1 vol. avec 75 vignettes par Foulquier.

— *Le général Dourakine;* 9e édit. 1 vol. avec 100 vign. par E. Bayard.

— *Les bons enfants;* 7e édit. 1 vol. avec 70 vignettes par Ferogio.

— *Les deux nigauds;* 8e édit. 1 vol. avec 76 vignettes par Castelli.

— *Les malheurs de Sophie;* 11e édit. 1 vol. avec 48 vignettes par Castelli.

— *Les petites filles modèles;* 8e édit. 1 vol. avec 21 grandes vignettes par Bertall.

— *Les vacances;* 6e édit. 1 vol. avec 36 vignettes par Bertall.

— *Mémoires d'un âne;* 9e édit. 1 vol. avec 75 vignettes par Castelli.

— *Pauvre Blaise;* 3e édit. 1 vol. avec 65 vignettes par Castelli.

— *Quel amour d'enfant!* 5e édit. 1 vol. avec 79 vignettes par E. Bayard.

— *Un bon petit diable:* 7e édit. 1 vol. avec 100 vignettes par Castelli.

Stolz (Mme de) : *La maison roulante;* 4e édit. 1 vol. avec 20 vignettes par E. Bayard.

— *Le trésor de Nanette;* 3e édition. 1 vol. avec 25 vignettes par E. Bayard.

— *Blanche et noire;* 3e édit. 1 vol. avec 54 vignettes par E. Bayard.

— *Par-dessus la haie;* 3e édit. 1 vol. avec 56 vignettes par A. Marie.

— *Les poches de mon oncle;* 2e édit. 1 vol. avec 20 vignettes par Bertall.

— *Les vacances d'un grand-père;* 2e éd. 1 vol. avec 40 vign. par G. Delafosse.

— *Quatorze jours de bonheur;* 2e édit. 1 vol. avec 45 vignettes par Bertall.

— *Le vieux de la forêt;* 2e édit. 1 vol. avec 40 vignettes.

— *Le secret de Laurent.* 1 vol. avec 32 vignettes par Sahib.

Switt : *Voyages de Gulliver à Lilliput, à Brobdingnay et au pays des Hanyhnhums;* traduits de l'anglais et abrégés à l'usage des enfants. 1 vol. avec 75 vignettes par G. Delafosse.

Taulier (Jules) : *Les deux petits Robinsons de la Grande-Chartreuse;* 4e édit. 1 vol. avec 69 vignettes par E. Bayard et Hubert Clerget.

Tournier : *Les premiers chants;* poésies à l'usage de la jeunesse. 1 vol. avec 20 vignettes par Gustave Roux.

Vimont (Ch) : *Histoire d'un navire;* 6e édit. 1 vol. avec 40 vignettes par Alex. Vimont.

Witt, née Guizot (Mme de) : *Enfants et parents;* 2e édit. un vol. avec 34 vignettes par A. de Neuville.

— *La petite fille aux grand'mères;* 2e édition. 1 vol. avec 36 vign. par Beau.

— *En quarantaine,* jeux et récits. 1 vol. avec 48 vignettes par Ferdinandus.

3e SÉRIE. — POUR LES ADOLESCENTS

ET POUVANT FORMER UNE BIBLIOTHÈQUE POUR LES JEUNES FILLES DE 14 A 18 ANS.

VOYAGES

Agassiz (M. et Mme) : *Voyage au Brésil;* traduit de l'anglais par Vogell et abrégé par J. Belin de Launay. 1 vol. avec 10 gravures et une carte.

Aunet (Mme L. d') : *Voyage d'une femme au Spitzberg;* 4e édit. 1 vol. avec 34 gravures.

Baines (Th.) : *Voyage dans le sud-ouest de l'Afrique,* traduits et abrégés par J. Belin de Launay; 2e édit. 1 vol. avec 1 carte et 22 gravures.

Baker : *Le lac Albert,* nouveau voyage aux sources du Nil, abrégé sur la traduction de Gustave Masson par J. Belin de Launay; 2e édition. 1 vol. avec 16 gravures et 1 carte.

Baldwin : *Du Natal au Zambèze*, 1851-1866. Récits de chasse. Traduits par Mme Henriette Loreau et abrégés par J. Belin de Launay ; 2e édit. 1 vol. avec 24 gravures et 1 carte.

Burton (Le capitaine) : *Voyages à La Mecque, aux grands lacs d'Afrique et chez les Mormons*, abrégés par J. Belin de Launay; 2e édit. 1 vol. avec 12 gravures et 3 cartes.

Catlin : *La vie chez les Indiens*, traduit de l'anglais; 4e édit. 1 vol. avec 25 gravures.

Fonvielle (W. de) : *Le glaçon du Polaris*, aventures du capitaine Tyson racontées d'après les publications américaines; 2e édition. 1 vol. avec 19 gravures et 1 carte.

Hayes (Dr) : *La mer libre du pôle*. Traduction de M. F. de Lanoye. 1 vol. avec 14 gravures et 1 carte.

Hervé et de Lanoye : *Voyage dans les glaces du pôle arctique*; 4e édit. 1 vol. avec 40 gravures.

Lanoye (Ferd. de) : *Le Nil et ses sources*; 3e édit. 1 vol. avec 32 gravures et cartes.

— *Ramsès-le-Grand*, ou *l'Égypte il y a trois mille trois cents ans* ; 2e édition. 1 vol. avec 39 vignettes par Lancelot, Bayard, etc.

— *La Sibérie*; 2e édition. 1 vol. avec 48 vignettes par Lebreton, etc.

— *Les grandes scènes de la nature*; 3e édit. 1 vol. avec 40 gravures.

— *La mer polaire*, voyage de l'*Erèbe* et de la *Terreur*, et expédition à la recherche de Franklin ; 3e édit. 1 vol. avec 29 gravures et des cartes.

Livingstone : *Explorations dans l'Afrique australe*, abrégées par J. Belin de Launay. 1 vol. avec 20 gravures et 1 carte.

— *Dernier journal*, abrégé par J. Belin de Launay. 1 vol. avec 36 gravures et 1 carte.

Mage (L.) : *Voyage dans le Soudan occidental*, abrégé par J. Belin de Launay. 2e édit. 1 vol. avec 16 gravures et 1 carte.

Milton et Cheadle : *Voyage de l'Atlantique au Pacifique*, traduit et abrégé par J. Belin de Launay. 1 vol. avec 16 gravures et 2 cartes.

Mouhot (Ch.) : *Voyages dans les royaumes de Siam, de Cambodge et de Laos*, relation extraite du Journal de l'auteur, par F. de Lanoye. 1 vol. avec 28 gravures et 1 carte.

Palgrave (W.G.) : *Une année dans l'Arabie centrale*, traduction abrégée par J. Belin de Launay. 1 vol. avec 12 gravures et une carte.

Perron d'Arc : *Aventures d'un voyageur en Australie; neuf mois de séjour chez les Nagarnooks* ; 2e édit. 1 vol. avec 24 vignettes par Lix.

Pfeiffer (Mme Ida) : *Voyages autour du monde* abrégés par J. Belin de Launay ; 2 édit. 1 vol. avec 17 gravures et 1 carte.

Piotrowski : *Souvenirs d'un Sibérien* ; 2 édit. 1 vol. avec 10 gravures.

Ouvrage couronné par la Société pour l'instruction élémentaire.

Schweinfurth (Dr) : *Au cœur de l'Afrique* (1866-1871). Traduction de Mme H. Loreau; abrégée par J. Belin de Launay. 1 vol. avec 16 gravures et 1 carte.

Speke : *Les sources du Nil*, édition abrégée par J. Belin de Launay des Voyages de Speke et de Grant ; 3e éd. 1 vol. avec 24 gravures et 3 cartes.

Stanley : *Comment j'ai retrouvé Livingstone*. Traduction de Mme Loreau, abrégée par J. Belin de Launay. 1 vol. avec 16 gravures et 1 carte.

Vambéry (A.) : *Voyages d'un faux derviche dans l'Asie centrale*, traduits de l'anglais par E. D. Forgues et abrégés par J. Belin de Launay ; 2 édit. 1 vol. avec 18 gravures et 1 carte.

HISTOIRE

Le loyal serviteur : *Histoire du gentil seigneur de Bayard*, revue et abrégée, à l'usage de la jeunesse, par Alph. Feillet ; 2e édit. 1 vol. avec 36 vignettes par P. Sellier.

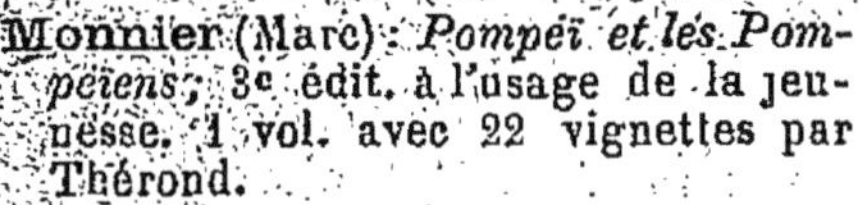

Monnier (Marc) : *Pompeï et les Pompéiens*; 3e édit. à l'usage de la jeunesse. 1 vol. avec 22 vignettes par Thérond.

Plutarque : *Vies des Grecs illustres*, édition abrégée par Alph. Feillet sur la traduction de M. E. Talbot ; 2e édit. 1 vol. avec 53 vignettes par P. Sellier.

— *Vies des Romains illustres*, édition abrégée par A. Feillet sur la traduction de M. Talbot. 1 vol. avec 69 vignettes par P. Sellier.

Retz (cardinal de) : *Mémoires*, abrégés par Alph. Feillet. 1 vol. avec 35 vign. par Gilbert, etc.

LITTÉRATURE

Bernardin de Saint-Pierre : *Œuvres choisies*. 1 vol. avec 12 vignettes par E. Bayard.

Cervantès : *Histoire de l'admirable don Quichotte de la Manche*, édition à l'usage de la jeunesse. 1 vol. avec 64 vignettes par Bertall et Forest.

Homère : *L'Iliade et l'Odyssée*, traduites par P. Giguet et abrégées par Alph. Feillet. 1 vol. avec 33 vignettes par Olivier.

Le Sage : *Aventures de Gil Blas*, édition à l'usage de l'adolescence. 1 vol. avec 50 vignettes par Leroux.

Mac-Intosch (Miss) : *Contes américains*, traduits par Mme Dionis. 2 vol. avec 120 vignettes par E. Bayard.

Maistre (Xavier de) : *Œuvres choisies*. 1 vol. avec 15 vignettes par E. Bayard.

Molière : *Œuvres choisies*, abrégées à l'usage de la jeunesse. 2 vol. avec 22 vignettes par Hilemacher.

Virgile : *Œuvres choisies*, traduites et abrégées à l'usage de la jeunesse, par Th. Barrau et Alph. Feillet. 1 vol. avec 20 vignettes par P. Sellier.

Paris. — Impr. E. Capiomont et V. Renault, rue des Poitevins, 6.

Typographie Lahure, rue de Fleurus, 9, à Paris.

www.ingramcontent.com/pod-product-compliance
Ingram Content Group UK Ltd.
Pitfield, Milton Keynes, MK11 3LW, UK
UKHW020425200726
13857UKWH00002B/293

9 782012 466838